Márcio de Souza S. Almeida
Maria Esther Soares Marques

Aterros sobre solos moles
projeto e desempenho

2ª edição | revista e atualizada

© Copyright 2010 Oficina de Textos
1ª reimpressão 2011
2ª edição 2014 | 1ª reimpressão 2022

Grafia atualizada conforme o Acordo Ortográfico da Língua Portuguesa de 1990, em vigor no Brasil desde 2009.

CAPA E PROJETO GRÁFICO Malu Vallim
DIAGRAMAÇÃO Douglas da Rocha Yoshida
FOTO DA CAPA Huesker Ltda – Aterro sobre solo mole para implantação de indústria no Rio de Janeiro - RJ
PREPARAÇÃO DE FIGURAS Mônica Almeida Bernardino da Cruz
PREPARAÇÃO DE TEXTO Gerson Silva
REVISÃO DE TEXTO Marcel Iha
IMPRESSÃO E ACABAMENTO psi7

Dados Internacionais de Catalogação na Publicação (CIP)
(Câmara Brasileira do Livro, SP, Brasil)

Almeida, Márcio de Souza S.
   Aterros sobre solos moles : projeto e desempenho / Márcio de Souza S. Almeida, Maria Esther Soares Marques. -- 2. ed. rev. e atual.. -- São Paulo : Oficina de Textos, 2014. -- (Coleção Huesker : engenharia com geossintéticos)
   Bibliografia
   ISBN 978-65-86235-64-7

   1. Aterros 2. Argila mole 3. Geotécnica I. Marques, Maria Esther Soares . II. Título. III. Série.

14-09419   CDD-624.15136

Índices para catálogo sistemático:

1. Aterros sobre solos moles : Engenharia geotécnica   624.15136

Todos os direitos reservados à **Editora Oficina de Textos**
Rua Cubatão, 798
CEP 04013-003 São Paulo SP
tel. (11) 3085 7933
www.ofitexto.com.br
atend@ofitexto.com.br

Sobre os autores

MÁRCIO DE SOUZA SOARES DE ALMEIDA é professor titular da COPPE/UFRJ, onde atua desde 1977. Obteve a graduação em Engenharia Civil na Universidade Federal do Rio de Janeiro; mestrado na COPPE/UFRJ; doutorado na University of Cambridge, Inglaterra; e pós-doutorado na Itália e Noruega. Foi professor visitante das universidades de Cambridge, Oxford e Western Austrália. Atualmente é um dos líderes de pesquisa do Instituto Nacional de Ciência e Tecnologia – Reabilitação de Encostas e Planícies (INCT-REAGEO). Coordena o MBA "Pós-Graduação em Meio Ambiente" da COPPE desde 1998. Publicou inúmeros artigos em periódicos e congressos no Brasil e no exterior e orientou mais de 60 teses de doutorado e mestrado. Recebeu os prêmios Terzaghi e José Machado da Associação Brasileira de Mecânica dos Solos e Engenharia Geotécnica (ABMS). Sua experiência abrange obras de terra, geotecnia ambiental e marinha, investigação geotécnica e geossintéticos, além de ampla experiência em consultoria geotécnica.

MARIA ESTHER SOARES MARQUES é graduada em Engenharia Civil – ênfase em Mecânica dos Solos, pela UFRJ. Obteve o mestrado e doutorado em Engenharia Civil pela COPPE/UFRJ, com pesquisas conduzidas na Université Laval, no Canadá. Trabalhou na Tecnosolo e na Serla e foi pesquisadora da COPPE/UFRJ de 2001 a 2007. Atualmente é professora adjunta do Instituto Militar de Engenharia, onde ministra aulas para a graduação em Engenharia e pós-graduação em Engenharia de Transportes e Engenharia de Defesa. Tem experiência na área de Engenharia Civil, com ênfase em Mecânica dos Solos, atuando principalmente com os seguintes temas: ensaios de laboratório, ensaios de campo, instrumentação, comportamento de solos moles, aterros sobre solos moles e geotecnia ambiental.

À Maria, Adriana e Leandro pelo contínuo apoio em todos esses anos.
Márcio

À minha família e aos meus alunos.
Esther

Agradecimentos

Devo os meus primeiros conhecimentos de Geotecnia a Fernando Barata, Costa Nunes, Dirceu Velloso, Márcio Miranda, Mauro Werneck, Jacques de Medina e Willy Lacerda, entre vários outros de uma plêiade de grandes mestres da UFRJ. Aprendi Mecânica dos Solos dos Estados Críticos e Modelagem Centrífuga no doutorado, em Cambridge (Inglaterra), com Andrew Schofield, David Wood, Dick Parry, Malcolm Bolton e Mark Randolph, fundamentais para meu crescimento na Engenharia Geotécnica. Mike Gunn e Arul Britto deram apoio importante naqueles anos pioneiros de Modelagem Numérica com o Cam-clay. Em anos subsequentes, Peter Wroth, Gilliane Sills e Chrisanthy Savvidou foram marcantes nas colaborações científicas com Oxford e Cambridge. Mike Jamiolkowski e Tom Lunne foram muito receptivos no pós-doutorado sabático, na Itália (ISMES) e Noruega (NGI), respectivamente, e Mark Randolph e Martin Fahey anos após, na Austrália (UWA).

Agradeço também aos vários colegas, importantes pelas trocas de experiências e em colaborações em todos esses anos: António Viana da Fonseca, Ennio Palmeira, Fernando Schnaid, Flávio Montez, Jarbas Milititisky, Leandro Costa Filho, Luiz Guilherme de Mello, Maria Cascão, Mike Davies, Osamu Kusakabe, Roberto Coutinho, Sandro Sandroni e Sarah Springman, entre outros.

O contato com os colegas da COPPE-UFRJ nesses 35 anos tem sido permeado por um contínuo aprendizado acadêmico e profissional: Claudio Mahler, Fernando Danziger, Francisco Lopes, Ian Martins, Jacques de Medina, Laura Motta, Maria Claudia, Paulo Santa Maria, Willy Lacerda, Maurício Ehrlich – este amigo desde os anos de graduação – e Anna Laura, em anos mais recentes. O apoio do corpo técnico e administrativo da COPPE-UFRJ tem sido fundamental nessa caminhada, particularmente de Eduardo Paiva, Hélcio Souza e Sérgio Iório.

Por fim, agradeço aos meus alunos orientados, pela possibilidade de aprendizado durante suas pesquisas de mestrado e doutorado, entre os quais destaco Esther Marques, Francisco Chagas, José Renato Oliveira e Marcos Futai, pela continuidade na colaboração, e Mário Riccio, pelo apoio na revisão do livro.

Márcio Almeida

Devo aos professores da Escola Politécnica da UFRJ o despertar do meu interesse pela Geotecnia: Maurício Ehrlich, Fernando Barata e Willy Lacerda, entre outros.

Aos colegas da Tecnosolo, agradeço a oportunidade de vivenciar ao lado deles as experiências da prática da Engenharia Geotécnica no início da minha carreira profissional, sob a batuta do Prof. Costa Nunes.

Na continuidade dos meus estudos de pós-graduação na COPPE-UFRJ, o convívio com os professores muito me incentivou a permanecer na vida acadêmica. Agradeço aos professores Márcio Almeida e Ian Schumman a orientação e a amizade nesse período. Tive a oportunidade de desenvolver as pesquisas sob a orientação de Serge Leroueil, ao qual agradeço a acolhida em Laval.

Agradeço aos colegas da COPPE-UFRJ, principalmente ao Prof. Márcio Almeida, a oportunidade de atuar em projetos de pesquisa que têm contribuído para o meu aprendizado acadêmico.

Agradeço aos colegas do IME a amizade e o apoio nos cursos e trabalhos desenvolvidos, em especial ao professor Eduardo Thomaz e aos colegas da SE-2. Aos meus alunos, além da dedicatória, agradeço o desafio, que é a motivação para o aprimoramento cotidiano.

Esther Marques

Prefácio

Este livro tem por objetivo propiciar ao estudante e ao profissional de engenharia as ferramentas necessárias para a compreensão do comportamento de aterros sobre solos muito moles e o desenvolvimento do projeto dessas obras, desde a fase de investigações até o dimensionamento. Define-se como solo muito mole aquele no qual a resistência não drenada da argila é inferior a 25 kPa (Terzaghi, 1943) ou número de golpes $N_{SPT} < 2$ (NBR 6502, ABNT 2001b).

A ocupação urbana no Brasil ocorreu principalmente ao longo de toda a costa brasileira, onde há áreas de espessos depósitos de solos compressíveis, em geral de origem fluviomarinha, extensivamente estudados para fins de projeto e de pesquisa. Exemplos desses depósitos são os da Baixada Fluminense (Pacheco Silva, 1953; Aragão, 1975; Almeida; Marques, 2003) e Baixada Santista (Massad, 2009; Pinto, 1994). Massad (2009) discute em profundidade a gênese dos depósitos quaternários da Baixada Santista, onde há registro de depósitos que atingem profundidades da ordem de 40 m. Na região Nordeste, há ocorrência de vários trechos de solos moles na cidade de Recife (Coutinho; Oliveira, 2000; Coutinho, 2007) e na Linha Verde (Palmeira; Fahel, 2000). Na região Sul, há ocorrência de depósitos em áreas portuárias (Dias; Moraes, 1998) e aeroportuárias (Schnaid; Militittsky; Nacci, 2001), em Florianópolis (Magnani, 2006) e na Rodovia BR101-S (Fahel; Palmeira, 2002).

No Rio de Janeiro, por exemplo, as estações de tratamento de esgoto de Alegria (Almeida; Oliveira; Spotti, 2000), Pavuna e Sarapuí (Zayen et al., 2003) foram implantadas em áreas de grandes espessuras de solos moles, assim como o Arco Metropolitano e a Linha Vermelha (Almeida; Velloso; Gomes, 1995). Empreendimentos públicos e privados têm sido implantados em áreas de solos moles da zona oeste da cidade do Rio de Janeiro, que apresenta um desenvolvimento imobiliário acentuado nos últimos anos e onde há registro de camadas de argilas muito moles de até

28 m de profundidade (Almeida et al., 2008c). Nesses locais, é necessária uma espessura de aterro da ordem de 6 m ou mais para atingir a cota de projeto da ordem de 3 m. Além disso, as argilas dessa região têm apresentado comportamento viscoso acentuado, ou seja, ocorrem importantes recalques secundários (Martins, 2005).

Em razão da extensa rede hidrográfica brasileira, depósitos aluvionares de solos compressíveis de elevadas espessuras também ocorrem em áreas continentais, e várias obras de infra-estrutura foram executadas sobre esses depósitos moles, a exemplo da estrada de ferro da Ferronorte, no Chapadão do Sul, MS, entre outras.

No Cap. 1 são descritos os métodos construtivos de aterros utilizados para solucionar ou minimizar os problemas de recalques e de estabilidade de aterros sobre solos moles, e são comparadas as soluções do ponto de vista da aplicabilidade de cada método.

O Cap. 2 aborda as investigações geotécnicas necessárias para o desenvolvimento dos modelos geotécnicos que subsidiarão o detalhamento de projeto. Nos Caps. 3 e 4 apresentam-se a metodologia de cálculo para a previsão de recalques e o uso de drenos e sobrecarga para a aceleração dos recalques de um aterro sobre solos moles. Por sua vez, os Caps. 5 e 6 tratam da estabilidade de aterros reforçados e não reforçados sobre solos moles e de aterros estruturados, respectivamente.

A instalação de instrumentação para a avaliação do desempenho de obras sobre solos moles é importante sob vários aspectos: o proprietário terá mais garantia da segurança da sua obra, o projetista poderá avaliar as premissas de projeto e o executor poderá fazer o planejamento da obra em função dos resultados do monitoramento. Assim, o Cap. 7 discute os processos usuais de monitoramento de aterros sobre solos moles, os instrumentos mais utilizados e a interpretação dos resultados.

Por fim, apresenta-se um resumo das principais conclusões apresentadas ao longo do livro. O Anexo apresenta propriedades geotécnicas de alguns solos moles brasileiros.

Apresentação
Flávio Montez

Nos dias de hoje, é de extrema importância falar de aterros sobre solos moles, pois regiões de solos competentes, com boa capacidade de suporte, estão cada vez menos disponíveis, principalmente em áreas de grande ocupação urbana e industrial. E é disso que trata o segundo volume da "Coleção Huesker – engenharia com geossintéticos", criada com o objetivo de disseminar o conhecimento técnico sobre os geossintéticos e suas aplicações, com atenção especial às condições particulares dos solos brasileiros.

Os autores, os engenheiros Márcio Almeida e Esther Marques, são professores e pesquisadores na área geotécnica, com forte vínculo com a prática da engenharia. Almeida é professor da COPPE-UFRJ, um dos maiores especialistas brasileiros na área de aterros sobre solos moles, com reconhecimento internacional. Já escreveu um livro e organizou simpósios nacionais e internacionais sobre o tema, além de ter participado, como consultor, de importantes obras. Esther Marques é, atualmente, professora do Instituto Militar de Engenharia (IME) e já trabalhou por muitos anos na área de projeto e pesquisa geotécnica. Desenvolveu parte da sua pesquisa de doutorado no Canadá, onde estudou a técnica de aplicação de vácuo para a melhoria de solos moles.

No Brasil, esse tema é de grande interesse, pois, ao longo de toda a costa do país e nas várzeas dos rios, existem abundantes depósitos de argila mole, que impõem severos desafios à engenharia, como a ruptura do aterro ou o seu recalque excessivo.

O livro aborda outras técnicas de execução, visto que a remoção de toda a camada de solo mole é uma solução tradicional, cada vez menos utilizada, não somente pelo alto custo, mas principalmente pelo grande impacto ambiental, já que envolve uma maior exploração de materiais de jazida e exige áreas para depósitos de bota-fora. A construção lenta, em etapas, é uma solução que pode ser muito interessante do ponto de vista econômico; muitas vezes, porém, o elevado tempo de execução pode inviabilizá-la. Isso pode ser reduzido com a adoção conjunta de geodrenos (para a aceleração de recalques) e geogrelhas (para aumentar a altura do aterro em cada etapa). A aplicação de vácuo também pode atingir o mesmo objetivo.

Outras soluções abordadas tratam da inclusão de elementos verticais na camada de solo mole, como as estacas de concreto e as colunas granulares de brita ou areia. O aterro é executado sobre esse grupo de estacas ou colunas, geralmente com reforço geossintético na base. Nesses casos, o recalque pós-construtivo é reduzido ou eliminado.

Este livro detalha a importância dos geossintéticos nessas várias soluções, seja na construção de aterros de acesso ou de conquista, na aceleração do adensamento da camada de solo mole, no reforço na base do aterro ou no confinamento das colunas granulares, bem como os seus métodos de dimensionamento e especificação.

Com certeza, esta é uma leitura de aplicação prática, com forte embasamento teórico e muito relevante para os profissionais que queiram projetar e construir esse tipo de obra.

Eng.º Flávio Montez
Diretor da Huesker Ltda. (Brasil),
subsidiária da Huesker GmbH (Alemanha)

Apresentação
Willy A. Lacerda

O Prof. Márcio Almeida publicou, em 1996, o livro *Aterros sobre solos moles: da concepção à avaliação do desempenho*, que era dirigido a um público de especialistas com experiência em obras construídas sobre argila mole. Esse livro resumia o estado da arte no assunto, com as pesquisas mais recentes até então.

De lá para cá já se passaram 14 anos, e muitas novidades apareceram, especialmente no campo de reforços de aterros e de melhoramento de solo. Essas "novidades" são, hoje, largamente utilizadas, e faltava um livro que reunisse todas essas informações e preenchesse essa lacuna. O estudante de pós-graduação e o engenheiro geotécnico projetista gostariam de ter uma obra didática e completa sobre os desenvolvimentos recentes, e poder, assim, acompanhar essa verdadeira revolução na arte de projetar aterros sobre solos moles. Entre as "novidades", destaco as seguintes:

O uso crescente do ensaio piezocone na obtenção de parâmetros da argila mole; técnicas de consolidação envolvendo drenos verticais e o uso de vácuo ou de bombeamento em poços; uso de colunas granulares, encamisadas ou não, para suportar o aterro; o aprimoramento do ensaio de palheta com medição de torque próximo à palheta; desenvolvimento do ensaio T-bar para aplicações *offshore*; técnicas de melhoria da resistência da argila com incorporação de cimento; uso crescente de aterros sobre estacas com reforço de geogrelhas; uso de materiais leves, como o isopor, para diminuir o peso do aterro.

O livro do Prof. Márcio e da Prof.ª Esther preenche os referidos anseios do público técnico e dos estudantes de graduação e pós-graduação, pois aborda com simplicidade e profundidade todos os aspectos relativos ao projeto de aterros. Sente-se que os autores foram extremamente generosos, transmitindo sua experiência de vários anos sem rodeios e sem complicação.

O Márcio é meu conhecido desde 1976, quando cursou o Mestrado na COPPE e apresentou sua dissertação, sob a minha orientação. Já se sentia então o potencial do aluno, que depois de seu doutorado em Cambridge, em 1984, tornou-se Professor Titular da COPPE.

Acompanho desde então sua carreira brilhante, e tivemos a ocasião de trabalhar juntos em vários projetos, numa relação gratificante e prazerosa, pois a mente brilhante do Márcio sempre trazia luz a algum aspecto mais complicado de uma situação prática que tínhamos de resolver.

É com prazer que escrevo a presente dedicatória a esta obra tão oportuna, esperando que continue sua brilhante carreira como até aqui a vem conduzindo.

Willy A. Lacerda

Apresentação
Carlos de Sousa Pinto

O projeto de aterros sobre argilas moles é um dos mais bonitos e interessantes tópicos da Engenharia Geotécnica. Nele, o projetista pode aplicar as teorias desenvolvidas na ciência Mecânica dos Solos, ajustando-as às numerosas observações de comportamento de aterros reais, seja pelas medidas de deformações, seja pela observação de rupturas, provocadas ou não, estudadas e relatadas em depoimentos publicados. É um tipo de projeto em que os benefícios de uma investigação aprimorada, com ensaios de laboratório em complementação a programas de ensaios no campo, justificam plenamente os investimentos feitos. Uma peculiaridade dessas obras é a necessidade de se projetar com coeficientes de segurança relativamente baixos, em comparação com outros projetos geotécnicos, sem o que as obras se tornariam antieconômicas ou mesmo inexequíveis, justificando o aprofundamento em investigações e projetos. Por outro lado, as transposições de experiências feitas em diversos locais no mundo têm se mostrado aplicáveis em outras situações, facilmente identificadas como semelhantes, justificando plenamente o acompanhamento dessas experiências. Tais observações, divulgadas intensamente em publicações e eventos técnicos, são válidas tanto para questões de estabilidade como de deformações após a execução e por longo tempo subsequente.

Depósitos de argilas moles, sedimentos relativamente recentes, nas costas oceânicas e nas várzeas ribeirinhas, ocorrem em todo o mundo e, especialmente, no Brasil, com sua imensa costa litorânea. As baixadas litorâneas, historicamente ocupadas pelos assentamentos populacionais e, no presente, locais de implantação do sistema portuário necessário para a exportação de nossa produção, apresentam imensos depósitos de sedimentos marinhos a serem enfrentados. No interior do País, as vias rodoviárias e ferroviárias não têm como evitar a transposição das várzeas de sedimentos moles dos rios e córregos a serem transpostos, oferecendo amplo campo de aplicação da engenharia de projeto e construção sobre as argilas moles.

Diante desse panorama, é de se saudar a iniciativa do Prof. Márcio Almeida de colocar ao alcance da coletividade geotécnica nacional, por meio do presente livro, o cabedal de conhecimentos acumulados em longos anos de estudos, pesquisas e ativa participação em projetos e observação de desempenho de aterros sobre argilas moles.

Depois de apresentar, nos primeiros capítulos, uma revisão crítica dos processos construtivos e dos métodos de investigação disponíveis para esse tipo de projeto, o livro apresenta aprofundadas considerações sobre o desenvolvimento dos recalques ao longo do tempo, discutindo a interligação dos recalques por adensamento primário e por compressão secundária, valendo-se de estudos e pesquisas originais desenvolvidos pelo grupo de professores da COPPE da Universidade Federal do Rio de Janeiro, instituição a que pertence o Prof. Almeida.

Diversas novidades ocorreram na técnica de construção de aterros sobre solos moles nas últimas décadas. A utilização de drenos verticais para acelerar os recalques e o rápido incremento de resistência teve um grande impulso com a disponibilidade de geodrenos sintéticos, práticos e econômicos. Sua consideração nos projetos e métodos de dimensionamento é detalhadamente descrita, preenchendo uma lacuna de informações sobre o assunto na literatura técnica nacional.

Outro procedimento de crescente uso é a utilização de aterros reforçados. As alternativas de projeto e a consideração dos reforços na estabilidade do conjunto aterro-fundação são apresentadas no livro e constituem uma orientação segura para os projetistas.

A construção de aterros sobre elementos de estacas, para redução de recalques e principalmente, aumento da estabilidade, tem se mostrado economicamente viável, principalmente quando o prazo para execução da obra é reduzido. Apresentam-se o aspecto conceitual sobre o comportamento do solo assim tratado, as diversas alternativas, os métodos de cálculo e os resultados de experiências de aterros construídos dessa forma.

O livro é complementado pela descrição dos métodos de monitoramento de aterros durante a construção e, como destaque interessante, pela apresentação dos métodos de interpretação dos dados, atividades para as quais o autor sempre deu expressiva contribuição profissional.

Os engenheiros geotécnicos encontrarão neste livro as mais recentes soluções para o projeto com as diversas alternativas disponíveis e uma orientação bibliográfica atualizada para o aprofundamento da matéria. A oportuna edição do presente livro é mais uma contribuição da editora Oficina de Textos para o enriquecimento da engenharia nacional.

Carlos de Sousa Pinto

Lista de Símbolos

Parâmetros geométricos

a	maior dimensão de um geodreno retangular (Cap. 4)
a_c	área da coluna granular normalizada ou razão de substituição de colunas granulares
a_s	área de normalização do solo ao redor da coluna granular na célula unitária
A	área de seção do colchão drenante, referente a uma linha de drenos (Cap. 4)
A	área da célula unitária (Cap. 6)
A_c	área da coluna granular
A_n e A_t	áreas de ponta do cone
A_s	área de solo (argila) na célula unitária da coluna granular
b	largura da plataforma do aterro (Cap. 3)
b	menor dimensão de um geodreno retangular (Cap. 4)
b	largura do capitel (Cap. 6)
B	largura média da plataforma do aterro (Cap. 5)
d	diâmetro da coluna granular
d_e	diâmetro de influência de um dreno ou diâmetro equivalente de uma coluna granular, considerando uma célula unitária
d_e	diâmetro externo da sonda do piezocone (Cap. 2)
d_i	diâmetro interno da sonda do piezocone (Cap. 2)
d_m	diâmetro equivalente do mandril de cravação
d_m^*	diâmetro equivalente do conjunto sapata-mandril
d_s	diâmetro da área afetada pelo amolgamento
d_w	diâmetro do dreno de formato cilíndrico ou diâmetro equivalente de um geodreno com seção retangular
D	diâmetro da palheta (Cap. 2)
D	espessura da camada de argila (Cap. 5)
D_{50} e D_{85}	diâmetros das partículas para os quais 50% e 85% da massa do solo, respectivamente, são mais finos
h_{adm}	altura admissível de aterro adotada em projeto
h_{arg}	espessura da camada de argila
h_{at}	espessura ou altura do aterro
h_c	altura da coluna granular
h_{cd}	altura de perda de carga no colchão drenante

$h_{colchão}$	espessura do colchão drenante
h_{cr}	altura crítica ou altura de colapso do aterro não reforçado
h_d	distância de drenagem
h_{fs}	espessura total de aterro, incluindo a sobrecarga
h_s	espessura de sobrecarga de aterro
H	altura da palheta
J_r	módulo de rigidez nominal do geossintético ou do reforço
l	distância entre drenos ou colunas granulares (Caps. 4 e 6)
l	espessura de um mandril retangular
L	comprimento característico do geodreno (Cap. 4)
L	comprimento horizontal da superfície de ruptura (Cap. 5)
L	distância entre medidas no inclinômetro (Cap. 7)
L_{anc}	comprimento de ancoragem do reforço
n	inclinação do talude
O_{50}	diâmetro da partícula para o qual 50% do solo passa através do geotêxtil
O_{90}	abertura de filtração do geotêxtil, definida como diâmetro do maior grão de solo capaz de atravessá-lo
r	distância radial medida do centro de drenagem até o ponto considerado
R	raio do piezocone
r_c	raio inicial da coluna granular
r_e	raio da célula unitária
r_{geo}	raio inicial do cilindro de geossintético
r_w	raio do dreno com formato cilíndrico ou raio equivalente de um geodreno de seção retangular
s	distância entre eixos de estacas ou colunas em aterros estaqueados
V_h	volume estimado da massa de solo deslocado a partir de deslocamentos horizontais medidos
V_v	volume estimado da massa de solo deslocado a partir de recalques medidos
X_T	distância entre o pé do talude e onde o círculo intercepta o reforço
w	largura de um mandril retangular
z	profundidade de leitura do inclinômetro (Cap. 7)
z	profundidade do elemento de solo analisado com relação ao nível do terreno natural (Cap. 3 e 4).
z_{arg}	profundidade da superfície de ruptura dentro da camada de argila (método das cunhas)
z_{fiss}	profundidade até aqual se desenvolve a fissura em um aterro
$(s-b)*$	distância entre capitéis na diagonal a 45°
Δr_c	variação do raio da coluna
Δr_{geo}	variação do raio do geossintético
θ	ângulo de inclinação do tubo inclinométrico (Cap. 7)

θ	ângulo de rotação medido no ensaio de palheta (Cap. 2)
θ_{max}	ângulo de rotação medido no ensaio de palheta referente ao torque máximo (Cap. 2)
α	coeficiente de razão de áreas da ponta do cone ($= A_n/A_t$)
Λ	parâmetro adimensional de estados críticos em função de C_s e C_c

PARÂMETROS DE MATERIAIS

a_v	módulo de compressibilidade vertical
B_q	parâmetro do cone de classificação dos solos
c	coesão
c'	coesão efetiva
c_{at}	coesão do aterro
c'_c	coesão efetiva do material da coluna granular
c_d	coesão mobilizada no aterro
c_h	coeficiente de adensamento para drenagem (fluxo) horizontal
c_m	coesão ponderada do conjunto solo/coluna granular
C_c	índice de compressão
C_R	índice de recompressão
CR	razão de compressão
C_s	índice de expansão ou de recompressão (ou de descarregamento-recarregamento)
c_s	coesão do solo em torno da coluna granular
c_v	coeficiente de adensamento para drenagem (fluxo) vertical
c_{vcampo}	coeficiente de adensamento vertical calculado a partir de dados de monitoramento
c_{vlab}	coeficiente de adensamento vertical obtido a partir de ensaios de laboratório
c_{vpiez}	coeficiente de adensamento vertical calculado a partir do ensaio de dissipação do piezocone, corrigido com relação à direção de fluxo
C_α	coeficiente de compressão secundária
e_o	índice de vazios inicial da amostra em laboratório
e_{vo}	índice de vazios para a tensão vertical efetiva inicial *in situ*
E	módulo de elasticidade ou módulo de Young
E^*	módulo de elasticidade ou módulo de Young da coluna granular encamisada (Cap. 6)
E'	módulo de elasticidade ou módulo de Young (Cap. 6)
E_c	módulo de elasticidade da coluna granular
E_{oed}	módulo oedométrico (ou módulo confinado)
E_{oedref}	módulo oedométrico de referência do solo (obtido para uma tensão P_{ref})
E_{oeds}	módulo oedométrico do solo para uma dada tensão
E_s	módulo de elasticidade do solo do entorno da coluna granular
E_u	módulo de elasticidade (módulo de Young) na condição não drenada
E_{u50}	módulo secante E_u para o nível de tensão de 50% da tensão desvio máxima

G_o	módulo cisalhante a pequenas deformações (ou G_{max})
G_{50}	módulo cisalhante a pequenas deformações para 50% da tensão cisalhante máxima
G_s	densidade real dos grãos
I_P	índice de plasticidade
I_R	índice de rigidez do solo (= G/S_u)
J	módulo de rigidez do geossintético ou do reforço
k	coeficiente de permeabilidade
k'_h	coeficiente de permeabilidade horizontal da área afetada pelo amolgamento
$k_{colchão}$	coeficiente de permeabilidade do material do colchão drenante
k_v	coeficiente de permeabilidade vertical
k_h	coeficiente de permeabilidade horizontal
K_o	coeficiente de empuxo no repouso
K_{os}	coeficiente de empuxo no repouso (= 1 - sen ϕ') no método de escavação
K_{os}^*	K_o majorado no método de deslocamento
K_{ac}	coeficiente de empuxo ativo da coluna granular
K_{aarg}	coeficiente de empuxo ativo da argila
K_{aat}	coeficiente de empuxo ativo do aterro
K_{parg}	coeficiente de empuxo passivo da argila
K_{pat}	coeficiente de empuxo passivo do aterro
m_v	coeficiente de compressibilidade vertical (ou de variação volumétrica)
S_{arg}	força cisalhante mobilizada da argila mole no plano horizontal a uma determinada profundidade (método das cunhas)
S_t	sensibilidade da argila
S_u	resistência não drenada da argila
S_{ua}	resistência não drenada amolgada da argila
S_{uh}	resistência não drenada da argila na direção horizontal (ensaio de palheta)
S_{umob}	resistência não drenada mobilizada no contato reforço-argila
S_{uo}	resistência não drenada da argila na interface solo-aterro
S_{uv}	resistência não drenada da argila na direção vertical (ensaio de palheta)
w_L	limite de liquidez
w_n	umidade natural *in situ*
w_P	limite de plasticidade
v'	coeficiente de Poisson do solo (Cap. 6)
ϕ	ângulo de atrito interno do solo
ϕ_{at}	ângulo de interno do material de aterro
γ_{nat}	peso específico natural do solo
μ	viscosidade
v	coeficiente de Poisson
γ'_{at}	peso específico submerso (efetivo) do aterro
γ_{arg}	peso específico da argila

γ_{at}	peso específico do aterro
ν_s	coeficiente de Poisson do solo
ν_u	coeficiente de Poisson na condição não drenada da argila
γ_w	peso específico da água
Δe_{vo}	variação de índice de vazios desde o início do ensaio até a tensão vertical efetiva *in situ*
ϕ'	ângulo de atrito efetivo interno do solo
ϕ_c	ângulo de atrito interno do material da coluna granular
ϕ_d	ângulo de atrito mobilizado do aterro
ϕ_m	ângulo de atrito interno ponderado do conjunto solo/coluna granular
ϕ_s	ângulo de atrito interno do solo em torno da coluna granular
γ_c	peso específico do material da coluna granular
γ'_c	peso específico submerso do material da coluna granular
γ_m	peso específico ponderado do conjunto solo/coluna granular
γ_s	peso específico do solo em torno da coluna granular
γ'_s	peso específico submerso do solo em torno da coluna granular

DEFORMAÇÕES ESPECÍFICAS, DESLOCAMENTOS, DISTORÇÕES, VELOCIDADES, FORÇAS, TENSÕES E PRESSÕES

d	distorção ao longo do tubo inclinométrico
f_s	resistência lateral do cone
P*	tensão atuante
P_{aarg}	empuxo ativo na camada de argila mole
P_{aat}	empuxo ativo na camada de aterro
P_{parg}	empuxo passivo na camada de argila mole
P_{pat}	empuxo passivo na camada de aterro
P_{ref}	tensão de referência (Cap. 6)
P_{ref}	força cisalhante na base do aterro (Cap. 5)
q	sobrecarga
q_b	resistência de ponta medida no ensaio da barra cilíndrica (T-bar)
q_c	resistência de ponta medida no ensaio de cone
q_t	resistência de ponta corrigida do ensaio piezocone
Q_t	resistência de ponta líquida (ensaio de piezocone) normalizada pela tensão total
r	velocidade de recalque
s (t)	recalques com o tempo
s_∞	recalque a tempo infinito
S_{arg}	força cisalhante mobilizada da argila mole no plano horizontal
s_c	recalque da coluna granular
s_i, s_{i+1}	recalques no tempo t_1 e no tempo t_{1+1}, respectivamente
s_s	recalque do solo do entorno da coluna granular

T	esforço de tração no reforço (Cap. 5)
T	torque medido no ensaio de palheta (Cap. 2)
T	tração na geogrelha
T_{anc}	resistência de ancoragem do reforço
T_{lim}	esforço de tração limite no reforço
T_{max}	máximo torque medido no ensaio de palheta
T_{mob}	esforço de tração mobilizado no reforço
T_r	resistência à tração nominal
u	poropressão
u_0	poropressão hidrostática inicial em determinada profundidade
u_1	poropressão medida na face do cone em determinada profundidade
u_2	poropressão medida na base do cone em determinada profundidade
$u_{50\%}$	poropressão correspondente à porcentagem de adensamento igual a 50% em determinada profundidade
u_i	poropressão no início do ensaio de dissipação em determinada profundidade
v_d	velocidade de distorção
Δd	variação da distorção medida no tubo inclinométrico
ΔF_R	acréscimo de força no geossintético de uma coluna granular encamisada
Δh	recalques por adensamento primário final (tempo infinito)
$\Delta h(t)$	recalque primário para um determinado tempo t
Δh_a	recalques por adensamento primário
Δh_{adp}	recalques por adensamento primário virgem
Δh_{arec}	recalques por recompressão primária
Δh_c	recalque da coluna granular (Cap. 6)
Δh_i	recalque imediato (também denominado não drenado ou elástico)
Δh_s	recalque do solo melhorado ou tratado (Cap. 6)
Δh_{sec}	recalques por compressão secundária
Δh_f	recalque primário devido ao acréscimo de tensão vertical $\Delta\sigma_{vf}$
Δh_{fs}	recalque primário devido ao acréscimo de tensão vertical $\Delta\sigma_{vfs}$
Δh_{max}	recalques máximos na linha de centro do aterro
Δh_{if}	recalque da plataforma de trabalho (aterro de conquista)
Δh_t	recalque no topo do aterro sobre as estacas
Δr_c	variação do raio da coluna granular
Δu	variação da poropressão
Δu_{50}	variação da poropressão até 50% da dissipação
$\Delta\sigma_v$	acréscimo de tensão vertical
$\Delta\sigma_0$	acréscimo de tensão vertical (aterro sobre as colunas)
$\Delta\sigma_{hdif}$	diferença de tensões horizontais (entre coluna e solo mais geossintético)
$\Delta\sigma_{hgeo}$	variação da tensão horizontal no geossintético
$\Delta\sigma_{hc}$	variação de tensão horizontal atuando na coluna granular

$\Delta\sigma_{hs}$	variação de tensão horizontal atuando no solo em torno da coluna granular
$\Delta\sigma_{vc}$	acréscimo de tensão vertical na coluna granular
$\Delta\sigma_{vs}$	acréscimo de tensão vertical no solo em torno da coluna granular
$\Delta\sigma_{vf}$	tensão vertical aplicada (referente a uma determinada altura de aterro)
$\Delta\sigma_{vfs}$	acréscimo de tensão vertical devido a um aterro de espessura h_{fs}
$\Delta\sigma$	acréscimo de tensão vertical total
δ_h	deslocamento horizontal
δ_{hmax}	deslocamento horizontal máximo
ε	deformação específica
ε_a	deformação axial específica permissível no reforço
ε_v	deformação vertical específica
ε_r	deformação específica nominal
σ'_{ho}	tensão horizontal efetiva inicial *in situ*
σ'_v	tensão vertical efetiva
σ'_{vf}	tensão vertical efetiva final
σ'_{vm}	tensão de sobreadensamento
σ'_{vo}	tensão vertical efetiva inicial *in situ*
$\sigma_1{}^*$	tensão antes do carregamento
$\sigma_2{}^*$	tensão após o carregamento
σ_v	tensão vertical atuante sobre o geossintético (Cap. 6)
σ_v	tensão vertical total
σ_{vmedio}	tensão vertical *in situ* média a partir dos dados de instrumentação
σ_{vo}	tensão vertical total inicial *in situ*
σ_{voc}	tensão vertical inicial (sem a sobrecarga) do solo da coluna a uma determinada profundidade
σ_{vos}	tensão vertical inicial (sem a sobrecarga) do solo do entorno de uma coluna a uma determinada profundidade
σ	tensão total
τ	tensão cisalhante na base do aterro

OUTROS SÍMBOLOS

B_q	parâmetro do cone de classificação dos solos
C_i	coeficiente de interação do geossintético com o solo
DR	razão entre recalque máximo e deslocamento horizontal máximo
F	parâmetro da teoria de Taylor e Merchant
F(n)	fator geométrico em drenagem radial, função da densidade dos drenos
F_q	acréscimo do valor de F(n) devido à resistência hidráulica do dreno em drenagem radial
F_r	atrito lateral (ensaio de piezocone)
FR_{DB}	fator de redução parcial de T em decorrência da degradação biológica

FR_{DQ}	fator de redução parcial de T em decorrência da degradação química
FR_F	fator de redução parcial de T em decorrência da fluência do geossintético
FR_I	fator de redução parcial de T devido a danos mecânicos de instalação
F_s	fator de segurança
F_s	acréscimo do valor de F(n) devido ao amolgamento no entorno do dreno em drenagem radial (Cap. 4)
I	fator de influência de tensões
i	gradiente hidráulico
k	razão entre a resistência de ponta líquida e o OCR (ensaio de piezocone)
K	parâmetro adimensional (Cap. 5)
m	expoente da equação de módulo oedométrico (Cap. 6)
m	parcela da carga suportada pela coluna granular
m	parâmetro adimensional (Cap. 5)
N	fator de multiplicação da gravidade em ensaio centrífugo
n	razão de espaçamento de drenos sem considerar o amolgamento (Cap. 4)
n	fator de concentração de tensões (Cap. 6)
n'	razão de espaçamento de drenos considerando o amolgamento
N_b	fator empírico de cone do ensaio de barra cilíndrica (T-bar)
N_c	fator de capacidade de carga
N_{kt}	fator empírico de cone em termos de resistência de ponta
N_{SPT}	número de golpes do ensaio SPT
$N_{\Delta u}$	fator empírico de cone em termos de poropressão
OCR	razão de sobreadensamento (*Overconsolidation ratio*)
q_d	descarga de um geodreno em campo
q_w	vazão do dreno medida em ensaio para um gradiente unitário i = 1,0
r	razão entre o recalque primário (Δh_a) e o recalque total ($\Delta h_a + \Delta h_{sec}$) (Cap. 3)
t	tempo
T	fator tempo
T*	fator tempo (ensaio de dissipação de piezocone)
t_{50}, t_{90}, t_{100}	tempo necessário para dissipar 50%, 90% e 100% da poropressão, respectivamente
t_{ac}	tempo de adensamento aceitável em função dos prazos construtivos
t_c	tempo de construção
t_{calc}	tempo necessário para obter o adensamento desejado
T_h	fator de tempo para drenagem horizontal
t_p	tempo correspondente ao final do recalque primário
T_v	fator de tempo do adensamento vertical
U	porcentagem de dissipação de poropressão (Cap. 2)
U	porcentagem média de adensamento combinado (Cap. 4)
U_h	porcentagem média de adensamento horizontal (ou radial)

U_{TM}	porcentagem média de adensamento pela teoria de Taylor-Merchant
U_s	porcentagem média de adensamento quando há a remoção da sobrecarga
U_v	porcentagem média de adensamento vertical
W_q	resistência hidráulica do geodreno
Ω	parâmetro adimensional
α_1	ângulo da inclinação da reta da construção gráfica de Orleach
α	fator de redução da resistência drenada na interface solo-reforço (Cap. 5)
α	fator que relaciona OCR, resistência não drenada e tensão efetiva inicial vertical *in situ* (Cap. 2)
β	razão entre recalque do solo natural e recalque do solo tratado, fator de redução de recalques
β_1	ângulo da inclinação da reta da construção gráfica de Asaoka
ρ	inclinação da reta S_u com a profundidade
μ	fator de correção da resistência não drenada do ensaio de palheta
μ_c	parâmetro que combina razão de substituição e fator de concentração de tensões na coluna granular
μ_s	parâmetro que combina razão de substituição e fator de concentração de tensões no solo do entorno da coluna granular

SIGLAS

C	argila (*clay*)
CAU	ensaio triaxial adensado anisotropicamente com ruptura não drenada (consolidated anisotropic undrained)
CIU	ensaio triaxial adensado isotropicamente com ruptura não drenada (consolidated isotropic undrained)
CU	ensaio triaxial adensado com ruptura não drenada (consolidated undrained)
CRS	ensaio realizado com velocidade de deformação constante
CPT e CPT_u	ensaios de cone e piezocone, respectivamente
CSA	Companhia Siderúrgica do Atlântico (no Rio de Janeiro).
DMT	ensaio dilatométrico
DSS	ensaio de cisalhamento simples
E	plasticidade extremamente elevada (*extremely high plasticity*)
EOP	final do adensamento primário (*end of primary*)
H	plasticidade elevada (*high plasticity*)
M.E.F.	método de elementos finitos
n.a.	normalmente adensado
NA	nível d'água

NGI	Instituto de Geotecnia da Noruega (Norwegian Geotechnical Institute)
NT	nível do terreno
PET	polietileno de tereftalato (poliéster)
PMT	ensaio pressiométrico
PP	polipropileno
PE	polietileno
PVA	acetato de polivinila
PVC	cloreto de polivinila
T-bar	ensaio de penetração de barra cilíndrica
UU	ensaio triaxial não adensado com ruptura não drenada (unconsolidated undrained)
V	plasticidade muito elevada (*very high plasticity*)
$SCPT_u$	ensaio de piezocone sísmico
SDMT	ensaio dilatométrico sísmico
SP	sondagem a percussão

SUMÁRIO

1 – Métodos Construtivos de Aterros sobre Solos Moles, 31
   1.1 Substituição de solos moles e aterros de ponta 31
   1.2 Aterro convencional com sobrecarga temporária 36
   1.3 Aterros construídos em etapas, aterros com bermas
        laterais e aterros reforçados 37
   1.4 Aterro sobre drenos verticais 38
   1.5 Aterros leves 38
   1.6 Aterros sobre elementos de estacas 41
   1.7 Metodologias construtivas em obras portuárias 42
   1.8 Comentários finais..46

2 – Investigações Geotécnicas, 49
   2.1 Investigações preliminares 49
   2.2 Investigações complementares 52
   2.3 Ensaios de palheta 56
   2.4 Ensaio de piezocone...62
   2.5 Ensaios de penetração de cilindro (T-bar) 71
   2.6 Amostragem de solos para ensaios de laboratório 72
   2.7 Ensaios de adensamento oedométrico 73
   2.8 Ensaios triaxiais 77
   2.9 Comentários finais..78

3 – Previsão de Recalques e Deslocamentos Horizontais, 81
   3.1 Tipos de recalques...81
   3.2 Recalques de aterro construído em etapas..............................97
   3.3 Estimativa de deslocamentos horizontais 100
   3.4 Comentários finais...104

4 – Aceleração dos Recalques: Uso de Drenos Verticais e Sobrecarga, 105
   4.1 Aterros sobre drenos verticais..105
   4.2 Dimensionamento de drenos verticais 107
   4.3 Dimensionamento de colchões drenantes horizontais 118
   4.4 Uso de sobrecarga temporária.. 120
   4.5 Comentários finais...127

5 – Estabilidade de Aterros não Reforçados e Reforçados, 129
5.1 Parâmetros de projeto 129
5.2 Modos de ruptura de aterros sobre solos moles 140
5.3 Ruptura da fundação: altura crítica do aterro 141
5.4 Análise de estabilidade global de aterros sem reforço 142
5.5 Aterros reforçados 145
5.6 Análises de estabilidade de aterros construídos em etapas 151
5.7 Sequência para a análise da estabilidade de aterros sobre solos moles 157
5.8 Comentários finais 159

6 – Aterros sobre Estacas e Colunas, 161
6.1 Aterros estruturados com plataforma de geossintético 162
6.2 Aterros sobre colunas granulares tradicionais 170
6.3 Colunas granulares encamisadas 186
6.4 Comentários finais 195

7 – Monitoramento de Aterros sobre Solos Moles, 197
7.1 Monitoramento dos deslocamentos verticais 197
7.2 Medidas dos deslocamentos horizontais 202
7.3 Medidas de poropressões 203
7.4 Medidas do ganho de resistência não drenada da argila 204
7.5 Monitoramento de esforços em reforços com geossintéticos 204
7.6 Interpretação dos resultados de monitoramento 205
7.7 Novas tendências em instrumentação 216
7.8 Comentários finais 216

Conclusão, 219

Anexo, 225

Referências Bibliográficas, 231

Métodos construtivos de aterros sobre solos moles

A escolha do método construtivo mais adequado está associada a diversas questões: características geotécnicas dos depósitos; utilização da área, incluindo a vizinhança; prazos construtivos e custos envolvidos. A Fig. 1.1 apresenta alguns métodos construtivos de aterros sobre solos moles utilizados para solucionar ou minimizar os problemas de recalques e de estabilidade. Alguns métodos contemplam o controle de recalques; outros, o controle de estabilidade. A maioria dos métodos contempla as duas questões. No caso de solos muito moles, é comum o uso de reforço de geossintético associado à maioria das alternativas apresentadas na Fig. 1.1.

Restrições de prazo podem inviabilizar técnicas como as de aterros convencionais (Fig. 1.1A,B,C,D,M) ou sobre drenos verticais (Fig. 1.1K,L), favorecendo técnicas de aterros sobre elementos de estacas (Fig. 1.1F,G,H) ou de aterros leves (Fig. 1.1E), os quais, entretanto, têm custos elevados. A remoção do solo mole pode ser utilizada quando a espessura da camada for pequena (Fig. 1.1I,J) e as distâncias de transporte não forem grandes. Em áreas urbanas, há dificuldade na obtenção de áreas para a disposição do material de escavação, além da questão ambiental associada a essa disposição.

Restrições de espaço podem também inviabilizar o uso de bermas (Fig. 1.1B), particularmente no caso de vias urbanas. A geometria dos aterros e as características geotécnicas são fatores muito variáveis, e a metodologia construtiva a ser adotada deve ser analisada para cada caso.

1.1 Substituição de solos moles e aterros de ponta

1.1.1 Substituição de solos moles

A substituição de solos moles consiste na retirada total ou parcial (Fig. 1.1I,J) desses solos por meio de dragas ou escavadeiras e na imediata colocação de aterro em substituição ao solo mole. Esse método

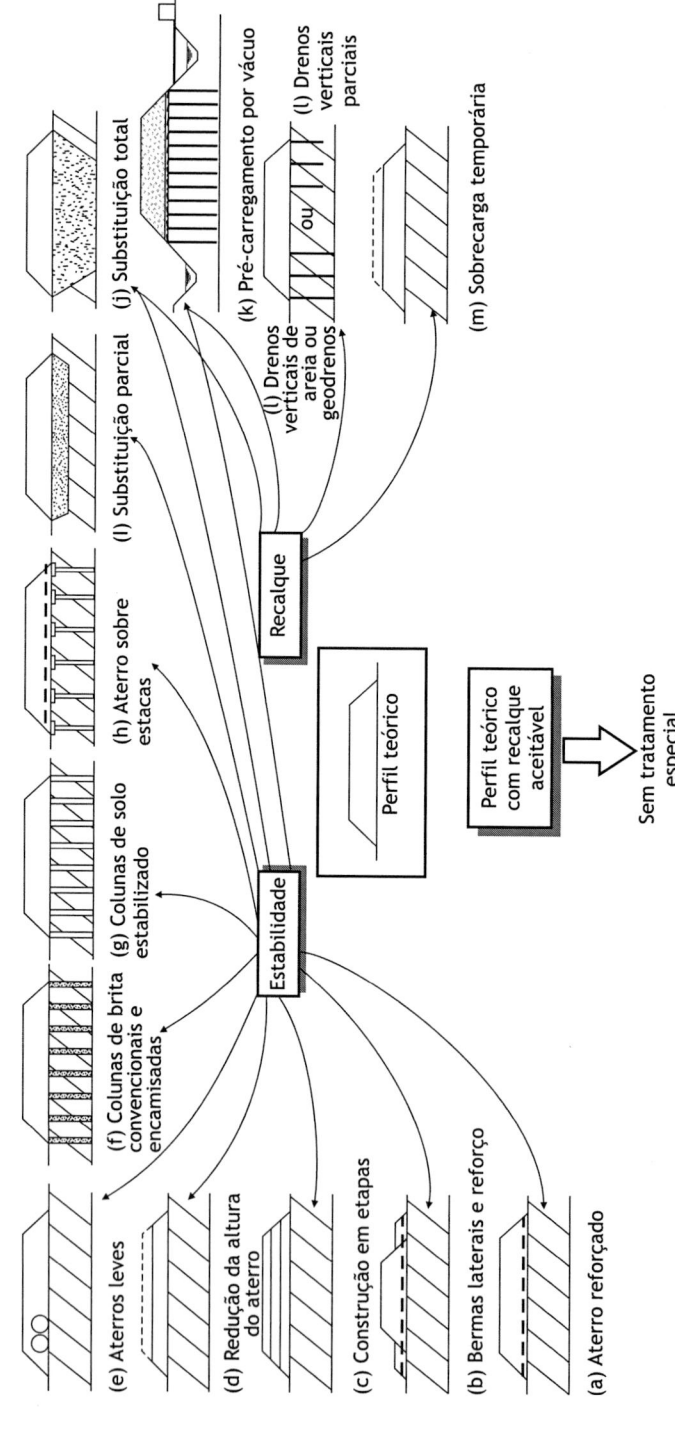

Fig. 1.1. Métodos construtivos de aterros sobre solos moles (adaptado de Leroueil, 1997)

construtivo, utilizado em geral em depósitos com espessuras de solos compressíveis de até 4 m, tem como vantagem a diminuição ou a eliminação dos recalques e o aumento do fator de segurança quanto à ruptura. Inicialmente é executado um aterro para a conquista do terreno, apenas para permitir a entrada dos equipamentos (Fig. 1.2A,B), e logo após a draga começa a escavação do solo mole, seguido do preenchimento da cava com material de aterro (Fig. 1.2C).

Em função da baixa capacidade de suporte dessas camadas superficiais, essas etapas têm que ser executadas com muito cuidado, e os equipamentos devem ser leves. É possível realizar a escavação por nichos, o que torna o processo mais demorado e exige o adequado planejamento da construção, com saída e entrada de material no canteiro, concomitantemente. No caso de solos muito moles, observa-se que o aterro das pistas de acesso experimenta recalques contínuos, em decor-

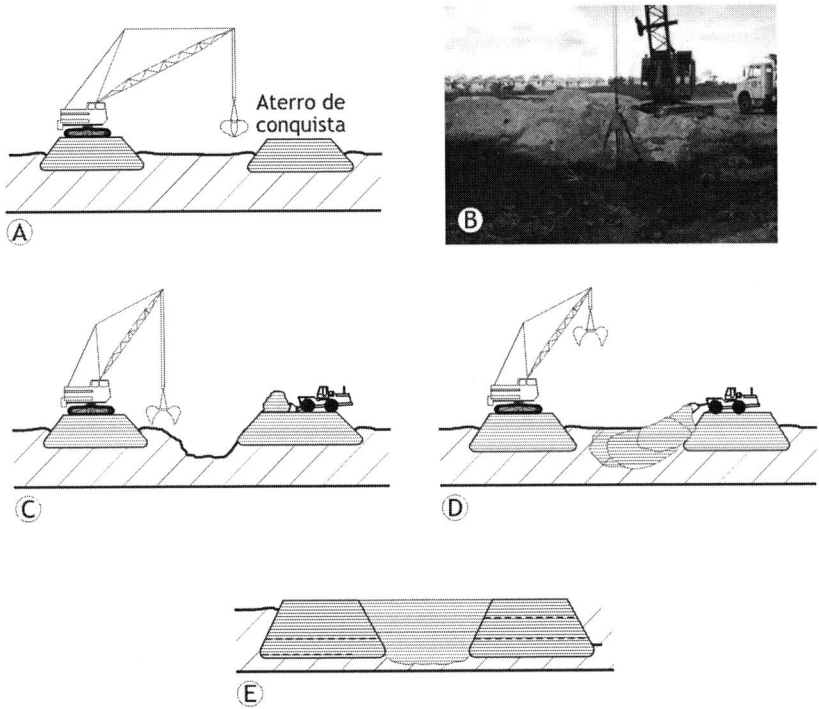

Fig. 1.2. Sequência executiva de substituição de solo mole: (A) e (B) escavação e retirada de solo mole; (C) e (D) preenchimento da cava; (E) solo substituído (situação final)

rência da sobrecarga de tráfego de equipamentos e de lançamento de aterro para corrigir desníveis durante essa fase (Fig. 1.2D). Na sequência, a cava é toda preenchida de material de aterro (Fig. 1.2E), sendo então necessária a verificação das espessuras de argila remanescentes por meio de sondagens.

1.1.2 Aterros de ponta

O deslocamento de solos moles pode ser realizado com o peso próprio do aterro, técnica denominada aterro de ponta, a qual consiste no avanço de uma ponta de aterro em cota mais elevada que a do aterro projetado, que vai empurrando e expulsando parte da camada de solo mole, por meio da ruptura do solo de fundação argilosa de baixa resistência, deixando em seu lugar o aterro embutido (Zayen et al., 2003). A expulsão é facilitada pelo desconfinamento lateral e frontal do aterro de ponta, conforme indicado esquematicamente na Fig. 1.3A,B. Esse método construtivo pode ser utilizado na periferia da área de interesse, formando diques e confinando então a área interna, permitindo que o aterro nessa área seja executado com espessuras maiores, conforme esquematizado na Fig. 1.3B.

A espessura de solo mole remanescente deve ser avaliada por meio de sondagens realizadas após a escavação. Caso haja solo mole remanescente em espessura maior que a desejável, deve-se aplicar sobrecarga temporária para a eliminação de recalques pós-construtivos.

Uma desvantagem dos métodos de substituição e deslocamento é a dificuldade no controle de qualidade, pois não há garantia da remoção uniforme do material mole, o que pode causar recalques diferenciais e riscos de acidentes. Outra desvantagem está associada aos elevados volumes de bota-fora e à dificuldade de sua disposição, principalmente em áreas urbanas, já que se trata de material imprestável para reaproveitamento e que pode estar contaminado.

Aterro de conquista
Um exemplo de aterro de ponta são os aterros executados para a conquista de áreas com baixíssima capacidade de suporte, com camada superficial muito mole ou turfosa e muitas vezes alagadas. Esses aterros são executados para permitir o acesso de equipamentos para execução de

1 # Métodos construtivos de aterros sobre solos moles

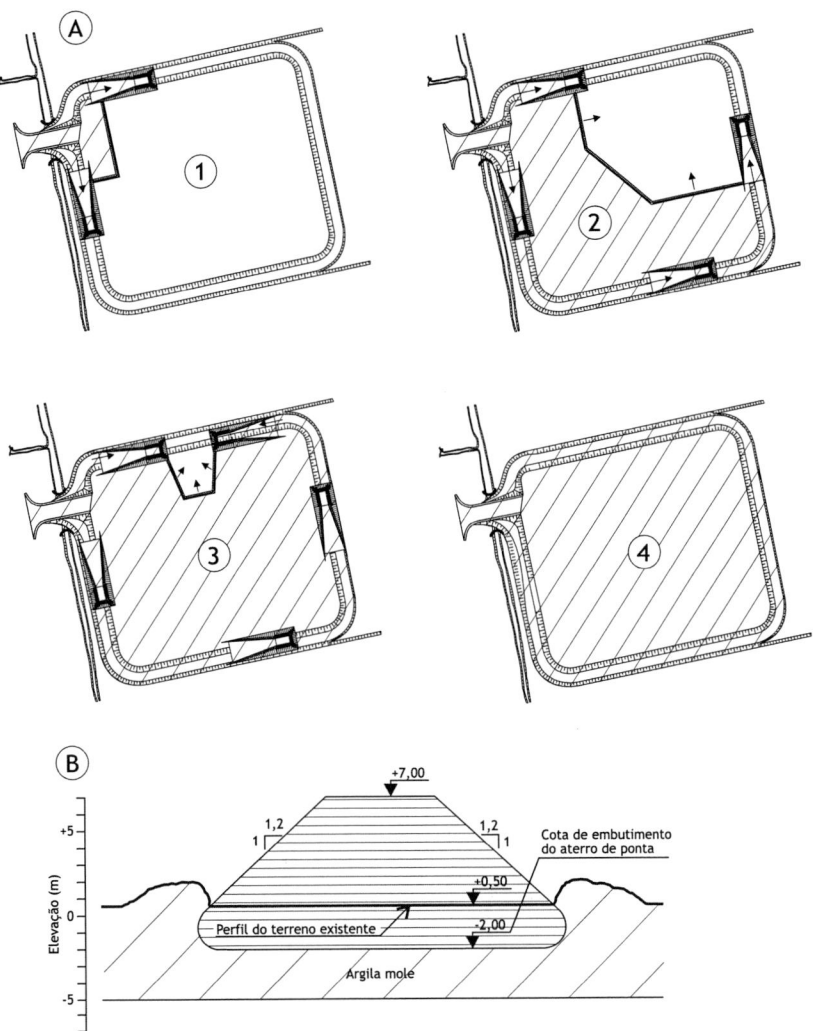

Fig. 1.3 *Metodologia executiva de aterro de ponta na periferia: (A) planta; (B) seção transversal (Zayen et al., 2003)*

ensaios, cravação de estacas, cravação de drenos, tráfego de caminhões etc. Em alguns casos, a resistência da camada superior é tão baixa que se torna necessário o emprego de geotêxtil como reforço construtivo, com resistência à tração entre 30 kN/m e 80 kN/m para minimizar a perda de material de aterro, inclusive abaixo do aterro de conquista, conforme apresentado esquematicamente na Fig. 1.4 (Almeida et al., 2008c).

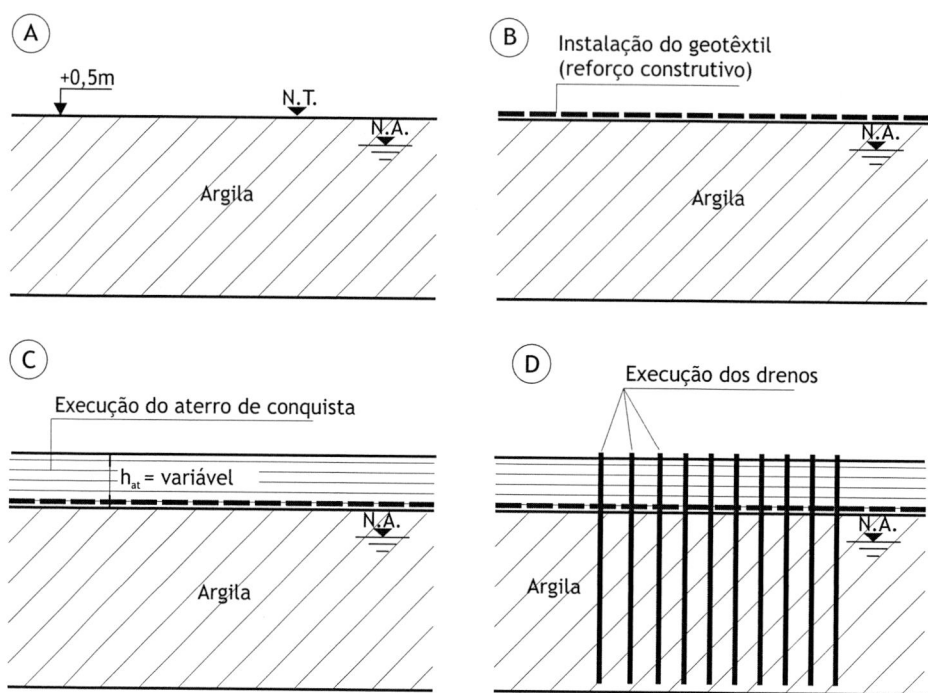

Fig. 1.4 *Esquema da execução de um aterro de conquista e posterior cravação de drenos*

Embora a conquista do terreno seja geralmente muito lenta, principalmente quando há camadas de turfa superficiais, a experiência com a construção de aterros sobre solos moles tem mostrado que o aterro de conquista não deve ser executado com antecedência em nenhuma das metodologias construtivas, uma vez que, com os recalques das camadas superiores do depósito argiloso, em poucos meses o aterro de conquista pode ficar praticamente submerso.

1.2 Aterro convencional com sobrecarga temporária

O aterro convencional é aquele executado sem dispositivos de controle de recalque ou de estabilidade. O mais comum é executar o aterro convencional com sobrecarga temporária (Fig. 1.1M), cuja função é aumentar a velocidade dos recalques primários e compensar total ou parcialmente os recalques secundários causados pelos fenômenos viscosos não relacionados com a dissipação das poropressões. A sobrecarga temporária é abordada no Cap. 4.

Uma desvantagem desse método construtivo é o prazo para estabilização dos recalques, em geral muito elevado, em função da baixa permeabilidade dos depósitos moles. Assim, deve-se avaliar a evolução dos recalques pós-construtivos com o tempo, para o planejamento das manutenções periódicas necessárias.

Outra desvantagem do uso da sobrecarga é o grande volume de terraplenagem associado a empréstimo e bota-fora. Quando os recalques estimados são alcançados, a sobrecarga temporária é retirada e o material removido pode ser utilizado como aterro em outro local, como descrito em detalhe no Cap. 4.

1.3 Aterros construídos em etapas, aterros com bermas laterais e aterros reforçados

Quando a resistência não drenada das camadas superiores do depósito mole é muito baixa, deve-se avaliar a redução da altura do aterro (Fig. 1.1D). Essa redução pode, todavia, não ser viável, em razão da necessidade de uma cota de projeto do aterro acima da cota de inundação regional, ou no caso de greides, em que a cota de projeto do aterro é definida no projeto geométrico da via. Nesses casos, em função do baixo fator de segurança quanto à ruptura, pode não ser possível a execução do aterro (com sobrecarga) em uma só etapa. A construção do aterro em etapas (Fig. 1.1C), permitindo o paulatino ganho de resistência da argila ao longo do tempo, é então uma alternativa construtiva. A estabilidade deve ser verificada para cada alteamento, e para essa avaliação é necessário o acompanhamento do desempenho da obra, por meio de instrumentação geotécnica e ensaios de campo para os ajustes necessários ao projeto. Os ganhos de resistência não drenada são estimados previamente em projeto e devem ser verificados por meio de ensaios de palheta realizados antes da colocação de cada etapa construtiva.

A construção em etapas é abordada nos Caps. 3 e 5. A utilização de bermas de equilíbrio (Fig. 1.1B) é outra solução que pode ser adotada para aumentar o fator de segurança (F_s) quanto à ruptura. Quando há restrições ao comprimento das bermas, ou para reduzir os volumes de terraplenagem, são instalados reforços, em geral com geossintéticos na base do aterro (Fig. 1.1A), com o objetivo de aumentar o F_s e de distribuir melhor as tensões. Essas duas soluções para aumentar o F_s são abordadas no Cap. 6. Os geossintéticos para reforço estrutural devem ser instalados após a cravação dos drenos para evitar danos mecânicos ao reforço.

1.4 Aterro sobre drenos verticais

Os primeiros drenos verticais utilizados eram de areia, os quais foram substituídos pelos drenos verticais pré-fabricados, também denominados geodrenos e drenos fibroquímicos. Os geodrenos consistem em um núcleo de plástico com ranhuras em forma de canaleta, envolto em um filtro de geossintético não tecido de baixa gramatura, conforme detalhe da Fig. 1.5A.

Nos aterros construídos sobre geodrenos, executa-se inicialmente a camada drenante, que tem também a função de aterro de conquista (Fig. 1.4), seguida da cravação dos drenos e execução do corpo do aterro. No processo de cravação, o dreno é solidarizado à sapata de cravação que garante o seu "engaste" no fundo da camada, quando o mandril é recolhido (Fig. 1.5B). Em geral, utilizam-se os geodrenos associados à sobrecarga temporária. A instalação dos geodrenos é realizada por meio de equipamentos de cravação que apresentam grande produtividade – cerca de 2 km por dia, a depender da estratigrafia – quando comparada às operações necessárias à instalação de drenos de areia, com reflexos econômicos muito importantes. A experiência na zona oeste da cidade do Rio de Janeiro é de uma produtividade média de 1 a 2 km de comprimento de geodreno cravado por dia, para as condições locais (Sandroni, 2006b).

O pré-carregamento por vácuo (Fig. 1.1K) consiste no uso concomitante das técnicas de sobrecarga (Fig. 1.1M) e de drenos (Fig. 1.1L), ou seja, instala-se um sistema de drenos verticais (e horizontais) e aplica-se vácuo nesse sistema, o qual tem o efeito de uma sobrecarga (hidrostática). O uso de geodrenos e o pré-carregamento por vácuo são abordados no Cap. 4.

1.5 Aterros leves

A magnitude dos recalques primários dos aterros sobre camadas de solos moles é função do acréscimo de tensão vertical causado pelo aterro construído sobre a camada de solo mole. Logo, a utilização de materiais leves no corpo de aterro reduz a magnitude desses recalques. Essa técnica, denominada aterro leve (Fig. 1.1E), tem como vantagem

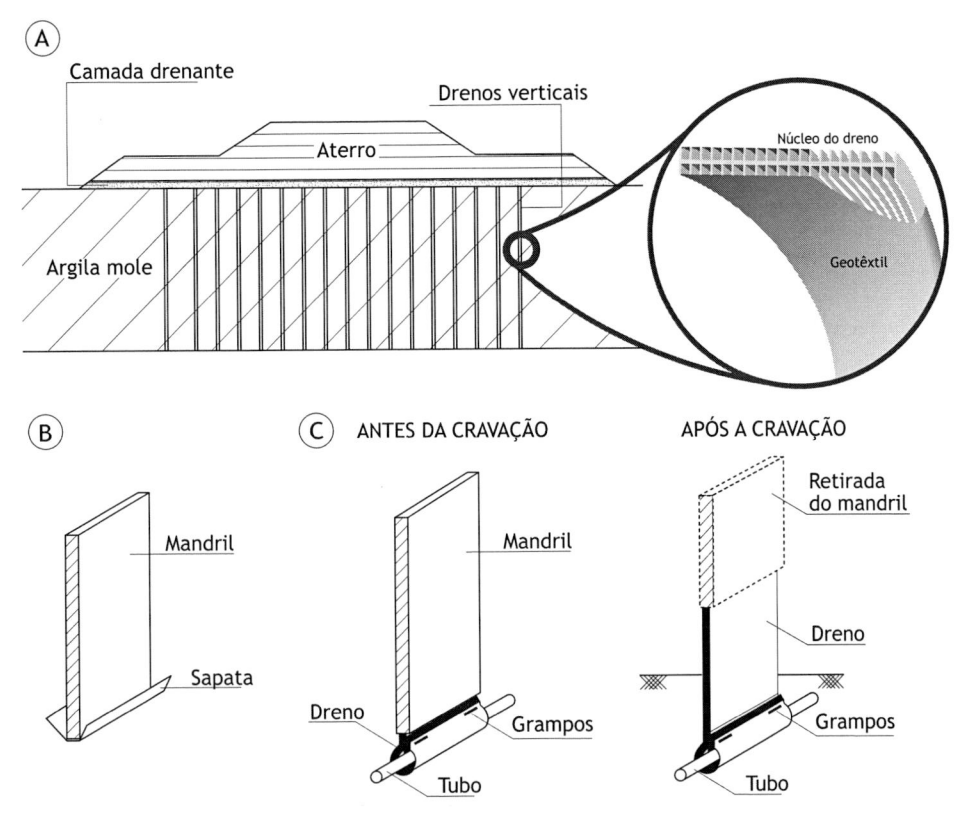

Fig. 1.5 *Esquema de um aterro sobre geodrenos: (A) seção transversal esquemática com bermas de equilíbrio;(B) detalhe do mandril e da sapata de ancoragem dos geodrenos; (C) detalhe do mandril de cravação e do tubo de ancoragem dos geodrenos*

adicional a melhoria das condições de estabilidade desses aterros, permitindo também a implantação mais rápida da obra, diminuindo ainda os recalques diferenciais.

No Quadro 1.1 apresentam-se os pesos específicos de alguns materiais que introduzem vazios nos aterros e são classificados como materiais leves, como, por exemplo, EPS, dutos/galerias de concreto etc.

Entre os materiais listados, o EPS tem sido o mais usado (van Dorp, 1996), pois, comparado aos demais materiais, é o de menor peso específico (15 a 30 kgf/m^3) e combina alta resistência (70 a 250 kPa) e baixa compressibilidade (módulo de elasticidade de 1 a 11 MPa). Existem EPS com diferentes valores de peso e resistência, e a escolha do EPS deve levar em conta o uso do aterro e as cargas móveis atuantes. A Fig. 1.6 apresenta

Quadro 1.1 Pesos específicos dos materiais leves para aterros

Material	Peso específico (kN/m³)
Poliestireno expandido – EPS (isopor ou similar)	0,15 a 0,30
Tubos de concreto (diâmetro: 1 m a 1,5 m; espessura da parede: 6 cm a 10 cm)	2 a 4
Pneus picados	4 a 6
Argila expandida	5 a 10
Serragem	8 a 10

um exemplo de sua utilização, onde o núcleo de EPS é circundado de material de aterro propriamente dito com maior peso. Além do aterro, pode-se executar uma camada protetora de concreto, ou seja, uma laje com cerca de 7 a 10 cm de espessura sobre o aterro leve, para redistribuir as tensões sobre o EPS, evitando o puncionamento desse material, causado principalmente pelo tráfego de veículos. Considerando a carga do aterro circundante e da laje, deve-se prever um pré-carregamento do solo mole, inclusive com o uso de drenos verticais (em geral parcialmente penetrantes) durante o período de tempo necessário. Uma vez que o EPS é sensível à ação de solventes orgânicos, ele deve ser protegido por uma manta impermeabilizante insensível a esses líquidos, conforme indicado na Fig. 1.6A.

A espessura h_{at} indicada na Fig. 1.6A é função das tensões aplicadas, ou seja, da utilização da área. Em locais de baixo tráfego e cargas, essa espessura será menor do que em áreas de elevado tráfego.

Se a região do aterro com EPS for passível de alagamentos, o EPS poderá flutuar e comprometer a integridade do aterro. Nesse caso, a base do EPS deverá ser instalada preferencialmente acima do nível d'água.

O aterro leve com EPS pode apresentar vários formatos, em função de sua utilização, com dimensões típicas dos blocos de 4,00 x 1,25 x 1,00 m, mas é possível utilizar blocos com dimensões variáveis, de acordo com a demanda de cada projeto, ou mesmo realizar cortes específicos no próprio local da obras (Fig. 1.6B). O alto custo do EPS pode inviabilizar sua aplicação em áreas distantes da fábrica, em função do custo de transporte dos grandes volumes de EPS necessários para os aterros.

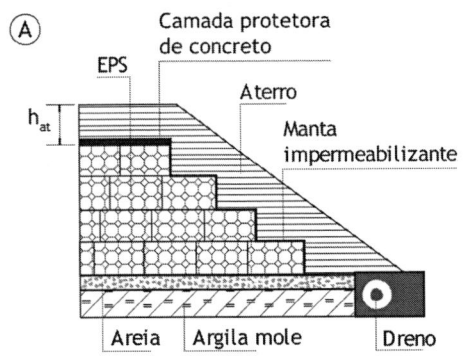

Fig. 1.6 *Uso de EPS em aterros sobre solos moles: (A) seção transversal de um aterro construído com EPS; (B) detalhe da construção de um aterro de EPS (Lima; Almeida, 2009)*

1.6 ATERROS SOBRE ELEMENTOS DE ESTACAS

Aterro sobre elementos de estacas ou estruturado é a denominação genérica dada ao aterro suportado por estacas. Os aterros denominados estruturados (Fig. 1.1F,G,H) são aqueles em que parte ou a totalidade do carregamento devido ao aterro é transmitida para o solo de fundação mais competente, subjacente ao depósito mole. Os aterros sobre elementos de estacas serão abordados no Cap. 6.

O aterro estruturado pode ser apoiado sobre estacas ou colunas dos mais variados materiais, conforme os diferentes processos construtivos descritos a seguir. A distribuição de tensões do aterro para estacas ou colunas é feita por meio de uma plataforma com capitéis, geogrelhas ou lajes. Esse tipo de solução minimiza ou mesmo – dependendo da solução adotada – elimina os recalques, além de melhorar a estabilidade do aterro. Uma vantagem desse método construtivo é a diminuição do tempo de execução do aterro, pois o seu alteamento pode ser realizado em uma só etapa, em um prazo relativamente curto.

O tratamento do solo mole por colunas granulares (Fig. 1.1F), além de produzir menores deslocamentos horizontais e verticais do aterro em comparação com um aterro convencional ou sobre drenos, também promove a dissipação de poropressões por drenagem radial, acelerando os recalques e aumentando a resistência ao cisalhamento da massa de solo de fundação. O encamisamento dessas colunas com o uso de geossintéticos tubulares de alto módulo perimetral maximiza seu desempenho.

O aterro convencional sobre estacas (Fig. 1.1H) usa o efeito do arqueamento (Terzaghi, 1943), permitindo então que as tensões do aterro sejam distribuídas para as estacas. A eficácia do arqueamento aumenta com o aumento da altura de aterro, com consequente distribuição do carregamento para os capitéis e as estacas (Hewlett; Randolph, 1988). Atualmente se utiliza geogrelha sobre os capitéis para aumentar o espaçamento das estacas, como será discutido em detalhe no Cap. 6.

1.7 Metodologias construtivas em obras portuárias

É comum a presença de depósitos de solos moles em obras portuárias, geralmente situadas em áreas costeiras, em função do aporte de sedimentos ocorridos ao longo de milhares de anos, ou até de depósitos de sedimentos recentes, em razão de atividades antrópicas. Exemplos dessas áreas são, entre outros, os portos de Santos (Ramos; Niyama, 1994), Sepetiba (Almeida et al., 1999), Itaguaí (Marques et al., 2008), Suape (Oliveira, 2006), Itajaí-Navegantes (Marques; Lacerda, 2004), Natal (Mello; Schnaid; Gaspari, 2002), Rio Grande (Dias, 2001), e também em áreas portuárias na região amazônica (Alencar Jr. et al., 2001; Marques; Oliveira; Souza, 2008).

Obras portuárias (Mason, 1982) consistem essencialmente de um cais de atracação associado a uma retroárea com a finalidade principal de armazenagem de contêineres e de produtos em geral. A Fig. 1.7 apresenta possíveis esquemas construtivos de obras portuárias (Mason, 1982; Tschebotarioff, 1973b). O cais é, normalmente, uma estrutura suportada por estacas, podendo ter ou não uma estrutura de contenção associada. Exemplos de cais com estruturas de contenção frontal são indicados na Fig. 1.7A,B,C. O caso da Fig. 1.7A inclui uma plataforma de alívio, procedimento que tem como vantagem diminuir os empuxos atuantes na estrutura de contenção. No caso da Fig. 1.7B, a contenção é suportada por um tirante ancorado por um sistema de estacas em cavalete, com uma estaca funcionando por compressão e a outra, por tração. Na Fig. 1.7C, a estrutura de contenção é suportada por estacas inclinadas que funcionam por tração, sendo então transmitidos esforços de compressão à estrutura de contenção. Os esquemas indicados na Fig. 1.7B,C podem também ser usados atrás de uma estrutura de cais na interface com a retroárea com um cais estaqueado tradicional em sua frente.

1 # Métodos construtivos de aterros sobre solos moles

Nas obras portuárias modernas que recebem embarcações de grande calado (as necessidades atuais de dragagem atingem profundidades da ordem de 20 m), as estruturas de contenção devem alcançar grandes profundidades, de forma a ter comprimento de ficha adequado, em particular no caso de camadas compressíveis de grande espessura. Consequentemente, as estruturas de contenção anteriormente descritas têm alto custo, e alternativas têm sido propostas conforme indicado na Fig. 1.7D,E. No caso da Fig. 1.7D, a estrutura do cais foi ampliada, e no caso da Fig. 1.7E, utilizou-se uma plataforma de alívio.

A Fig. 1.7F apresenta uma variante da Fig. 1.7E que consiste de um aterro, tradicionalmente executado com enrocamento, na interface com a retroárea. Uma alternativa ao enrocamento é o uso de tubos de geotêxteis cheios de material granular ou de solo-cimento.

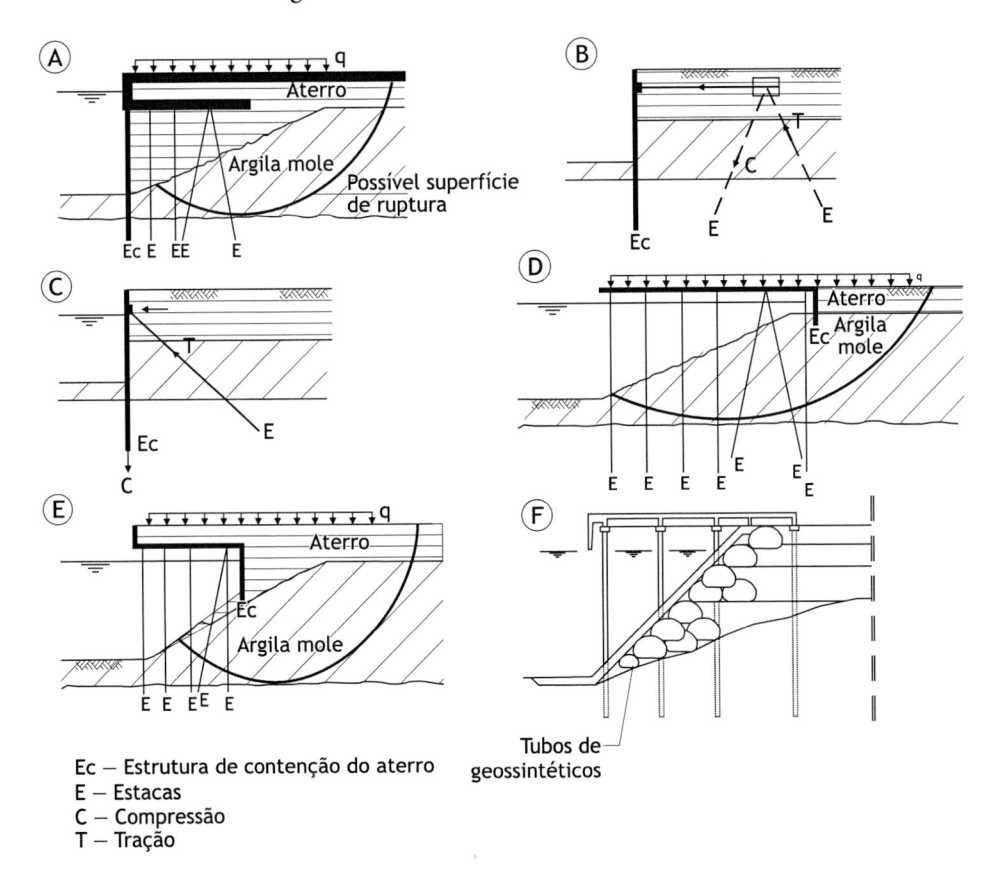

Ec — Estrutura de contenção do aterro
E — Estacas
C — Compressão
T — Tração

Fig. 1.7 *Detalhe de soluções geotécnicas em áreas portuárias*

Análises de estabilidade e de recalques deverão ser realizadas, qualquer que seja a opção adotada entre os casos aqui descritos, e possíveis superfícies de ruptura crítica são indicadas na Fig. 1.7A,D,E. Nas obras portuárias, a sobrecarga atuante na superfície e decorrente do armazenamento de contêineres é da ordem de 50 a 80 kPa, e a tolerância da magnitude de valores de recalques pós-construtivos dependerá de diversos fatores técnicos e operacionais.

Para a execução de obras portuárias, em geral é necessária a dragagem de espessas camadas de sedimentos. Nesses casos, é comum que as camadas superficiais tenham um grau de contaminação tal que os órgãos ambientais não permitem a disposição em corpos hídricos. A alternativa tem sido, então, a disposição em terra e na área do empreendimento portuário. Uma solução é a disposição desses sedimentos – normalmente dragados por sucção e recalque – em tubos de geotêxteis (Leshchinsky et al., 1996; Pilarczyk, 2000), em áreas confinadas em terra. Essas estruturas de contenção possibilitam, de um lado, a desidratação dos sedimentos e, de outro, por meio de processos físico-químicos, que o contaminante se associe ao sedimento e o fluido desidratado seja então descartado em condições ambientalmente controladas.

A Fig. 1.8 apresenta um esquema construtivo adotado para a disposição desses sedimentos contaminados em áreas confinadas em terra, o qual tem 4 fases com 12 etapas construtivas explicadas na figura. Em alguns casos, os tubos de geossintéticos são empilhados em duas ou três camadas. Finalizado o aterro, este pode então ser usado como retroárea.

FASE 1
1 - Instalação de geodrenos
2 - Preparação da área: aterro de conquista, geossintéticos e colchão drenante
3 - Disposição e instalação dos tubos de geossintéticos
4 - Construção parcial de diques
5 - Enchimento dos tubos de geossintéticos com o sedimento contaminado a ser tratado

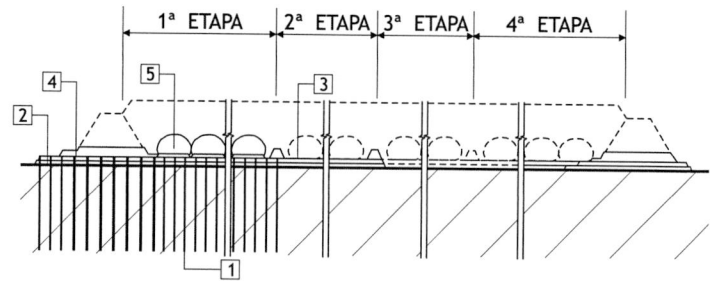

Fig. 1.8 *Detalhe de metodologia de disposição de sedimentos confinados*

FASE 2
6 - Prosseguimento da execução dos diques
7 - Execução de aterro
8 - Execução de sobrecarga para aceleração de recalques

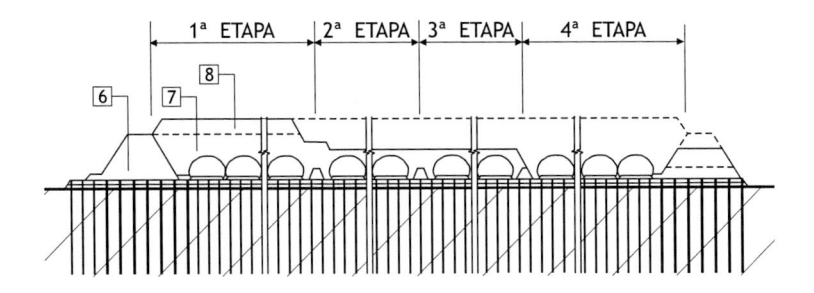

FASE 3
9 - Retirada da sobrecarga da 1ª etapa e colocação na 2ª etapa
10 - Deslocamento da sobrecarga de uma etapa para a etapa seguinte
11 - Processo repetido até que todas as áreas sofram sobrecarga

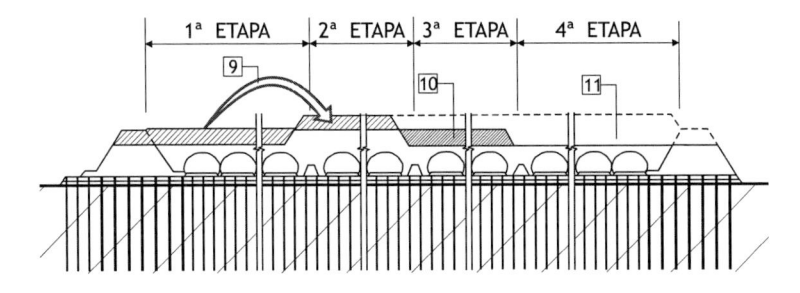

FASE 4
12 – Aterro finalizado e estabilizado

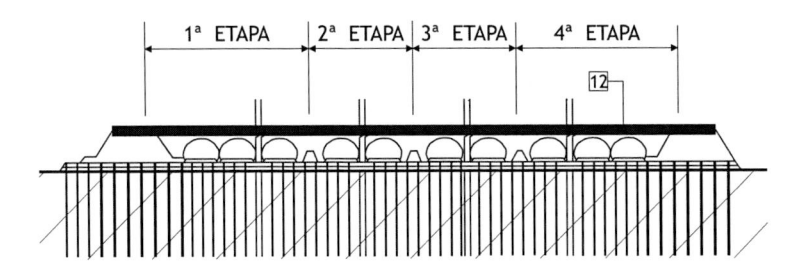

Fig. 1.8 *Detalhe de metodologia de disposição de sedimentos confinados (continuação)*

1.8 Comentários finais

O tipo de utilização da área vai influenciar a decisão da técnica construtiva mais adequada para os aterros. Por exemplo, em aterros de retroáreas portuárias, o proprietário pode aceitar a convivência com recalques pós-construtivos e preferir manutenções periódicas do aterro, e não investir inicialmente em uma estabilização dos recalques. Já em caso de empreendimentos imobiliários, a convivência com recalques é inadmissível, uma vez que o construtor não retornará ao empreendimento. Em rodovias, os recalques em encontros de pontes reduzem o conforto e a segurança dos usuários, e em ferrovias, os recalques pós-construtivos admissíveis devem ser pequenos para minimizar os elevados custos de manutenção, associados principalmente à interrupção do tráfego. Em caso de trens de alta velocidade, por exemplo, os recalques pós-construtivos devem ser nulos.

O Quadro 1.2 resume as metodologias construtivas apresentadas neste capítulo e suas principais características, com indicações de referências bibliográficas de aplicações no Brasil. Diante dos desafios construtivos de aterros sobre solos muito moles é comum o uso concomitante de diversas técnicas construtivas. Por exemplo, na região Sudeste do Brasil, em particular na região do Porto de Santos e na zona oeste da cidade do Rio de Janeiro, em alguns casos tem sido adotado aterro reforçado construído em etapas sobre drenos verticais com bermas laterais e sobrecarga (Almeida et al., 2008c).

Quadro 1.2 Resumo das metodologias executivas e suas características

Metodologias construtivas	Características	Experiências brasileiras
Remoção da camada mole total ou parcial	Eficaz, rápido, grande impacto ambiental; necessária sondagem para aferição da quantidade de solo removido/remanescente	Vargas (1973); Cunha e Wolle (1984); Barata (1977)
Expulsão de solo com ruptura controlada (aterro de ponta)	Utilizada para depósitos de pequena espessura e muito dependente da experiência local; necessária sondagem para aferição da espessura de solo removido/remanescente	Zayen et al. (2003)

QUADRO 1.2 RESUMO DAS METODOLOGIAS EXECUTIVAS E SUAS CARACTERÍSTICAS (CONTINUAÇÃO)

Metodologias construtivas	Características	Experiências brasileiras
Aterro convencional	Estabilização dos recalques é lenta	Pinto (1994)
Construção em etapas	Utilizada, na maioria dos casos, com drenos verticais; é necessário monitoramento do ganho de resistência; não é favorável para prazos exíguos	Almeida, Davies e Parry (1985)(*); Almeida et al. (2008b)
Drenos verticais e sobrecarga com aterro	Utilizado para acelerar recalques, com grande experiência acumulada. Usa-se a sobrecarga temporária para diminuir os recalques primários e secundários remanescentes	Almeida et al. (2001); Sandroni e Bedeschi (2008); Almeida, Rodrigues e Bittencourt (1999)
Bermas de equilíbrio e/ou reforço	Adotada frequentemente; é necessário avaliar se a força de tração do reforço é realmente mobilizada *in situ*	Palmeira e Fahel (2000); Magnani, Almeida e Ehrlich (2009)
Uso de materiais leves	Ideal para prazos exíguos; custos relativamente elevados; sua utilização tem aumentado	Sandroni (2006b); Lima e Almeida (2009)
Aterros sobre estacas com plataforma de geogrelhas	Ideal para prazos exíguos; diversos *layouts* e materiais podem ser utilizados	Almeida et al. (2008a); Sandroni e Deotti (2008)
Colunas granulares (estacas granulares)	Colunas granulares que podem ou não ser encamisadas com geotêxtil; os recalques são acelerados devido à natureza drenante das colunas granulares; geogrelhas são às vezes instaladas acima das estacas granulares	Mello et al. (2008); Garga e Medeiros (1995)
Pré-carregamento por vácuo	Pode substituir parcialmente a necessidade de sobrecarga com material de aterro; deslocamentos horizontais são muito menores que os de carregamentos convencionais.	Marques e Leroueil (2005)(*)

(*) Estudos conduzidos por pesquisadores brasileiros em depósitos moles de outros países.

A decisão por uma metodologia executiva em detrimento de outra é função das características geotécnicas dos depósitos, da utilização da área (incluindo a vizinhança), de prazos construtivos e de custos envolvidos.

Nascimento (2009), em estudo sobre alternativas construtivas para sistemas viários, fez uma análise técnico-econômica, comparando as metodologias de aterros com drenos, sobrecargas, berma e reforço e de aterro estruturado sobre estacas e capitéis com geogrelhas. A Fig. 1.9 apresenta os resultados desse estudo realizado para quatro depósitos da zona oeste da cidade do Rio de Janeiro. O que se observa é que há pouca variação nos custos associados para a solução de aterros sobre estacas de local para local, representado por uma curva média de custos, que é função apenas do aumento da espessura da camada mole, porém há significativa diferença nos custos da solução de drenos para cada local. Cabe ressaltar que os custos unitários dos insumos e serviços variam muito regionalmente, e o custo do aterro é o que mais afeta a composição do custo das soluções.

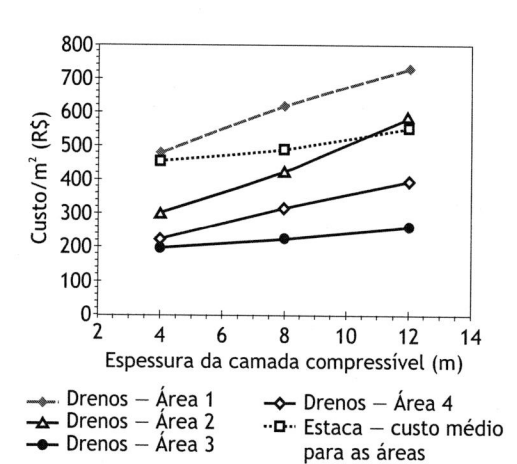

Fig. 1.9 *Custo unitário construtivo dos aterros de vias sobre geodrenos e sobre estacas e geogrelha (ref. custos set/2008) (Nascimento, 2009)*

O aterro sobre estacas é menos oneroso do que o aterro sobre drenos para todas as espessuras de argila analisadas para o depósito da área 1, por exemplo, em função da elevada compressiblidade e baixa resistência não drenada do depósito. Isso porque, para a execução de aterro sobre drenos nesse depósito, são necessárias várias etapas construtivas, reforço e volumes de terraplenagem elevados para bermas e compensação de recalques.

No Anexo são apresentados parâmetros geotécnicos das áreas da Fig. 1.9 e de alguns depósitos brasileiros.

Investigações geotécnicas 2

A programação das investigações geotécnicas e sua realização compõem a primeira etapa do projeto de uma obra geotécnica. A programação inicia-se com o reconhecimento inicial do depósito por meio de mapas geológicos e pedológicos, fotografias aéreas e levantamento do banco de dados das investigações realizadas em áreas próximas. As fases seguintes consistem na execução das investigações preliminares e complementares. As investigações preliminares visam principalmente à determinação da estratigrafia da área de estudo, e nessa fase são realizadas sondagens a percussão. Entretanto, uma boa ferramenta para a avaliação de perfis estratigráficos de grandes áreas são os métodos geofísicos, que ainda são pouco utilizados na investigação de solos moles. Em uma fase posterior, é executada a investigação complementar de campo e laboratório, cujo objetivo é a definição dos parâmetros geotécnicos e do modelo geomecânico do depósito de solo mole e da obra, objetivando a cálculos de estabilidade e de recalques. O perfil estratigráfico também pode ser obtido nessa fase por meio de ensaios de piezocone.

2.1 Investigações preliminares
2.1.1 Sondagens a percussão

A investigação preliminar é a primeira etapa da investigação propriamente dita. Consiste essencialmente na realização de sondagens a percussão, normalizadas pela NBR 6484 (ABNT, 2001a), visando à definição dos tipos de solos, das espessuras das camadas e dos perfis geológico-geotécnicos. Em solos muito moles a moles, o número de golpes para penetração dos 30 cm finais do amostrador é, em geral, igual a zero ($N_{SPT} = 0$). Nesse caso, é possível que a amostra penetre 1 m ou mais no solo mole se as hastes não forem retidas pelo sondador, ou pode também ocorrer perda das hastes em caso de espessas camadas de solos moles. Logo, é procedimento usual a retenção das hastes a cada metro.

A principal informação nessa fase de investigação é a definição da espessura das camadas de argila mole, do aterro superficial, das camadas intermediárias com outras características e do solo subjacente. A sondagem deve ser executada dentro de alguns metros no solo subjacente ao solo mole, para caracterizar se a camada é drenante ou não, ou atingir o impenetrável no caso de aterro sobre estacas. As curvas de mesma espessura de camada (curvas de isoespessura), conforme exemplificado na Fig. 2.1, são muito úteis nessa fase para a avaliação dos métodos construtivos que serão adotados na área. Perfis geológico-geotécnicos são também elaborados, conforme mostrado na Fig. 2.2.

É fundamental que a sondagem seja locada por coordenadas e que a cota de furo seja obtida.

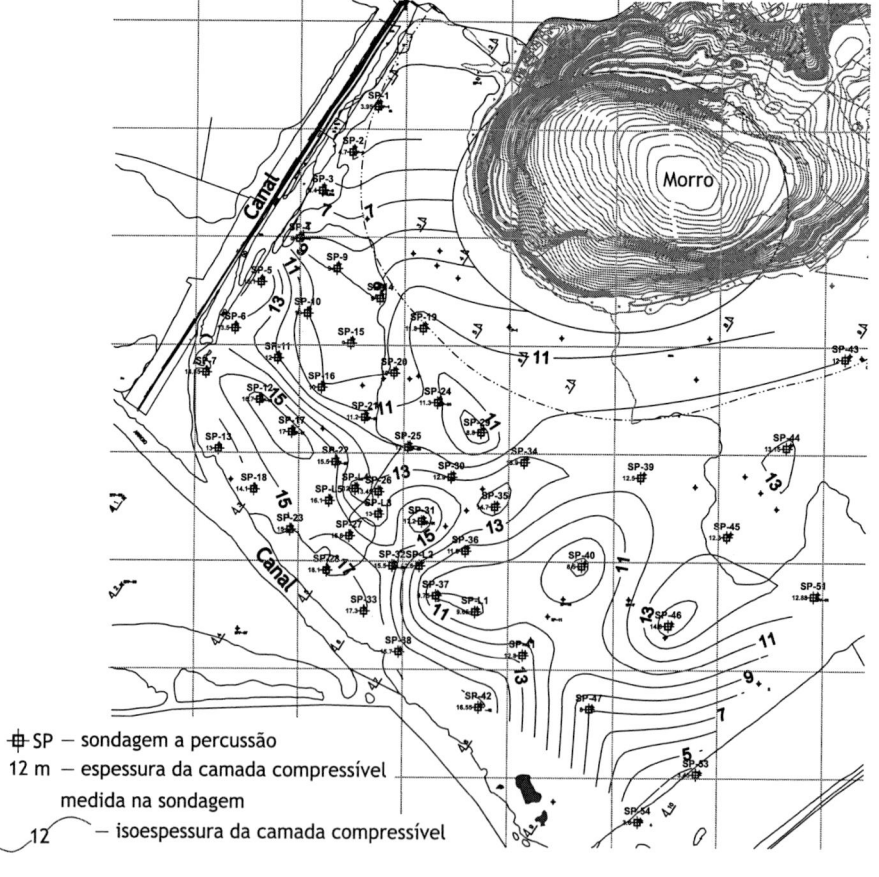

Fig. 2.1 *Curvas de isoespessuras de solo mole de um depósito do Rio de Janeiro (RJ)*

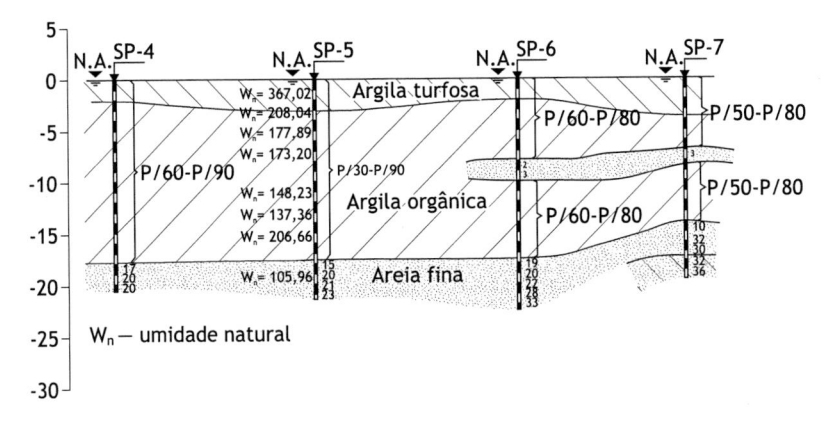

Fig. 2.2 Perfil geológico-geotécnico de um depósito do Rio de Janeiro (RJ)

2.1.2 Caracterização

Ainda nessa fase preliminar, é comum a determinação da umidade natural (w_n, indicada na Fig. 2.3A) e dos limites de Atterberg (NBR 6459 e NBR 7180, respectivamente; ABNT, 1984a, 1984c) nas amostras retiradas do amostrador SPT (Fig. 2.3B), visto que a informação $N_{SPT} = 0$ em toda a camada é limitada e não diferencia as diferentes naturezas e consistências dos solos moles.

A medida de umidade tem baixo custo e permite a correlação com parâmetros do solo. Para a sua obtenção, a amostra é coletada na parte inferior do amostrador SPT (bico) e deve ser adequadamente escolhida, de forma a não ser influenciada pelo procedimento de avanço, muitas vezes realizado com trépano e água. Além disso, a amostra coletada deve ser imediatamente colocada em saco plástico e armazenada em caixa de isopor, protegida do sol.

Ensaios de caracterização permitem avaliar qualitativamente a compressibilidade da argila, ao se comparar valores de I_P com w_L, como apresentado na Fig. 2.4. Nessa figura, os valores de w_L superiores à linha B representam materiais de elevada compressibilidade, denominados H (*high plasticity*) para a faixa de 50% < w_L < 70%; V (*very high plasticity*) para 70% < w_L < 90% e E (*extremely high plasticity*) para w_L > 90% (BS 5930 - BSI, 1999). Segundo essa classificação, as argilas ou siltes argilosos da zona oeste da cidade do Rio de Janeiro apresentam plasticidade de muito a extremamente elevada. Como os solos argilosos são, em geral, orgânicos, é importante ressaltar que os ensaios de deter-

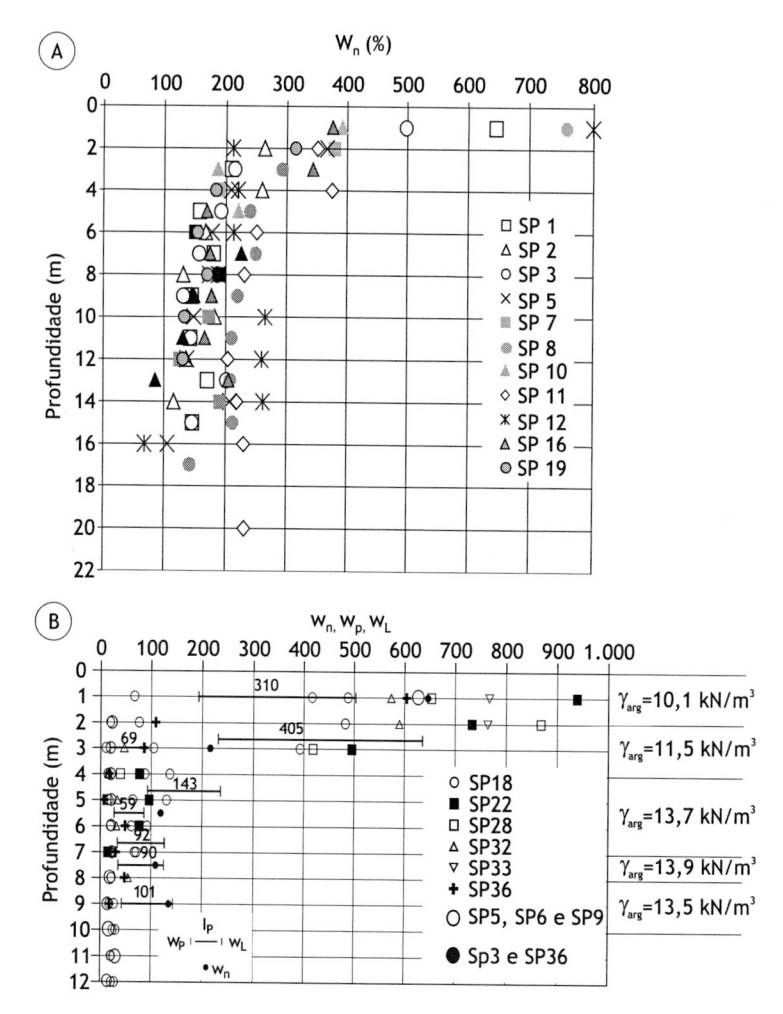

Fig. 2.3 *Perfis de umidade natural: (A) de um depósito da Barra da Tijuca (RJ); (B) limites de Atterberg e peso específico de um depósito do Recreio dos Bandeirantes (RJ)*

minação de w_L e w_P devem ser realizados sem secagem prévia, para a determinação posterior do I_P, e que os valores de G_s (ABNT, 1984b) desses solos normalmente são inferiores a 2,6.

2.2 INVESTIGAÇÕES COMPLEMENTARES

Após a identificação das camadas, e com base nas informações obtidas nessa etapa, são executadas as investigações complementares para obtenção de parâmetros geotécnicos propriamente ditos. Essa campanha consiste de ensaios de campo e de laboratório. Vantagens e desvantagens de ensaios de campo e de laboratório são apresentadas no Quadro 2.1. É importante ressaltar que os modos de deformação e ruptura e os caminhos de tensão tanto nos ensaios de campo quanto nos de laboratório diferem dos correspondentes na obra e devem ser considerados nas previsões de recalques e análises de estabilidade.

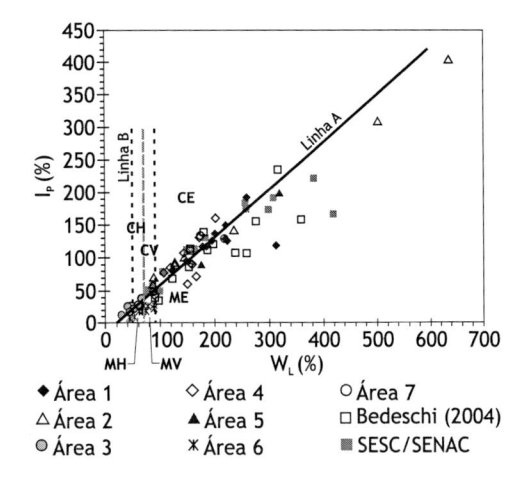

Fig. 2.4 Variação do I_P com o limite de liquidez para argilas da zona oeste da cidade do Rio de Janeiro (Nascimento, 2009)

QUADRO 2.1 VANTAGENS E DESVANTAGENS DE ENSAIOS DE LABORATÓRIO E DE CAMPO APLICADOS A ARGILAS MOLES (ALMEIDA, 1996)

Tipo de ensaio	Vantagens	Desvantagens
Laboratório	Condições de contorno bem-definidas	Amolgamento em solos argilosos durante a amostragem e na moldagem
	Condições de drenagem controladas	Pouca representatividade do volume de solo ensaiado
	Trajetórias de tensões conhecidas durante o ensaio	Em condições análogas é, em geral, mais caro do que ensaio de campo
Campo	Natureza do solo identificável	
	Solo ensaiado em seu ambiente natural	Condições de contorno mal definidas, exceto o pressiômetro autocravante
	Medidas contínuas com a profundidade (CPT, piezocone)	Condições de drenagem desconhecidas
	Maior volume de solo ensaiado	Grau de amolgamento desconhecido
	Geralmente mais rápido do que ensaio de laboratório	Natureza do solo não identificada (exceção: sondagem a percussão)

O Quadro 2.2 apresenta os ensaios executados usualmente e os respectivos parâmetros obtidos. Conforme se observa nos Quadros 2.1 e 2.2, os ensaios de laboratório e de campo são complementares. Assim, é comum a realização de ilhas de investigação em verticais contíguas (distantes cerca de 2 m), incluindo ensaios de campo e de laboratório, conforme será discutido ao final do capítulo.

2.2.1 Ensaios de campo

Nessa fase, os ensaios de campo mais comumente realizados são os de palheta e de piezocone, descritos detalhadamente por Schnaid (2000, 2009). Outros ensaios de campo (Danziger; Schnaid, 2000; Coutinho, 2008) executados em depósitos moles são os ensaios dilatométrico (*e.g.* Soares; Almeida; Danziger, 1987) e de cravação de elemento cilíndrico, também conhecido como ensaio Tbar (Stewart; Randolph, 1991; Almeida; Danziger; Macedo, 2006). Este último, apesar de mais usado em investigação *offshore*, tem potencial para ser usado *onshore*, pela sua simplicidade, já que não é necessária a correção da resistência de ponta em função da poropressão.

QUADRO 2.2 CARACTERÍSTICAS GERAIS DOS ENSAIOS DE LABORATÓRIO E DE CAMPO, PARÂMETROS GEOTÉCNICOS OBTIDOS E RECOMENDAÇÕES

Ensaio	Tipo	Objetivo do ensaio	Principais parâmetros obtidos	Outros parâmetros	Observações e recomendações
Laboratório	Caracterização completa	Caracterização geral do solo; interpretação dos demais ensaios	w_n, w_L, w_p, G_s, curva granulométrica	Estimativa de compressibilidade	Recomenda-se a determinação do teor de matéria orgânica em solos muito orgânicos e turfa
Laboratório	Adensamento	Cálculos de recalques e de recalques × tempo	C_c, C_s, σ'_{vm}, c_v, e_0	E_{oed}, C_α	Essencial para cálculo de magnitude e velocidade de recalques; pode ser substituído pelo ensaio contínuo CRS

Quadro 2.2 Características gerais dos ensaios de laboratório e de campo, parâmetros geotécnicos obtidos e recomendações (continuação)

Ensaio	Tipo	Objetivo do ensaio	Principais parâmetros obtidos	Outros parâmetros	Observações e recomendações
Laboratório	Triaxial UU	Cálculos de estabilidade (S_u é afetado pelo amolgamento)	S_u		É mais afetado pelo amolgamento do que o ensaio CU
	Triaxial CU	Cálculos de estabilidade; parâmetros para cálculos de deformabilidade 2D (MEF)	S_u, c', ϕ'	E_u	Ensaio CAU (adensamento anisotrópico) é o mais indicado
Campo	Palheta	Cálculos de estabilidade	S_u, S_t	OCR	Essencial para determinação da resistência não drenada da argila
	Piezocone (CPTu)	Estratigrafia; recalques × tempo (a partir do ensaio de dissipação)	Estimativa do perfil de S_u, c_h (c_v)	Perfil de OCR, K_0, E_{oed}, S_t	Ensaio recomendado pela relação custo/benefício favorável
	Tbar	Resistência não drenada	Estimativa do perfil de S_u		Não requer correção de poropressão; mais comumente usado em *offshore*
	Dilatômetro (DMT)	Ensaio complementar, em geral	S_u, OCR, K_0	c_h, E_{oed}	Menos comum em argilas muito moles
	Pressiômetro (PMT)	Ensaio complementar, em geral	S_u, G_0	c_h	Menos comum em argilas muito moles

Os ensaios de piezocone sísmico SCPTu ou de dilatômetro sísmico SDMT permitem a obtenção de módulo cisalhante a pequenas deformações G_o (ou G_{max}). Esse parâmetro tem menor nível de interesse no caso de aterros sobre solos moles, em geral calculados com fatores de segurança relativamente baixos ($F_s \geq 1{,}5$). Entretanto, o G_o pode ser correlacionado com o Módulo de Young não drenado (E_u), obtido usualmente como o valor do módulo secante para 50% da tensão de desvio máxima.

2.2.2 Ensaios de laboratório

Os ensaios de laboratório usualmente realizados no contexto do projeto de aterros sobre solos moles são os de caracterização completa do solo, que incluem a análise granulométrica por peneiramento e sedimentação; a determinação dos limites de liquidez e plasticidade; a determinação da massa específica dos grãos (NBR 6508 - ABNT, 1984b), necessária para os ensaios de sedimentação e adensamento; e ensaios mais complexos de adensamento oedométrico e triaxiais. Em alguns casos, determina-se a porcentagem de matéria orgânica em peso. Pode-se usar a medida da perda de peso em estufa com temperatura acima de 440ºC (NBR 13600 – ABNT, 1996), procedimento mais rápido e de menor custo, ou, preferencialmente, o Método da Embrapa (Embrapa, 1997), por meio da determinação da porcentagem de carbono orgânico.

A determinação do teor de matéria orgânica é importante para auxiliar a compreensão do desempenho de técnicas de estabilização de solo.

2.3 Ensaios de palheta

2.3.1 Equipamento e procedimentos

O ensaio de palheta (*Vane test*) é o mais utilizado para a determinação da resistência não drenada (S_u) do solo mole, consistindo na rotação constante de 6º por minuto de uma palheta cruciforme em profundidades predefinidas. O valor de S_u é influenciado pelos seguintes fatores: atrito mecânico, características das palhetas, velocidade de rotação da palheta, plasticidade da argila, amolgamento, heterogeneidade e anisotropia da argila, e o valor calculado é influenciado pela hipótese de ruptura adotada (Chandler, 1988). Em função disso, vários cuidados devem ser tomados na realização desse ensaio, normalizado pela NBR 10905 (ABNT, 1989).

Cita-se, por exemplo, a necessária padronização do tempo de espera entre a cravação e a rotação da palheta, fixado em 1 minuto pela norma, para que o valor de S_u não seja superestimado em função da drenagem que pode ocorrer para tempos mais elevados. A velocidade de rotação, as dimensões da palheta e o tempo de ensaio são estabelecidos na norma.

Esse ensaio deve ser idealmente realizado com equipamento dotado de sistema para medida de torque próximo à palheta, em vez de sistema com medida em mesa de torque na superfície do terreno, como o indicado na Fig. 2.5A, pois nessa configuração o atrito das hastes é computado na leitura e deve ser corrigido. Além disso, o ângulo de rotação – medido, em geral, na superfície do terreno – incorpora a rotação elástica da haste da palheta, que é elevada, no caso de grandes profundidades de ensaio.

Um equipamento com medida de torque próximo à palheta foi desenvolvido em conjunto pela COPPE/UFRJ e pela UFPE (Almeida, 1996; Nascimento, 1998; Oliveira, 2000), dotado de sapata de proteção onde se aloja a palheta, conforme mostrado na Fig. 2.5B. Esses equipamentos têm sido usados com excelentes resultados desde então (e.g. Crespo Neto, 2004; Jannuzzi, 2009; Baroni, 2010).

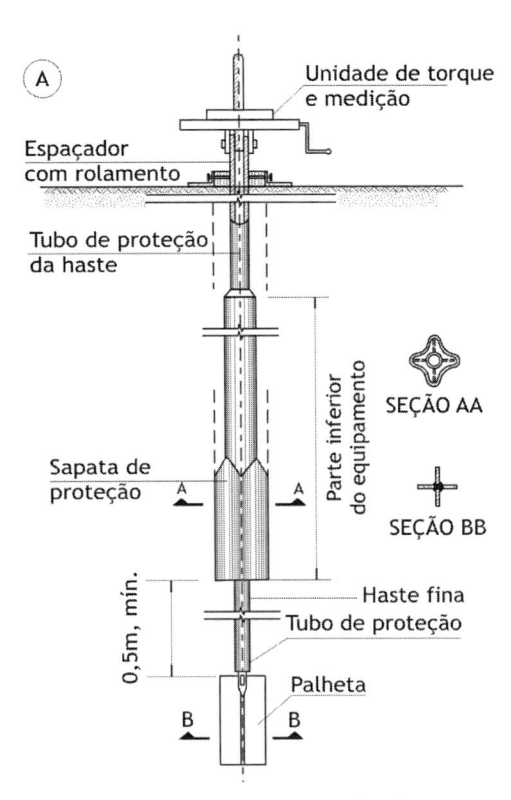

Fig. 2.5 Equipamento de palheta: (A) componentes do equipamento; (B) detalhe da sapata de proteção

2.3.2 Resistência não drenada

A medida do torque T *versus* rotação no ensaio de palheta permite a determinação dos valores da resistência não drenada S_u do solo natural e amolgado. As hipóteses usuais adotadas para o cálculo de S_u são: condição não drenada, solo isotrópico e resistência constante no entorno da palheta. Para tais hipóteses, e razão altura H *versus* diâmetro D da palheta igual a 2, a equação utilizada para o cálculo S_u com base no máximo valor de torque medido, prescrita pela NBR 10905 (ABNT, 1989), é:

$$S_u = \frac{0,86T}{\pi D^3} \qquad (2.1)$$

Wroth (1984) mostrou resultados experimentais que indicam que a hipótese de S_u constante no topo e na base da palheta não se verifica. Como consequência, com base em estudos realizados na argila de Londres, a Eq. (2.1) pode proporcionar, em teoria, resultados conservativos da ordem de 9%. Schnaid (2000) apresenta diversas equações propostas por pesquisadores levando-se em consideração diferentes modos de ruptura.

A Eq. (2.1) é também usada para o cálculo da resistência amolgada da argila (S_{ua}), medida que consiste em, depois de atingido o torque máximo, girar a palheta em 10 evoluções completas, de forma a amolgar o solo e, então, proceder à medida da resistência amolgada. O intervalo de tempo entre as duas fases do ensaio deve ser inferior a 5 min.

Ensaios em solos intactos naturais devem resultar em ângulos de rotação moderados para valores de pico, conforme se observa na Fig. 2.6. Baroni (2010) observou variação de 5° a 25°, com alguns pontos isolados (turfa, lentes de conchas) onde θ_{max} chegou a 56°. O ângulo de rotação médio para o torque máximo aplicado em três depósitos da Barra da Tijuca (Baroni, 2010) foi de 16°. A qualidade do ensaio de palheta pode ser avaliada pela

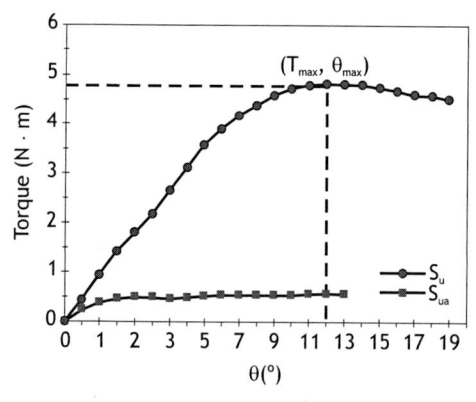

Fig. 2.6 *Torque* versus *rotação da palheta para ensaios em argila natural e amolgada (Crespo Neto, 2004)*

forma da curva torque *versus* rotação da palheta. Em geral, ângulos de rotação no pico superiores a 30° indicam algum amolgamento da argila.

2.3.3 Sensibilidade da argila

A Fig. 2.7 apresenta exemplos de resistência não drenada medidos em ensaios de palheta, nos quais se observam resultados de ensaios na condição natural (S_u) e na condição amolgada (S_{ua}). A sensibilidade S_t da argila é definida pela razão entre as resistências de pico (S_u) e a resistência amolgada (S_{ua}), conforme a equação:

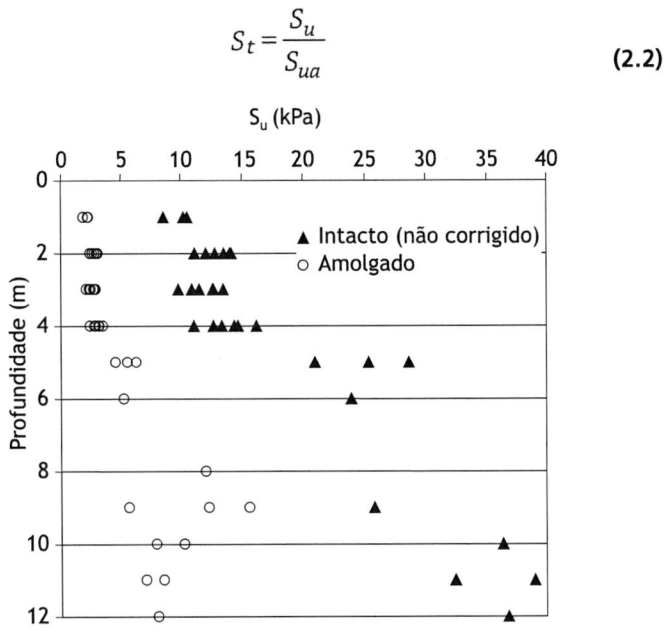

$$S_t = \frac{S_u}{S_{ua}} \qquad (2.2)$$

Fig. 2.7 *Perfil de S_u natural e amolgado × profundidade – Argila Sarapuí II (Jannuzzi, 2009)*

A classificação das argilas quanto à sensibilidade é apresentada na Tab. 2.1 (Skempton; Northey, 1952).

As argilas brasileiras têm sensibilidade na faixa de 1 a 8, com valores médios entre 3 e 5 (Schnaid, 2009). Entretanto, valores de sensibilidade de até 10 têm sido observados em argilas do Rio de Janeiro, como as de Juturnaíba (Coutinho, 1986) e as da Barra da Tijuca (Macedo, 2004; Baroni, 2010).

Tab. 2.1 Classificação de argilas quanto à sensibilidade

Tipo de solo	S_t (sensibilidade)
Argilas insensíveis	1
Argilas de baixa sensibilidade	1 - 2
Argilas de média sensibilidade	2 - 4
Argilas sensíveis	4 - 8
Argilas com extra sensibilidade	> 8
Argilas com excepcional sensibilidade (*quick-clays*)	> 16

2.3.4 História de tensões

A história de tensões é comumente expressa pela razão de sobreadensamento OCR = $\sigma'_{vm}/\sigma'_{vo}$, em que a tensão de sobreadensamento σ'_{vm} é determinada no ensaio de adensamento oedométrico e a tensão vertical efetiva *in situ* σ'_{vo}, a partir de perfis geotécnicos. A amostragem de boa qualidade é dificilmente realizada em argilas muito moles, o que resulta em valores de tensão de sobreadensamento σ'_{vm} nem sempre confiáveis. Os valores de σ'_{vo} podem também ser suscetíveis a erros, em particular nas camadas superiores, em função dos baixos valores de σ'_{vo}, decorrentes de dificuldades na estimativa do nível d'água e da posição exata da amostra em profundidade dentro do amostrador. Além disso, valores de peso específico inferiores a 12 kN/m³ não são incomuns em argilas muito moles orgânicas, como apresentado na Fig. 2.3B.

Em decorrência das questões apresentadas, é comum o uso de ensaios de campo para a estimativa dos valores de OCR da argila. Entre os ensaios de campo, o ensaio de palheta pode ser usado para essa estimativa. Nesse caso, pode-se utilizar a equação proposta por Mayne e Mitchell (1988):

$$OCR = \alpha \frac{S_u}{\sigma'_{vo}} \qquad (2.3)$$

onde o valor de α pode ser fornecido pela correlação com o índice de plasticidade, dado por:

$$\alpha = 22 \times (I_P)^{-0,48} \qquad (2.4)$$

Outra forma de estimar o valor do OCR é a partir da relação $S_u/\sigma'_{vm} \times I_P$, conforme apresentado na Fig. 2.8, para depósitos de diferentes origens. Cabe ressaltar que as argilas brasileiras apresentam uma plasticidade muito elevada, ao contrário das argilas do leste do Canadá (Leroueil; Tavenas; Le Bihan, 1983; Marques, 2001). O ensaio de piezocone, descrito na seção 2.4, tem sido mais usado para a estimativa da tensão de sobreadensamento do que o ensaio de palheta.

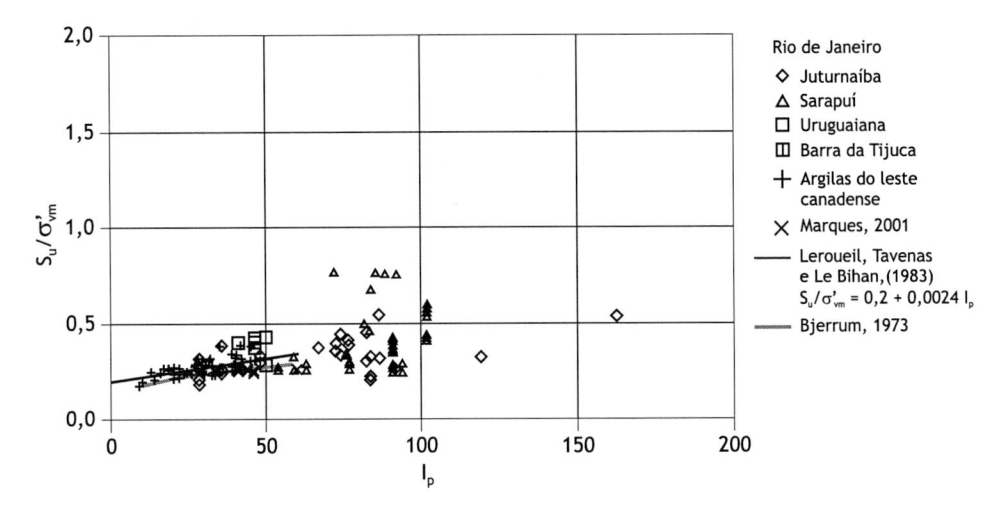

Fig. 2.8 Variação da razão da resistência não drenada normalizada S_u/σ'_{vm} com o índice de plasticidade I_P

2.3.5 Anisotropia da argila

Em termos de resistência, a anisotropia resulta do modo de deposição da argila (anisotropia inerente) e de deformações induzidas após a deposição (anisotropia induzida). Estudos com o ensaio de palheta têm sido realizados (Aas, 1965; Collet, 1978) com palhetas de diferentes razões H/D, visando a medidas da resistência da argila nas direções horizontal S_{uh} e vertical S_{uv}, de forma a obter a razão de anisotropia S_{uh}/S_{uv}. Esses estudos indicam (Bjerrum, 1973) que a razão S_{uh}/S_{uv} é próxima da unidade para argilas levemente sobreadensadas muito moles a moles, com índices de plasticidade superiores a 40%.

2.3.6 Correção do ensaio

A resistência não drenada S_u medida no ensaio de palheta deve ser corrigida por um fator de correção (Bjerrum, 1972), de forma a se obter a resistência de projeto. Esse fator de correção é função do índice de plasticidade da argila e incorpora dois efeitos: a anisotropia da argila e a diferença entre a velocidade de carregamento da obra no campo e a velocidade do ensaio de palheta, conforme mostrado na Fig. 2.9. A resistência medida no ensaio S_u (palheta) deve então ser multiplicada pelo fator de correção do ensaio de palheta μ, de forma a se obter a resistência de projeto S_u (projeto):

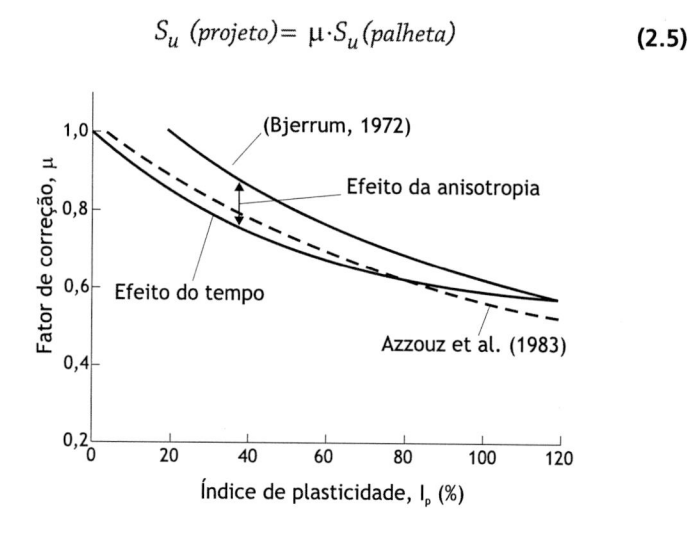

$$S_u \text{ (projeto)} = \mu \cdot S_u \text{ (palheta)} \qquad (2.5)$$

Fig. 2.9 *Fator de correção do S_u medido no ensaio de palheta em função do índice de plasticidade (Bjerrum, 1972)*

2.4 Ensaio de piezocone
2.4.1 Equipamento e procedimentos

O ensaio de piezocone consiste na cravação contínua – com velocidade constante da ordem de 2 cm/s, conforme especificado pelo MB 3406 (ABNT, 1991a) – de um elemento cilíndrico com ponta cônica e na medida contínua da resistência de ponta q_c, da resistência por atrito lateral f_s e da poropressão u, conforme mostrado na Fig. 2.10A (Lunne; Robertson; Powell, 1997; Schnaid, 2008). A padronização da velocidade de cravação é importante, já que o valor da resistência varia em cerca de 10% por ciclo logarítmico da velocidade de cravação (Leroueil; Marques, 1996; Crespo Neto, 2004).

O ideal é a medida da poropressão em dois pontos: um na face (u_1) e outro na base do cone (u_2); todavia, muitos equipamentos só apresentam medida de u_2, necessária para a correção da resistência de ponta.

A sonda CPTu utilizada em solos moles tem, em geral, área de 10 cm², mas sondas com áreas menores são também usadas, com o objetivo de acelerar o ensaio de dissipação de poropressões (Baroni, 2010). O equipamento de cravação de CPTu em solos muito moles deve ser bastante leve, de forma a facilitar a sua acessibilidade, sobretudo em áreas de baixa capacidade de carga.

2.4.2 Correção da resistência de ponta

O ensaio de piezocone tem sido utilizado para a classificação dos solos, estimativa do comportamento típico dos solos, definição da estratigrafia do depósito de solo mole, definição do perfil contínuo de resistência não drenada e obtenção dos coeficientes de adensamento do solo, além de outros parâmetros descritos no Quadro 2.2.

A resistência utilizada na maioria das correlações do ensaio de piezocone é denominada resistência corrigida (q_t), pois a poropressão atua de forma desigual na geometria da ponta (Fig. 2.10B). Assim, a resistência medida na ponta do cone (q_c) deve ser corrigida segundo a equação:

$$q_t = q_c + (1 - a)u_2 = \text{resistência de ponta corrigida} \qquad (2.6)$$

onde q_c é a resistência de ponta medida no cone; u_2 é a poropressão medida na base do cone; e a é a relação de áreas A_n / A_t (Fig. 2.10B).

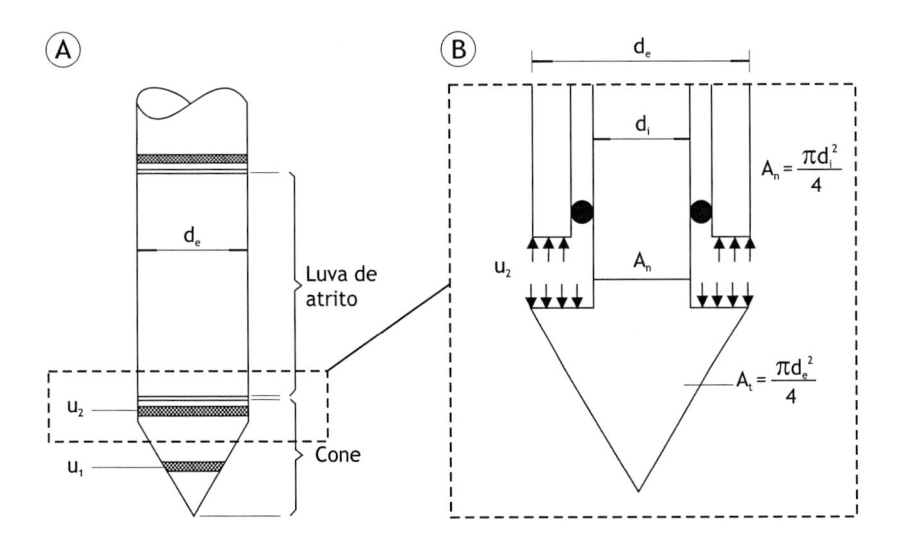

Fig. 2.10 *Detalhe da sonda do piezocone: (A) medida da poropressão em dois pontos; (B) detalhe da poropressão atuando na ponta*

O engenheiro geotécnico deve solicitar ao executor do ensaio as características da sonda (raio, A_n, A_t) e os dados brutos do ensaio, para que possa fazer a interpretação dos resultados. O valor de a deve também ser obtido por meio de calibração. A Fig. 2.11 apresenta resultados típicos de uma vertical de ensaio de piezocone (perfis de q_t, f_s e u) realizado em um depósito da Barra da Tijuca (RJ).

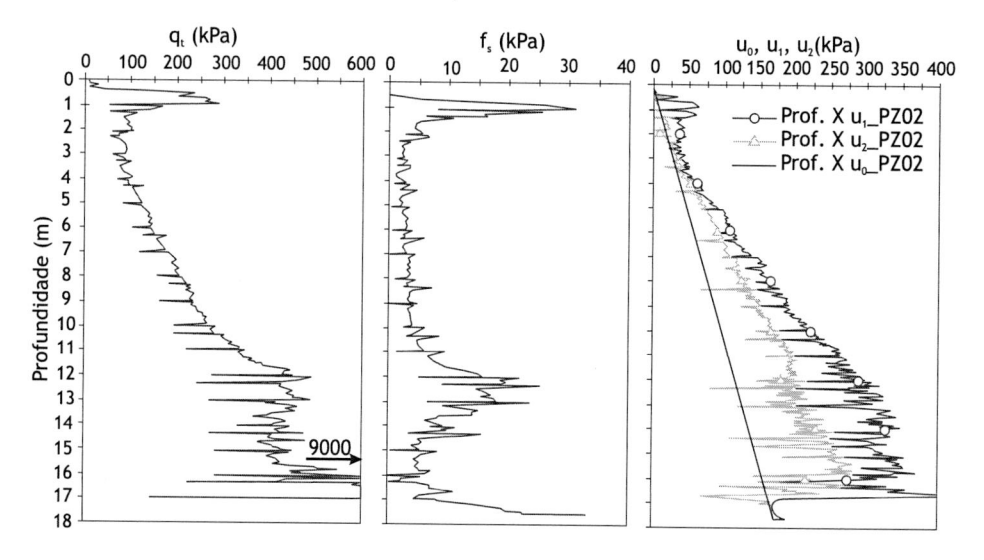

Fig. 2.11 *Resultados típicos de um ensaio de piezocone realizado na Barra da Tijuca (RJ): (A) perfil de q_t; (B) perfil de resistência por atrito lateral, f_s; (C) perfil de poropressão (Baroni, 2010)*

2.4.3 Classificação preliminar dos solos

São várias as propostas de classificação preliminar dos solos com base nos resultados de ensaio de piezocone disponíveis na literatura. O ábaco proposto por Robertson (1990), apresentado na Fig. 2.12, é um dos mais utilizados. Com os parâmetros usados nos ábacos, definidos na figura, obtém-se a estratigrafia para cada profundidade de leitura, em geral a cada 2 cm.

2.4.4 Resistência não drenada S_u

A resistência não drenada S_u do ensaio de piezocone pode ser estimada a partir de diversas equações (Lunne; Robertson; Powell, 1997; Schnaid, 2008). As equações mais usadas relacionam resistência corrigida q_t do cone com o fator de cone N_{kt} e a equação em função da poropressão e do fator de cone de poropressão $N_{\Delta u}$, conforme apresentado a seguir:

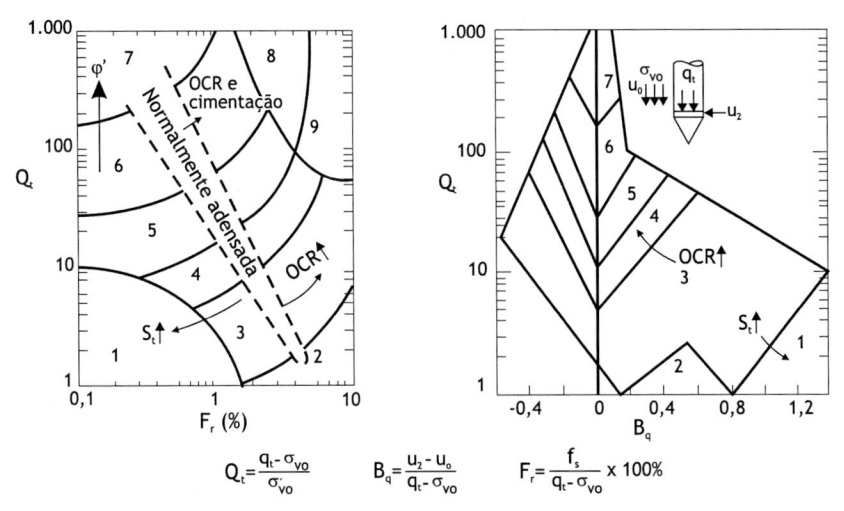

$$Q_t = \frac{q_t - \sigma_{vo}}{\sigma'_{vo}} \qquad B_q = \frac{u_2 - u_0}{q_t - \sigma_{vo}} \qquad F_r = \frac{f_s}{q_t - \sigma_{vo}} \times 100\%$$

u_0 — poropressão hidrostática na profundidade do ensaio de dissipação

Zona	Comportamento do solo
1	Solo fino sensível
2	Material orgânico
3	Argila, argila siltosa
4	Misturas siltosas, silte argiloso a argila siltosa
5	Misturas arenosas, areia siltosa a silte arenoso

Zona	Comportamento do solo
6	Areias, areias puras a areias siltosas
7	Areia grossa a areia
8	Areia argilosa muito compacta
9	Solo fino duro

Fig. 2.12 *Classificação preliminar dos solos a partir dos dados do ensaio de piezocone (Robertson, 1990)*

$$S_u = \frac{q_t - \sigma_{vo}}{N_{kt}} \qquad (2.7)$$

$$S_u = \frac{u_2 - u_0}{N_{\Delta u}} = \frac{\Delta u}{N_{\Delta u}} \qquad (2.8)$$

Na prática geotécnica, a Eq. (2.8) é menos utilizada do que a Eq. (2.7). O valor de N_{kt} a ser usado na Eq. (2.7) deve ser obtido a partir da correlação de ensaios de piezocone e resistência não drenada, sendo o ensaio de palheta o mais comumente usado para esse fim. A experiência acumulada de cerca de 20 anos na realização de ensaios de piezocone indica que o valor de N_{kt} deve ser obtido para cada depósito e, eventualmente, para camadas de características diferentes do mesmo depósito. Obtêm-se valores de N_{kt} para cada profundidade e um valor médio para o depósito, que é utilizado na Eq. (2.7) para obter-se o perfil estimado de S_u. Em função de heterogeneidade do depósito, o valor médio pode ser bastante variável, conforme indicado na Fig. 2.13. Nesse caso, pode-se utilizar um valor N_{kt} para cada vertical ou variar o valor ao longo da profundidade. Os valores de N_{kt} variam tipicamente entre 10 e 20, e estudos indicam (*e.g.* Ladd e De Groot, 2003) que essa correlação é também dependente dos equipamentos utilizados, ou seja, alterando-se os equipamentos, os valores de N_{kt} também se alteram. A Tab. 2.2 apresenta valores típicos de N_{kt} de solos brasileiros, bem como alguns parâmetros dos solos brasileiros ensaiados. A média nacional para o fator N_{kt} é da ordem de 12 (Almeida; Marques; Baroni, 2010).

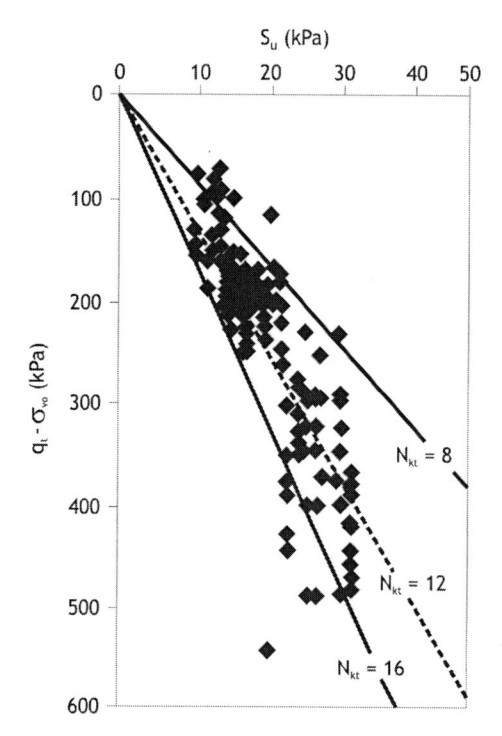

Fig. 2.13 *Valores de fatores de cone, N_{kt}, obtidos em ensaios realizados em Porto Alegre (Schnaid, 2000)*

2.4.5 História de tensões

Diversas equações têm sido sugeridas na literatura para a obtenção da variação de OCR com a profundidade por meio dos ensaios de piezocone. A mais utilizada é:

$$OCR = k \cdot Q_t \qquad (2.9)$$

onde:

$$Q_t = \frac{q_t - \sigma_{vo}}{\sigma'_{vo}} \qquad (2.10)$$

Valores de k na faixa 0,15-0,50 têm sido obtidos em diversos depósitos argilosos (Schnaid, 2009), sendo o valor médio recomendado da ordem de 0,30. A faixa mais baixa de valores tem sido observada para argilas muito moles brasileiras (Jannuzzi, 2009; Baroni, 2010).

TAB. 2.2 VALORES TÍPICOS DE N_{KT} PARA SOLOS BRASILEIROS (DANZIGER E SCHNAID, 2000)

Local	Características das argilas			N_{kt} média (variável)	Observações	Referências	
	I_p (%)	OCR	S_u (kPa)			Características das argilas	Ensaios de piezocones
Sarapuí, Rio de Janeiro	100-250	1,3-2,5 (abaixo da crosta de 3 m)	8-18, palheta	9 (8 a 10) - 3 a 6,5 m 10,5 (10 a 11) - 6,5 a 10 m	Outros ensaios de piezocone feitos no local (sob aterro): Alencar Jr. (1984); Rocha Filho e Alencar (1985)	Ortigão (1980); Ortigão, Werneck e Lacerda (1983); Ortigão e Collet (1986)	Soares et al. (1986), Soares, Almeida e Danziger (1987); Sills; Almeida e Danziger (1988); Danziger (1990); Danziger, Almeida e Sills (1997)
				14 (11 a 16)			Bezerra (1996)
Senac, Rio de Janeiro	100-50	1,5 (abaixo da crosta de 3 m)	8-30, palheta	9 (5 a 11)		Almeida (1998)	
Clube Internacional, Recife	25-90	1-2	35-55, UU	12,5 - 7 a 16 m 13 - 16 a 26 m variação total: 10 a 15,5 (11 a 17) - 7 a 16 m (12 a 16) - 16 a 26 m		Coutinho, Oliveira e Danziger (1993)	Oliveira (1991); Coutinho, Oliveira e Danziger (1993) Bezerra (1996)
Ibura, Recife	45-115	aprox. 1 (abaixo da crosta)	9-27, UU	14 - 4 a 11,1 m 13,5 - 11,1 a 21 m		Coutinho, Oliveira e Oliveira (1998)	

TAB. 2.2 VALORES TÍPICOS DE N_{KT} PARA SOLOS BRASILEIROS (DANZIGER E SCHNAID, 2000) (CONTINUAÇÃO)

Local	Características das argilas			N_{kt} média (variável)	Observações	Referências	
	I_p (%)	OCR	S_u (kPa)			Características das argilas	Ensaios de piezocones
Porto de Aracaju	25-45	1-2	10-30, palheta	15,5 (14,5 a 16,5)	Ensaios realizados de plataforma autoelevatória, a cerca de 2,5 km da costa	Brugger et al. (1994); Sandroni et al. (1997)	Danziger (1990); Brugger et al. (1994); Sandroni et al. (1997)
Porto de Santos	40-80	1,3-2	5-50, palheta	18 (15 a 21)	Camadas de areia ao longo do perfil. Características da argila de outro local na mesma região	Samara et al. (1982)	Bezerra (1993); Almeida (1996)
Enseada do Cabrito, Salvador	50	1,5-3	9-17, palheta	15 (12 a 18)			Baptista e Sayão (1998)
Ceasa, Porto Alegre	20-70	1-1,5	10-20, palheta	12 (8 a 16)			Soares, Schnaid e Bica (1994, 1997)
Aeroporto Salgado Filho, Porto Alegre	20-70	1-5	10-15, UU-CIU	12 (10 a 16)			Schnaid et al. (1997)

2.4.6 Coeficiente de adensamento do solo

Os ensaios de dissipação do excesso de poropressões geradas durante a cravação do piezocone no solo podem ser interpretados para obter o coeficiente de adensamento horizontal c_h e, por meio deste, determinar o coeficiente de adensamento vertical c_v, corrigidos em função do estado de tensões ensaio/obra. O ensaio consiste em interromper a cravação do piezocone em profundidades preeestabelecidas, até atingir, no mínimo, 50% de dissipação do excesso de poropressões.

O método de estimativa de c_h mais usado atualmente é o de Houlsby e Teh (1988), que leva em conta o índice de rigidez do solo (I_R), com o fator tempo definido da seguinte maneira:

$$T^* = \frac{c_h \cdot t}{R^2 \sqrt{I_R}} \qquad (2.11)$$

onde:
R – raio do piezocone;
t – tempo de dissipação;
I_R – índice de rigidez (G/S_u);
G – módulo de cisalhamento do solo (em geral, usa-se $G = E_u/3$, sendo E_u o módulo de Young não drenado obtido do ensaio CU, usualmente obtido para 50% da tensão desvio máxima).

Na Tab. 2.3 são listados os valores do fator tempo T^* em função da porcentagem de dissipação da poropressão (U) para a proposição de Houlsby e Teh (1988), observando-se que a solução é função da posição do elemento poroso no cone.

Tab. 2.3 Fator tempo T^* em função da porcentagem de dissipação da poropressão (U) (Houlsby; Teh, 1988)

U (%)	Fator tempo T^* em função da posição do transdutor de poropressão	
	Face do cone (u_1)	Base do cone (u_2)
20	0,014	0,038
30	0,032	0,078
40	0,063	0,142
50	0,118	0,245
60	0,226	0,439
70	0,463	0,804
80	1,040	1,600

A medida de u_2 na base do cone é a padronizada e a mais utilizada para a interpretação dos resultados de dissipação. Qualquer procedimento para a determinação de c_h (*e.g.* Robertson et al., 1992; Danziger; Almeida; Sills, 1997) requer a estimativa acurada do valor da poropressão no início da dissipação u_i, e do valor da poropressão hidrostática u_0. O mais comum (Robertson et al., 1992) é a determinação do valor da poropressão $u_{50\%} = (u_i - u_0)/2$, correspondente a 50% de dissipação, obtendo-se então o tempo t_{50}, conforme ilustrado na Fig. 2.14. Entretanto, o procedimento mais acurado é a obtenção de T^* e, então, de c_h por meio da superposição das curvas experimental e teórica, conforme proposto por Danziger et al. (1996).

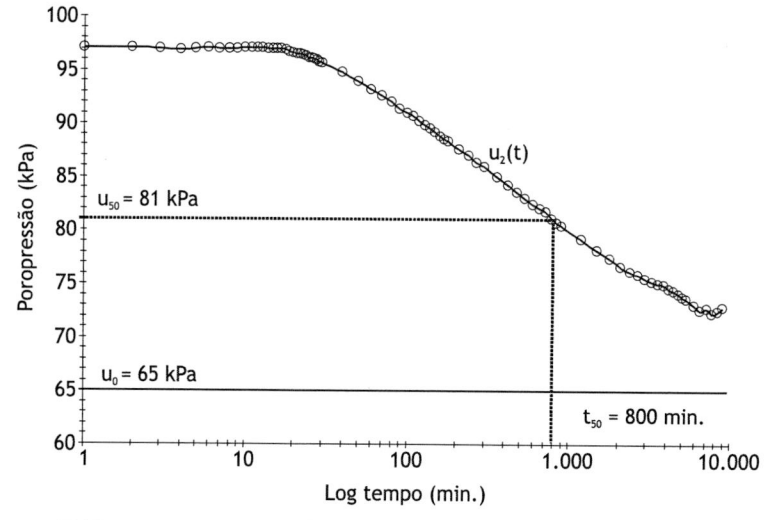

u_i = 97 kPa – poropressão no início do ensaio de dissipação
u_0 = 65 kPa – poropressão hidrostática na profundidade do ensaio de dissipação
Δu = 32 kPa;
Δu_{50} = 16 kPa
u_{50} = (97 − 16) kPa = 81 kPa

Fig. 2.14 *Exemplo de cálculo de c_h – ensaio de dissipação na Barra da Tijuca (RJ)*

Robertson et al. (1992) propõem a estimativa direta de c_h a partir do valor de t_{50} utilizando-se o ábaco da Fig. 2.15, desenvolvido a partir da Eq. (2.11) e dos dados da Tab. 2.3. Esse ábaco é válido para valores de I_r com variação de 50 a 500 e para áreas de cone de 10 e 15 cm².

Para efeito de cálculo de velocidade de adensamento e comparação com valores de c_v medidos em ensaio de adensamento oedométrico na condição normalmente adensada $c_{v(na)}$, deve-se converter o valor de c_h medido no ensaio de piezocone no valor correspondente. As equações utilizadas para essa conversão de c_h em $c_{v(na)}$ estão disponíveis em Lunne, Robertson e Powell (1997) e em Schnaid (2009).

2.5 Ensaios de penetração de cilindro (T-BAR)

O ensaio T-bar (ensaio de penetração de cilindro) (Stewart; Randolph, 1991; Randolph, 2004) tem sido mais recentemente usado para a obtenção da resistência não drenada de solos argilosos. Esse ensaio consiste na penetração de uma barra cilíndrica no solo (Fig. 2.16) e tem a vantagem de dispensar a correção de poropressão, tendo em vista o equilíbrio das tensões atuantes abaixo e acima da barra. No ensaio T-bar, a resistência não drenada é dada por:

$$S_u = \frac{q_b}{N_b} \quad (2.12)$$

onde N_b é o fator empírico de cone, cujo valor teórico é 10,5, e q_b é a resistência de ponta medida no ensaio. Estudos realizados (Almeida; Danziger; Macedo, 2006; Long; Phoon, 2004) indicam que esses valores são consistentes com valores de S_u de ensaios de palheta.

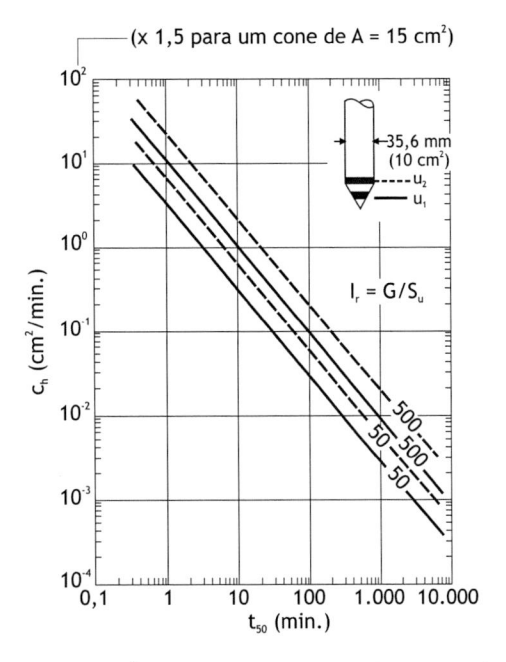

Fig. 2.15 Ábaco para a obtenção de c_h a partir de t_{50} (Robertson et al., 1992)

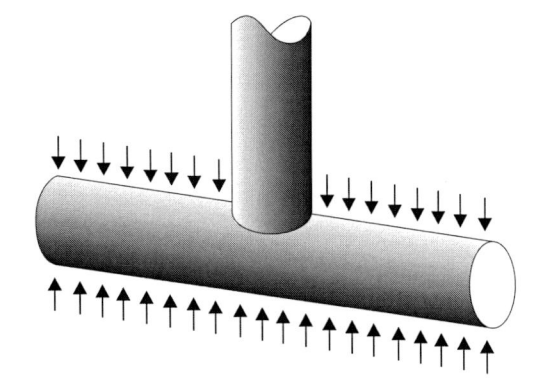

Fig. 2.16 Detalhe da ponta do ensaio T-bar

2.6 Amostragem de solos para ensaios de laboratório

Uma condição essencial para o bom resultado dos ensaios de laboratório é a disponibilidade de amostras indeformadas de boa qualidade. A amostragem envolve um número variado de operações que variam o estado de tensões e induzem amolgamento do solo, conforme apresentado na Fig. 2.17. Entretanto, mesmo uma hipotética amostragem perfeita resulta em um inevitável alívio no estado de tensões do solo (Ladd; Lambe, 1963; Hight, 2001).

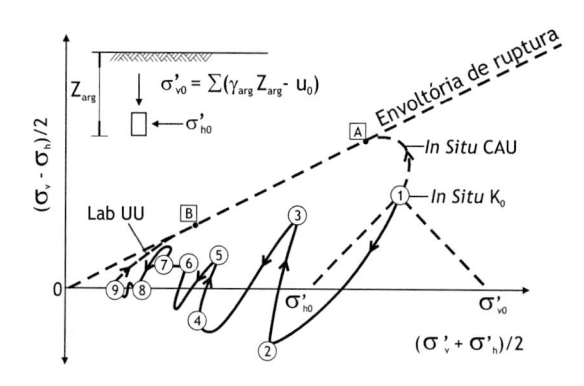

Trecho	Evento
1-2	Perfuração
2-3-4-5	Cravação do tubo amostrador
5-6	Extração do tubo amostrador
6-7	Transporte e armazenamento
7-8	Extrusão da amostra do tubo amostrador
8-9	Preparação do corpo de prova

Fig. 2.17 *Variação do estado de tensões de uma amostra durante a amostragem*

A retirada dessas amostras por meio do uso de amostrador Shelby de pistão estacionário deve seguir a norma NBR 9820 (ABNT, 1997), sendo necessários cuidados especiais, como o uso de lama bentonítica dentro do furo. Após a cravação do tubo Shelby no solo, por vezes é necessário aguardar algumas horas para a sua retirada do solo, para minimizar o amolgamento.

Em laboratório, utiliza-se o procedimento proposto por Ladd e De Groot (2003) para a extrusão das amostras do amostrador Shelby, que consiste em: cortar o tubo amostrador no comprimento necessário para o corpo de prova a ser ensaiado (Fig. 2.18A), cravar uma agulha de comprimento adequado entre a amostra e a parede do amostrador, passando-se então um fio metálico ao redor dessa interface, de forma a liberar a amostra do amostrador (Fig. 2.18B).

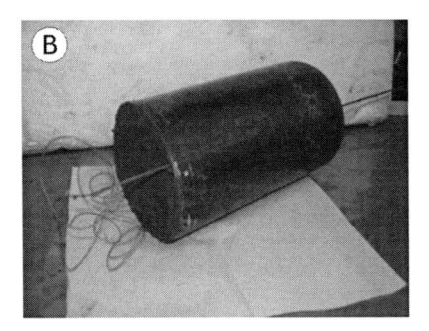

Fig. 2.18 *Procedimento de extrusão e preparação de corpos de prova de solos moles em laboratório: (A) corte do amostrador; (B) agulha/fio de aço utilizada para separar a amostra do amostrador (Baroni, 2010)*

A obtenção de amostras indeformadas de argilas muito moles é um grande desafio, e a experiência da COPPE/UFRJ (Prof. Ian Martins) nesse assunto, nos últimos 15 anos, é resumida em Aguiar (2008).

2.7 Ensaios de adensamento oedométrico

O ensaio de adensamento é essencial para o cálculo da magnitude dos recalques e sua evolução com o tempo. O ensaio de adensamento convencional de carregamento incremental (NBR 12007 - ABNT, 1990), com cada incremento de carga aplicado durante 24 horas, é o comumente realizado. Para a melhor determinação da tensão de sobreadensamento, por vezes realizam-se estágios intermediários de carga.

A tensão vertical máxima a ser aplicada deve ser escolhida em função da história de tensões do depósito e da altura de aterro a ser aplicada. No caso de argilas muito moles, deve-se iniciar com tensões verticais baixas, de 1,5 ou 3 kPa, dobrando-se a carga em sequência até atingir a tensão vertical necessária, que, mesmo para aterros baixos, deve ser da ordem de 400 kPa, no mínimo. Esse nível de tensões permite a melhor definição da curva virgem e também avaliar a qualidade da amostra, pois amostras de argilas moles de boa qualidade têm trecho virgem com clara curvatura no gráfico log $\sigma'_v \times e$.

Ensaios usuais têm duração de cerca de duas semanas, em particular no caso de inclusão de um ciclo de descarregamento, para avaliação da magnitude dos recalques secundários. A medida direta de permeabilidade por meio de ensaio de carga variável (Head, 1982) é, em alguns casos, também realizada para alguns estágios de carga, devendo-se, entretanto, considerar que esse procedimento resulta em um maior prazo de ensaio, pois este é realizado durante as 24 horas seguintes ao término da fase de adensamento de um estágio de carga, ou seja, o tempo de cada estágio submetido a esse ensaio passa a ser de 48 horas.

2.7.1 Outros ensaios de adensamento

A Fig. 2.19A,B apresenta a correlação do índice de compressão do solo com a umidade de algumas argilas do Rio de Janeiro e argilas localizadas na zona oeste da cidade do Rio de Janeiro, respectivamente. Essa correlação permite, em fase de anteprojeto, estimar a ordem de grandeza de recalques que ocorrerão com a execução dos aterros.

O ensaio de adensamento com velocidade de deslocamento constante (CRS) permite a obtenção dos parâmetros em um prazo bem menor do que o ensaio incremental (Wissa et al., 1971; Head, 1982). Esse tipo de ensaio tem sido executado em argilas do Rio de Janeiro (Lacerda; Almeida, 1995), mas é menos utilizado na prática corrente no Brasil.

Os equipamentos para ensaios oedométricos automatizados atualmente disponíveis permitem que o carregamento seja aplicado sequencialmente, sem a necessidade de aguardar 24 horas para cada estágio de carga. Esse ensaio, também denominado "ensaio de adensamento incremental acelerado", em geral dura cerca de dois dias, a mesma duração média usual de um ensaio CRS. Para tal, deve-se definir um determinado critério para a aplicação de cada carregamento em sequência, como, por exemplo, o critério de fim do primário (t_{100}), baseado no método do t90 de Taylor. A curva de adensamento obtida com esse critério difere daquela com o critério usual de 24 horas, já que as velocidades de deformação ao final do primário são superiores às de 24 horas. As tensões de sobreadensamento do ensaio incremental acelerado são maiores que as do ensaio convencional, o que deve ser adequadamente considerado no uso dos resultados de cada tipo de ensaio, pois as correlações disponíveis na literatura fazem uso de valores de OCR para ensaios tradicionais, com estágios de 24 horas de duração.

2.7.2 Qualidade da amostra

Os resultados do ensaio de adensamento são muito dependentes da qualidade da amostra. Lunne, Berre e Strandvik (1997) propuseram um critério

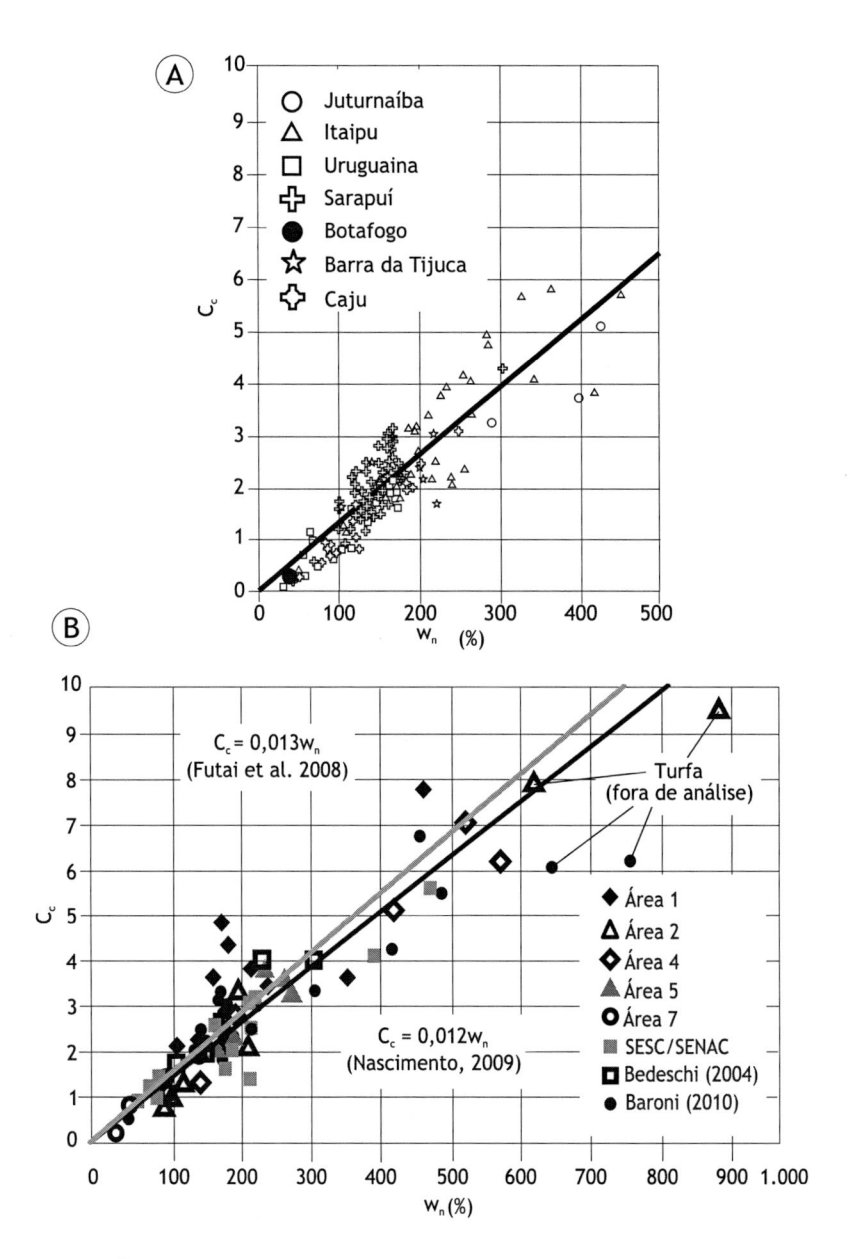

Fig. 2.19 Índice de compressão (C_c) x umidade natural (w_n): (A) argilas do Rio de Janeiro (Futai et al., 2008); (B) argilas da Barra da Tijuca e do Recreio dos Bandeirantes (Almeida et al., 2008c)

para avaliação da qualidade de amostras relativamente mais restritivo do que as recomendações de Coutinho (2007) e Sandroni (2006b) para argilas brasileiras, conforme indicado na Tab. 2.4. Essas recomendações baseiam-se na obtenção do índice $\Delta e / e_{vo}$, onde Δe é a variação do índice de vazios desde o início do ensaio até a tensão vertical efetiva *in situ* σ'_{vo}, e e_{vo} é o índice de vazios correspondente à σ'_{vo}. Baroni (2010) utilizou o critério proposto por Coutinho (2007) para as argilas do Rio de Janeiro e observou que, apesar de todos os cuidados tomados na amostragem, para estas argilas, 83% das amostras foram boas ou regulares.

Tab. 2.4 Critérios para classificação da qualidade de amostra

OCR	$\Delta e / e_o$			
	Muito boa a excelente	Boa a regular	Ruim	Muito ruim
Critério de Lunne, Berre e Strandvik (1997)				
1-2	<0,04	0,04-0,07	0,07-0,14	>0,14
2-4	<0,03	0,03-0,05	0,05-0,10	>0,10
Critério de Sandroni (2006b)				
<2	<0,03	0,03-0,05	0,05-0,10	>0,10
Critério de Coutinho (2007)				
1-2,5	<0,05	0,05-0,08	0,08-0,14	>0,14

O amolgamento do solo afeta a curva de compressão de ensaios de adensamento, conforme apresentado na Fig. 2.20, para argilas de Recife e do Rio de Janeiro. Uma amostra de má qualidade apresentará menor tensão de sobreadensamento, e a variação do índice de vazios, referente a uma variação da tensão efetiva, é alterada com o amolgamento. Isso pode acarretar recalques previstos diferentes dos reais e valores de volumes de terraplenagem equivocados em projeto para sobrecarga temporária e para a compensação desses recalques.

Observa-se também que a relação índice de vazios x log tensão efetiva torna-se linear com o amolgamento, mas, para elevados valores de tensão efetiva, as curvas de compressão se assemelham, convergindo em pontos de mesma relação tensão x deformação. O amolgamento de uma amostra diminui a permeabilidade e, consequentemente, o coeficiente de adensamento vertical, o que pode causar uma avaliação equivocada da evolução dos recalques com o tempo, ou seja, os prazos previstos para estabilização, com base em amostras amolgadas, podem ser maiores.

(A) Ibura e Internacional   (B) Sarapuí e Juturnaíba

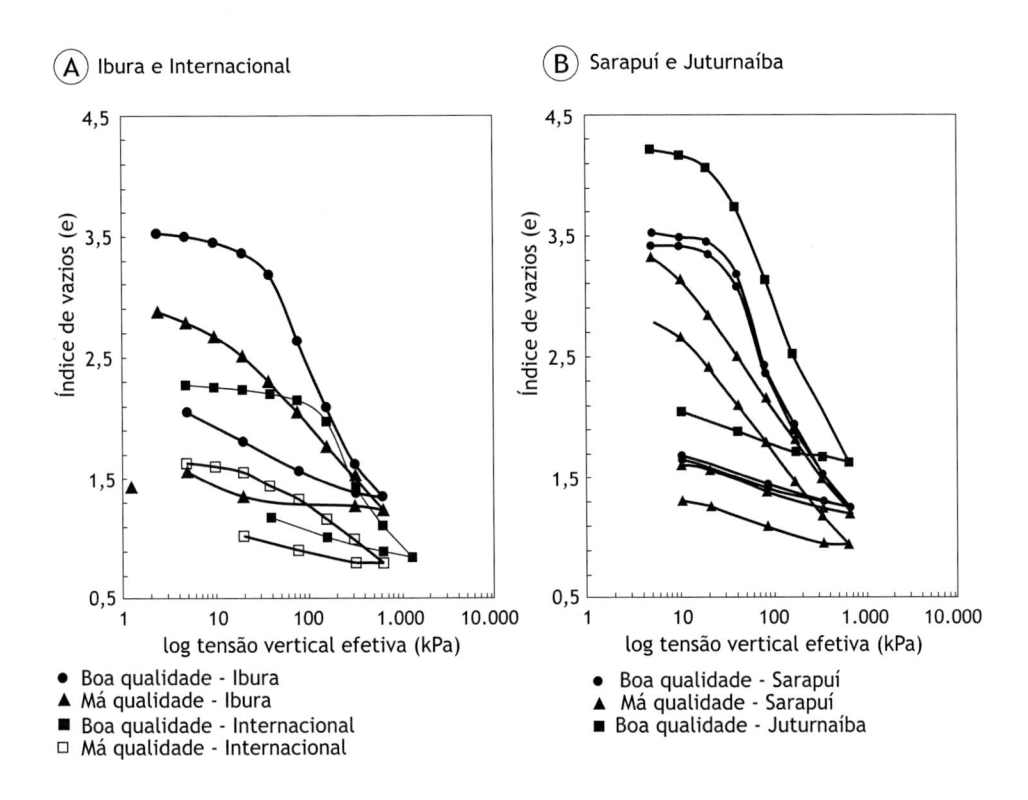

- Boa qualidade - Ibura
- Má qualidade - Ibura
- Boa qualidade - Internacional
- Má qualidade - Internacional

- Boa qualidade - Sarapuí
- Má qualidade - Sarapuí
- Boa qualidade - Juturnaíba

Fig. 2.20 *Curvas e x log σ'_v para amostras de boa e de má qualidade (Coutinho; Oliveira; Oliveira, 1998)*

2.8 Ensaios triaxiais

Os valores de resistência e de módulo medidos em ensaios triaxiais UU sofrem influência do processo de alívio de tensões e do amolgamento. Entretanto, considerando o custo relativamente pequeno de sua execução, servem como dado adicional para obtenção do perfil de S_u de projeto.

Os ensaios triaxiais de adensamento isotrópico CIU são pouco realizados na prática brasileira. Em algumas obras especiais, realizam-se ensaios com adensamento anisotrópico CAU. Nesse caso, devem ser estimadas previamente as tensões efetivas verticais σ'_{vo} e horizontais σ'_{h0} *in situ* a que o corpo de prova será adensado (ver Fig. 2.17). Considerando-se que $\sigma'_{h0} = K_0 \cdot \sigma'_{vo}$ e que o coeficiente de empuxo K_0 pode ser definido pela equação $K_0 = (1 - \text{sen}\phi') \cdot \text{OCR}^{\text{sen}\phi'}$, para a execução do ensaio CAU, tanto o OCR como o ângulo de atrito ϕ' do solo devem ser previamente conhecidos ou estimados. Os ensaios CAU demandam maior tempo, equipamentos e procedimentos não correntes e, em geral, são realizados por laboratórios especializados.

2.9 COMENTÁRIOS FINAIS

A realização da investigação geotécnica em verticais próximas umas das outras (ilhas de investigação) permite a visão e a análise conjuntas de todos os resultados de ensaios de campo e de laboratório. Esse procedimento possibilita a maximização e a complementação dos dados dos ensaios de campo e de laboratório, visando a um melhor entendimento do comportamento geomecânico das camadas do depósito de solo mole ensaiadas, e também avaliar a coerência nos resultados de diferentes ensaios (ver Fig. 2.21). No caso específico dessa figura, na qual são apresentados ensaios realizados na Barra da Tijuca (RJ), os valores de tensões de sobreadensamento inferiores às tensões *in situ* são indicativos de amolgamento de amostras.

A Fig. 2.21 condensa resultados de praticamente todos os tipos de ensaios aqui mencionados, de campo (SPT, palheta e piezocone) e de laboratório (caracterização completa, adensamento oedométrico e triaxiais UU). No que diz respeito à definição de estratigrafia, os ensaios de SPT e de piezocone claramente se complementam. O mesmo se pode dizer do perfil de resistência não drenada S_u de projeto – nesse caso, combinando dados de ensaios de palheta, de piezocone e de ensaios UU.

Os valores de coeficientes de adensamento obtidos dos ensaios de adensamento e de piezocone também se complementam; porém, os ensaios de adensamento são insubstituíveis na obtenção de parâmetros de compressibilidade. Caso se utilizem ensaios CRS ou ensaios de adensamento diferentes do que a norma prescreve, deve-se avaliar o efeito da velocidade de deformação na curva de compressão na análise comparativa com valores da literatura, que se baseiam no ensaio convencional. Para a determinação de coeficientes de adensamento de campo, o ensaio de piezocone é tão recomendado quanto o de adensamento.

A Fig. 2.22 apresenta valores de coeficiente de adensamento obtidos a partir de ensaios de piezocone, oedométricos e monitoramento em depósitos de solo mole da zona oeste da cidade do Rio de Janeiro. Observa-se grande variabilidade dos valores de c_v obtidos, o que se tem observado nas argilas da região.

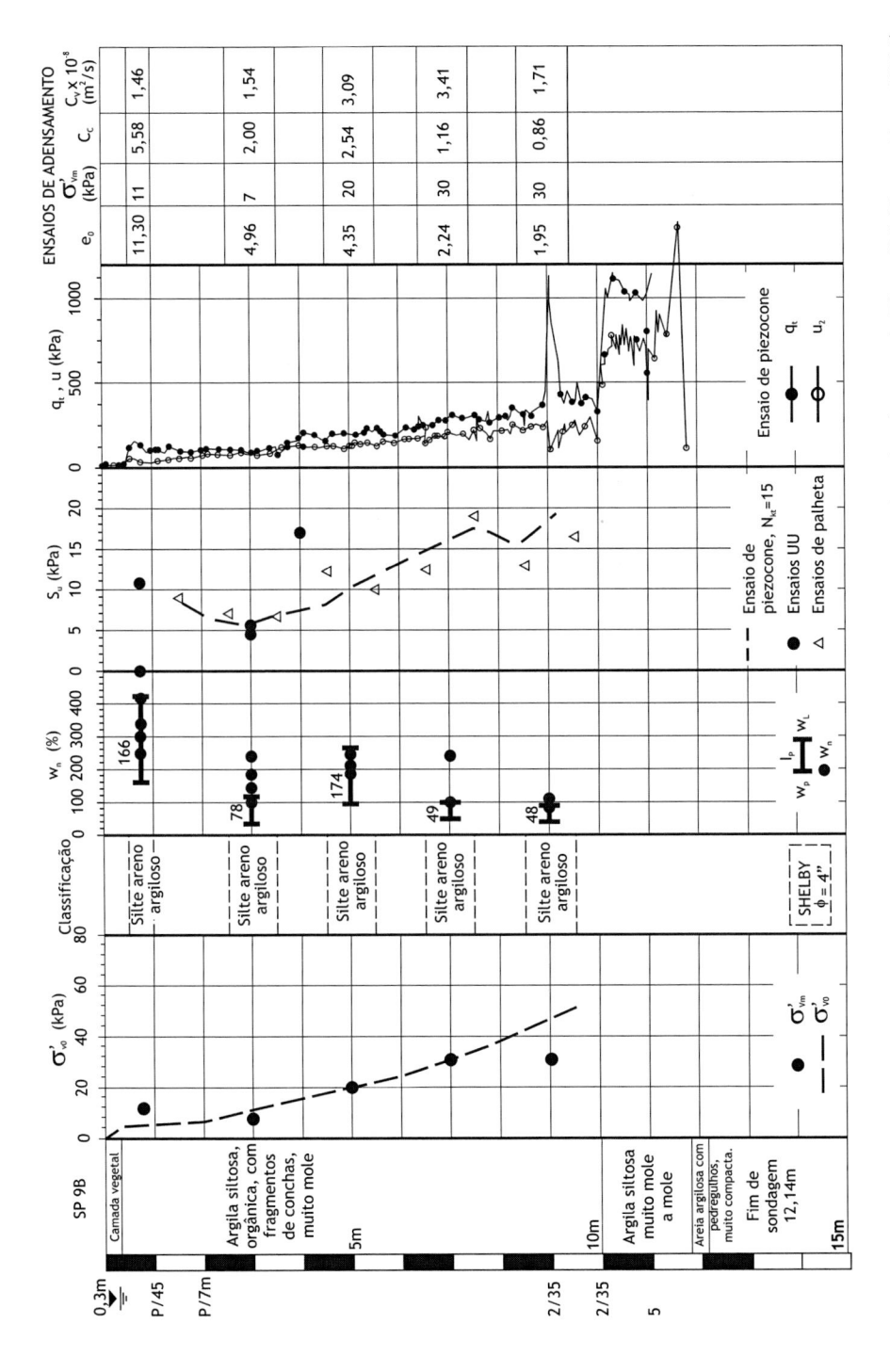

Fig. 2.21 Características geotécnicas do depósito de argila mole. Ilha de investigação em depósito da Barra da Tijuca (RJ) (Crespo Neto, 2004)

É necessário que os ensaios geotécnicos sejam especificados detalhadamente, sobretudo no que diz respeito aos cuidados de amostragem. Deve-se buscar investigações de qualidade e, preferencialmente, parâmetros medidos por diferentes tipos de ensaios. Em função das dificuldades associadas à investigação desses depósitos, um engenheiro geotécnico deve acompanhar toda a fase de execução.

No Anexo são apresentados parâmetros geotécnicos de alguns depósitos brasileiros, úteis para cálculos de anteprojetos. Parâmetros geotécnicos dos depósitos da Baixada Santista são discutidos em detalhe por Massad (2009).

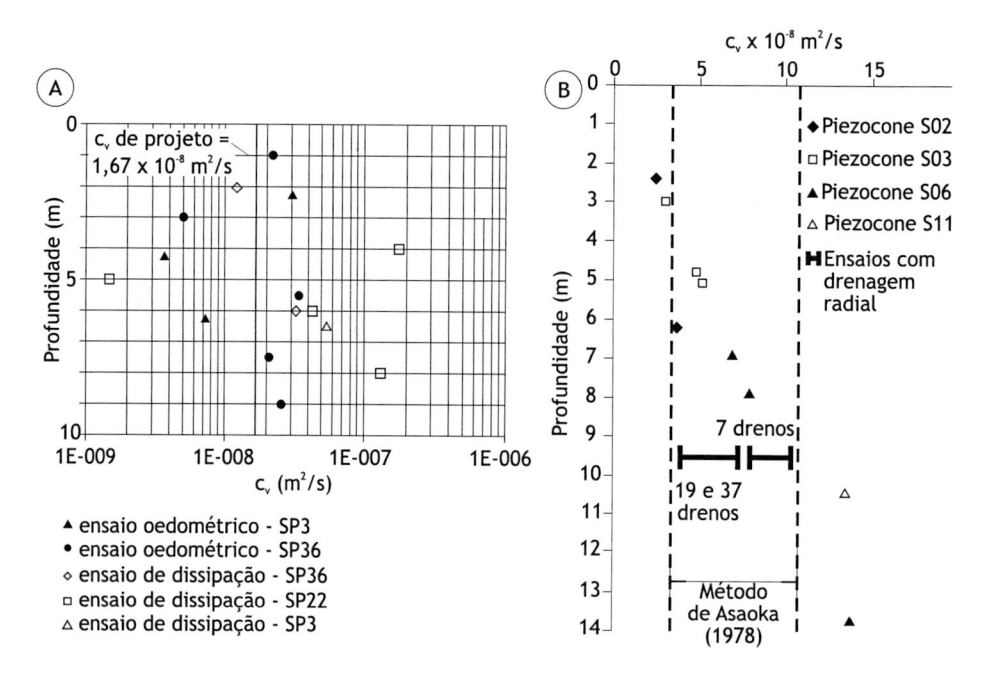

Fig. 2.22 *Perfil de coeficientes de adensamento a partir de ensaios de piezocone e oedométricos da zona oeste da cidade do Rio de Janeiro – faixa de tensão normalmente adensada: (A) Recreio; (B) Barra da Tijuca (Almeida et al., 2001)*

3
Previsão de recalques e deslocamentos horizontais

Este capítulo trata da previsão de deslocamentos verticais (recalques) em aterros sobre solos moles e sua variação com o tempo, e da magnitude de deslocamentos horizontais.

3.1 Tipos de recalques

Os recalques são usualmente divididos em recalques imediatos (Δh_i), recalques por adensamento primário (Δh) e recalques por compressão secundária (Δh_{sec}), apresentados esquematicamente na Fig. 3.1.

Essa classificação de recalques é conveniente para cálculos, mas pode ser considerada simplista. Alternativamente, os recalques podem ser classificados em construtivos e de longo prazo (Leroueil, 1994). Os recalques construtivos são a soma dos recalques imediatos Δh_i e dos recalques por recompressão primária Δh_{arec} (da condição *in situ* até o instante de entrada no trecho virgem de compressão); os recalques de longo prazo são a soma dos recalques por adensamento primário virgem Δh_{adp} e dos recalques por compressão secundária Δh_{sec}. Essa classificação é mais realista do que a anterior, pois, de um lado, o recalque imediato Δh_i mistura-se ao recalque de adensamento por recompressão (reta C_s), associado a maiores valores de coeficientes de adensamento; e de outro lado, admite que os recalques primários e secundários ocorrem em paralelo.

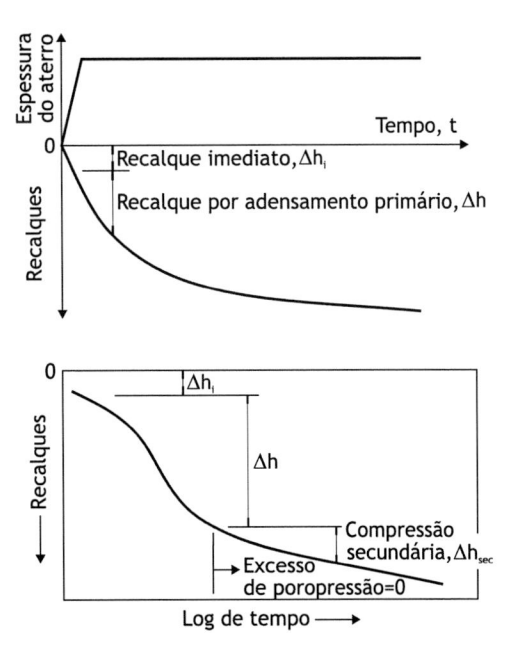

Fig. 3.1 *Tipos de recalques (Rixner; Kreaemer; Smith, 1986)*

3.1.1 Recalque imediato

O recalque imediato decorre do carregamento instantâneo e sem variação de volume da argila. Por conseguinte, é também denominado recalque não drenado, elástico ou distorcional (ver esquema na Fig. 3.2).

Em geral, o recalque imediato Δh_i é de pequena magnitude, quando comparado ao recalque por adensamento Δh_a, particularmente no caso de aterros com grandes dimensões (comprimento e largura), comparadas à espessura da camada de argila mole.

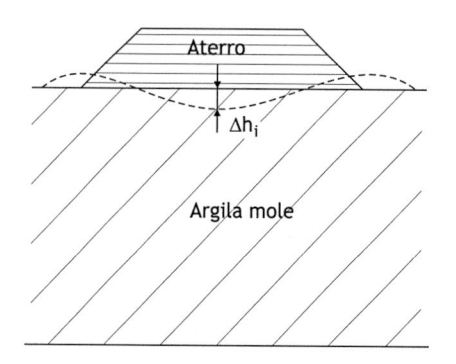

Fig. 3.2 *Recalque por adensamento imediato: esquema dos deslocamentos verticais na base do aterro (Poulos; Davis, 1974)*

3.1.2 Recalque por adensamento primário

A magnitude do recalque por adensamento primário final deve ser calculada separando-se a camada de fundação em subcamadas correspondentes aos dados disponíveis de ensaios de adensamento (Pinto, 2000). Os parâmetros a serem utilizados são obtidos a partir da curva de compressão, conforme a Fig. 3.3, que também apresenta a determinação da tensão de sobreadensamento (σ'_{vm}) pelo método proposto por Pacheco Silva (1970).

A equação para o cálculo do recalque por adensamento primário de uma camada de argila de espessura h_{arg}, com tensão efetiva vertical *in situ* σ'_{vo} e tensão de sobreadensamento σ'_{vm}, deduzida da Fig. 3.3, no meio da subcamada, é:

$$\Delta h = h_{arg} \left[\frac{C_S}{1+e_{vo}} \cdot \log\left(\frac{\sigma'_{vm}}{\sigma'_{vo}}\right) + \frac{C_c}{1+e_{vo}} \log\left(\frac{(\sigma'_{vo}+\Delta\sigma_v)}{\sigma'_{vm}}\right) \right] \quad (3.1)$$

onde C_s e C_c são os índices de recompressão e compressão; e_{vo}, o índice de vazios *in situ* para a profundidade de interesse.

O acréscimo de tensão devido à carga de aterro, $\Delta\sigma_v$, é calculado em função da geometria do problema, conforme ilustrado na Fig. 3.4A, sendo:

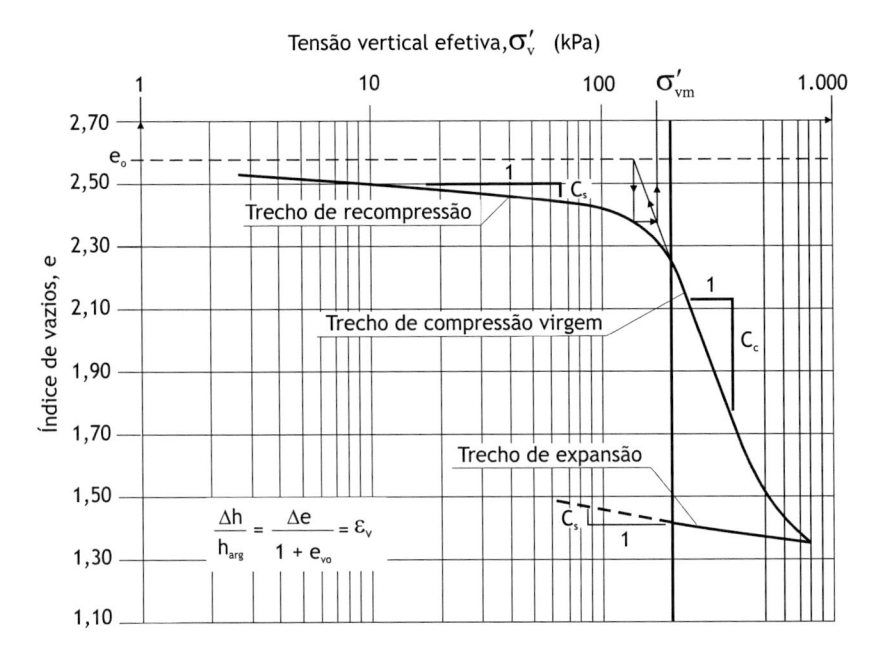

Fig. 3.3 *Parâmetros de compressibilidade a partir da curva de compressão – Método de Pacheco Silva (1970)*

$$\Delta\sigma_v = I \cdot (\gamma_{at} \cdot h_{at}) \quad (3.2)$$

onde γ_{at} é o peso específico do aterro e h_{at}, a sua espessura.

O fator de influência I (Fig. 3.4B) é fornecido pelo Ábaco de Osterberg (Poulos; Davis, 1974). Se a razão b/z for elevada (maior que 3), ou seja, aterros largos em relação à profundidade da camada de argila, denominados aterros infinitos, o fator I é igual 0,5 e $\Delta\sigma_v = 2 \cdot 0,5 \cdot \gamma_{at} \cdot h_{at}$, considerando a simetria do aterro, que é o caso mais comum. O valor de e_{vo}, obtido na curva de compressão para a σ'_{vo}, difere ligeiramente do valor de e_o de laboratório (indicado na Fig. 3.3), pois este é maior em razão do descarregamento que a amostra sofreu durante a amostragem.

Como discutido no Cap. 2, as amostras de má qualidade apresentam alteração nas curvas de compressão, razão pela qual se recomenda efetuar a correção da curva conforme o procedimento proposto por Schmertmann (1955), indicado na Fig. 3.5 (Pinto, 2000). No caso dessa figura, observa-se que a amostra de má qualidade apresenta uma diferença importante entre o valor de e_{vo} e e_o, conforme discutido na seção 2.7.2.

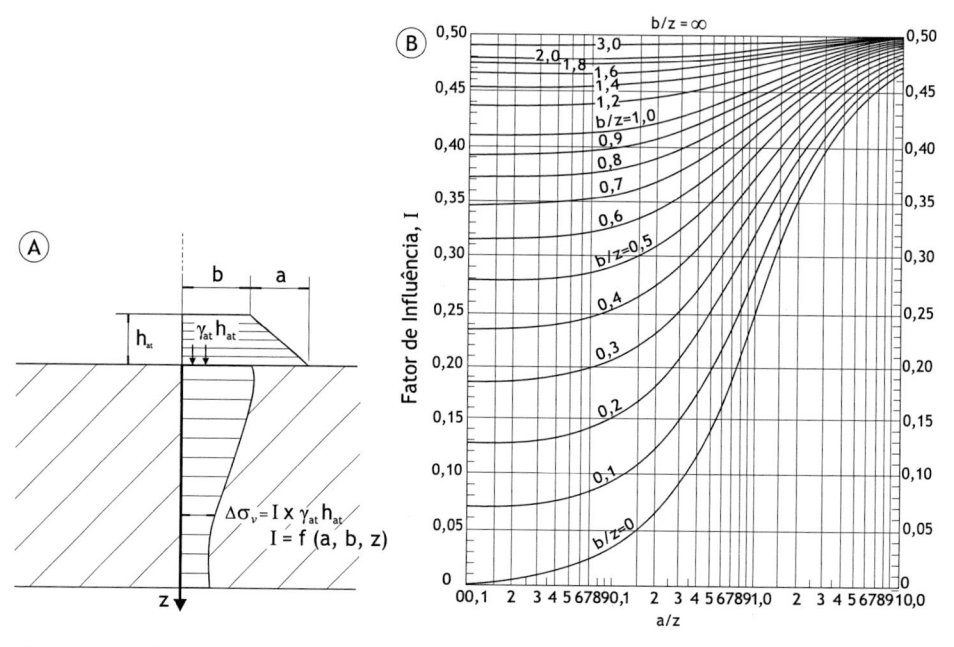

Fig. 3.4 Recalque por adensamento imediato: (A) variáveis usadas para o cálculo de recalques; (B) fator de influência I para carregamento trapezoidal (Poulos; Davis, 1974)

O cálculo do recalque, conforme a Eq. (3.1), não leva em conta a submersão do aterro, que deve ser considerada em condições usuais.

Efeito da submersão do aterro

O cálculo de recalques considerando-se o efeito de submersão de um aterro infinito é iterativo. Calcula-se inicialmente o valor de recalque sem considerar a submersão do aterro, correspondente à primeira iteração j, conforme a Eq. (3.3), simplificada para a condição normalmente adensada:

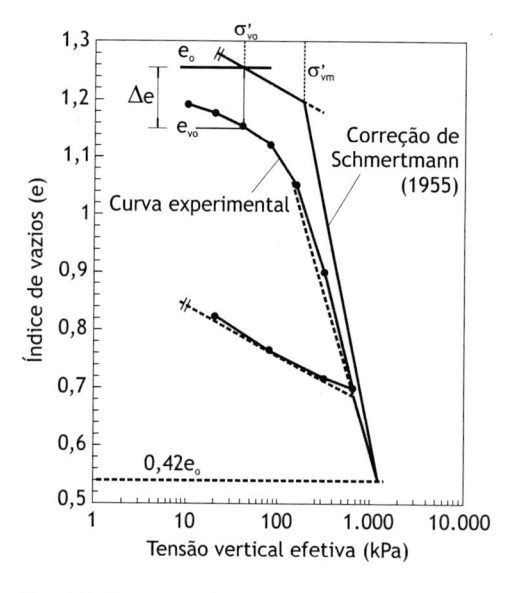

Fig. 3.5 Esquema de correção da curva de compressão de um ensaio de adensamento Schmertmann (1955)

$$\Delta h_j = h_{arg} \cdot \frac{C_c}{(1+e_{vo})} \cdot \log\left(\frac{(\sigma'_{vo}+\gamma_{at}h_{at})}{\sigma'_{vo}}\right) \quad (3.3)$$

Admitindo-se o nível d'água coincidente com o nível do terreno (Fig. 3.6A), a altura do aterro h_{at} divide-se então em h_1 e h_2 (= Δh_j), correspondentes, respectivamente, aos trechos não submerso e submerso (peso específico submerso = γ'_{at}), conforme a Fig. 3.6B. Calcula-se, então, o recalque para a segunda iteração Δh_{j+1}, dada por:

$$\Delta h_{j+1} = h_{arg} \cdot \frac{C_c}{1+e_{vo}} \cdot \log\left(\frac{(\sigma'_{vo}+\gamma_{at}h_1+\gamma'_{at}h_2)}{\sigma'_{vo}}\right) \quad (3.4)$$

Os cálculos devem ser refeitos até a convergência, ou seja, até que o recalque Δh_{j+1} da iteração atual j+1 coincida com o recalque Δh_j da iteração j anterior. Essa sequência de cálculo é válida para uma camada igual à espessura de argila. No caso de várias subcamadas, deve-se igualar o valor de h_2 (Fig. 3.6B) à soma dos recalques de todas as subcamadas. O procedimento descrito deve ser adaptado para o caso de nível d'água não coincidente com o nível do terreno.

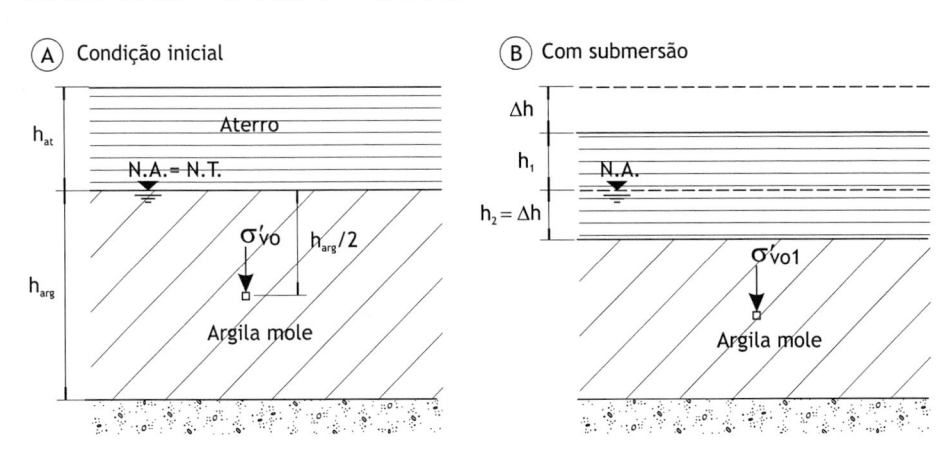

Fig. 3.6 *Esquema de submersão do aterro: (A) início do carregamento; (B) após ocorrência de recalque Δh*

Apresenta-se na Fig. 3.7 um exemplo de cálculo iterativo para uma camada de argila normalmente adensada com espessura h_{arg} igual a 5 m, 10 m e 15 m, e para aterro com espessura h_{at} igual a 3 m (Fig. 3.7A).

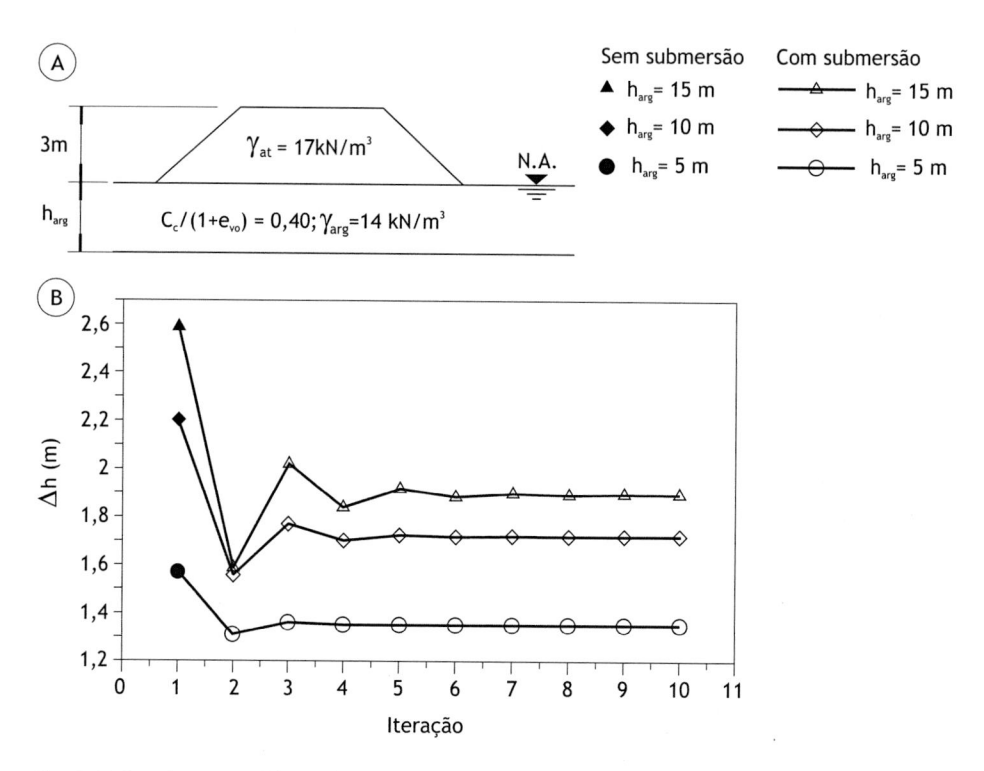

Fig. 3.7 Recalque considerando a submersão do aterro: (A) modelo estudado; (B) variação do recalque calculado em função das iterações

Observa-se, como esperado, que a diferença entre recalques com e sem submersão aumenta com a espessura da camada de argila.

Cálculo para uma cota fixa de aterro

O caso prático mais comum é aquele em que o recalque do aterro deve ser estabilizado em uma cota fixa, como, por exemplo, aterros em encontros de ponte e aterros ao redor de edificações residenciais estaqueadas. O processo de cálculo é iterativo para determinar a altura do aterro necessária para atingir a cota fixa. Nesses casos, a parcela de recalque Δh entra nos dois lados da equação de recalque (Pinto, 2000), conforme a Eq. (3.5), que considera também a submersão da camada:

$$\Delta h = h_{arg} \cdot \frac{C_c}{1+e_{vo}} \cdot \log\left(\frac{(\sigma'_{vo} + \gamma_{at} h_{at} + \gamma'_{at} \Delta h)}{\sigma'_{vo}}\right) \quad (3.5)$$

A Fig. 3.8 apresenta a variação de recalques para cotas fixas de aterro, para várias espessuras de argila, admitindo-se o nível do terreno inicialmente na cota +0 m. Observa-se nessa figura que a espessura necessária de aterro para atingir uma determinada cota fixa pode ser bastante elevada. Por exemplo, no caso de uma camada de argila de 15 m de espessura, e um aterro que deve atingir a cota +3 m, deve-se usar uma espessura de aterro de cerca de 5 m, ou seja, um recalque de 2 m. Para a mesma cota, conforme aumenta a espessura de argila, maior é a espessura de aterro necessária.

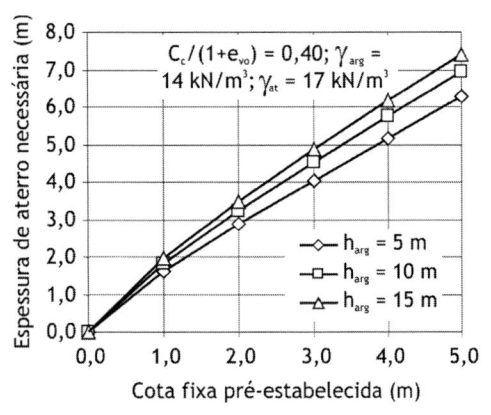

Fig. 3.8 *Espessura de aterro* versus *cota fixa de aterro, para diferentes espessuras de camadas de argila*

Variação do recalque por adensamento primário com o tempo

O cálculo do tempo de estabilização dos recalques primários e de sua variação com o tempo é a etapa posterior ao cálculo da magnitude de recalques ao final do adensamento primário. O cálculo da variação de recalques com o tempo pode ser feito para duas condições de drenagem: drenagem unidimensional e drenagem radial, caso sejam instalados geodrenos para a aceleração de recalques. Este último caso será analisado em detalhe no Cap. 4.

Drenagem unidimensional – 1D

O cálculo do recalque *versus* tempo, para casos de drenagem vertical, é realizado segundo a Teoria de Terzaghi (Terzaghi, 1943; Pinto, 2000). O cálculo do recalque $\Delta h(t)$ em um determinado tempo t é realizado multiplicando-se o recalque por adensamento primário Δh pela porcentagem média de adensamento vertical U_v, calculado pela Teoria de Terzaghi, ou seja:

$$\Delta h(t) = U_v \cdot \Delta h \qquad (3.6)$$

onde U_v é função do fator tempo T_v, conforme se vê na Fig. 3.9, para as condições de drenagem apresentadas.

O fator tempo é função do coeficiente de adensamento (c_v) e da distância de drenagem (h_d):

$$T_v = \frac{c_v t}{h_d^2} \quad (3.7)$$

A distância de drenagem é igual à espessura h_{arg} da camada de argila, no caso de drenagem em apenas uma face, e igual a $h_{arg}/2$, no caso de camada com drenagem em ambas as faces. A escolha do valor de "c_v de projeto" é questão de grande importância para a boa estimativa da variação de recalques com o tempo. Em geral, usam-se dados de ensaios de laboratório (c_{vlab}) e de ensaios de campo (c_{vpiez}) para essa estimativa (ver item 2.9). A retroanálise de curvas de recalque *versus* tempo de obras próximas fornece dados de c_{vcampo} também muito úteis na verificação das premissas de projeto. Esse assunto será discutido em detalhe no Cap. 7.

Nos casos usuais de carregamento, pode-se usar, para o cálculo de T_v, as equações simplificadas a seguir:

$$T_v = \left(\frac{\pi}{4}\right) \cdot U_v^2, \text{ aproximação para } U_v \text{ de 0\% a 52\%} \quad (3.8)$$

$$(3.9)$$

$T_v = 1{,}781 - 0{,}933 \log(100 - U_v(\%))$, aproximação para $U_v > 52\%$

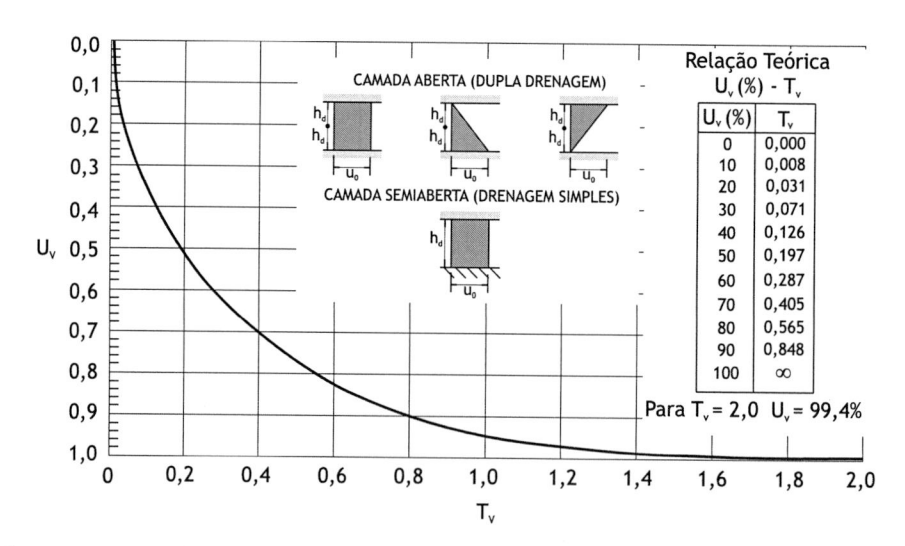

Fig. 3.9 *Variação da porcentagem média de adensamento vertical com o fator tempo*

A Fig. 3.10 apresenta curvas recalque *versus* tempo para uma argila de 3 m de espessura e aterro executado até a cota +3 m, com a cota atual do terreno igual a +0,5 m, ou seja, a mínima espessura de aterro necessária sem compensar recalque é de 2,5 m. Nesse caso, o recalque por adensamento primário para a cota fixa de aterro + 3 m é igual a 0,95 m. Assim, é necessário colocar, no mínimo, uma espessura de aterro igual a 2,5 m + 0,95 m = 3,45 m, de forma a compensar recalques. Entretanto, desde que seja assegurada a estabilidade, pode ser conveniente aplicar espessuras maiores de aterro, para acelerar os recalques. Esse procedimento, a ser detalhado no Cap. 4, denomina-se sobrecarga temporária, pois esta é retirada quando se atinge o recalque e o tempo desejados.

Os cálculos apresentados na Fig. 3.10 foram efetuados para três espessuras de aterro: 2,5 m, 4 m e 5 m, com um valor de $c_V = 5,0 \cdot 10^{-8}$ m²/s. A alternativa de altura de aterro de 5 m (sobrecarga temporária) permite a remoção do aterro em 22 meses. Nesse caso, a espessura de aterro a ser removida será (5,0 - 0,95) - 2,5 = 1,55 m.

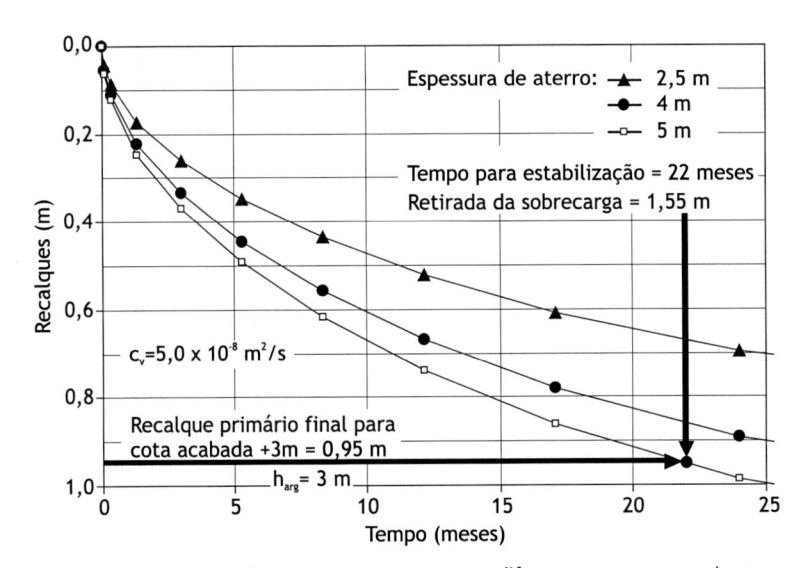

Fig. 3.10 *Variação de recalques com o tempo para diferentes espessuras de aterro*

A Fig. 3.11 apresenta o tempo para a ocorrência de 95% dos recalques em função da espessura da camada. Como o tempo usual requerido na prática para a estabilização de recalques é de, no máximo, três anos, usam-se geodrenos para a aceleração de recalques, no caso de camadas

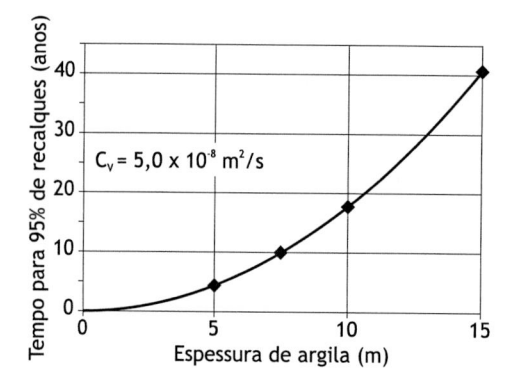

Fig. 3.11 *Tempo de estabilização de 95% dos recalques* versus *espessura de argila (dupla drenagem)*

de espessuras superiores a 5 m com coeficientes de adensamento dessa ordem de grandeza.

Carregamento não instantâneo

Em geral, apresenta-se a variação do recalque com o tempo para carregamento instantâneo do aterro (tempo construtivo nulo). Em obras de argila mole, o tempo de construção t_c usual, para cada etapa de carregamento, é de alguns meses. Assim, pode-se desejar apresentar essa curva alterada para a condição de tempo construtivo diferente de zero, conforme esquema apresentado na Fig. 3.12, na qual apresentam-se dois exemplos de variação de recalque *versus* tempo para tempos construtivos de 30 e 360 dias. Nesse caso, pode-se adotar o método proposto por Terzaghi (1943), descrito em detalhe por Pinto (2000), que admite que: a) o recalque é igual àquele que ocorreria se fosse feito instantaneamente na metade do período construtivo t_c; b) os recalques são proporcionais ao carregamento. Assim, para o tempo t_c, o recalque seria aquele que teria ocorrido em $t_c/2$. Para tempos maiores que o final da construção t_c,

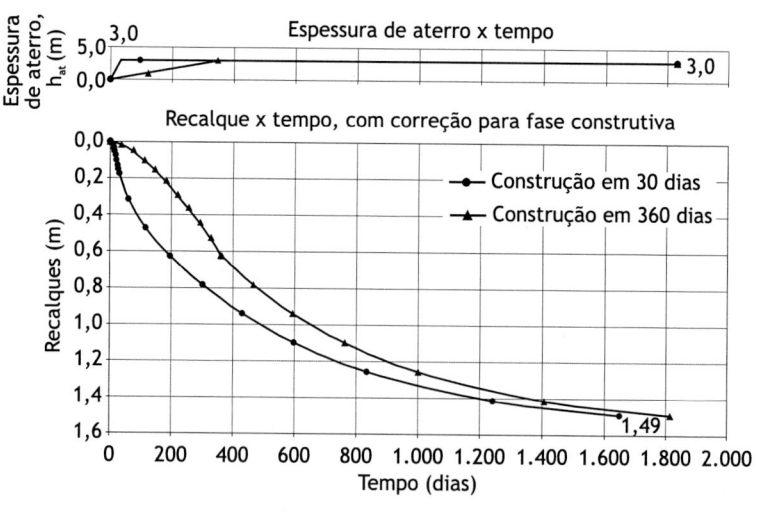

Fig. 3.12 *Recalque* versus *tempo: influência do carregamento não instantâneo*

obtém-se a curva corrigida sempre pelo deslocamento da curva de recalque instantâneo de um tempo $t_c/2$. Para tempos $t < t_c$, esse método admite que o recalque em um tempo t para carregamento não instantâneo é igual ao recalque que ocorre em um tempo t/2 e proporcional à carga aplicada.

3.1.3 Recalque por compressão secundária

Às "deformações que ocorrem principalmente ao fim do adensamento primário e que não podem ser atribuídas à dissipação dos excessos de poropressão (pequenos), ainda remanescentes no corpo de prova, dá-se o nome de adensamento secundário" (Martins, 2005). Porém, considerando-se que o fenômeno do adensamento primário está relacionado à dissipação de poropressões, mas o mesmo não ocorre com a "compressão secundária", esta última denominação será adotada aqui, em vez de "adensamento secundário".

Duas hipóteses de comportamento dos solos em compressão são consideradas pelos pesquisadores:
- a hipótese A, que é a tradicional, considera que somente ao final do adensamento primário há o adensamento secundário, e que a curva de compressão em fim de primário (EOP – *end of primary*) é única, ou seja, não é função das condições de drenagem (Mesri, 1975; Jamiolkowski et al., 1985);
- a hipótese B considera que a resistência à compressão de uma argila é função da viscosidade, ou seja, da velocidade de deformação vertical e da temperatura. Existem várias abordagens para esse fenômeno (*e.g.* Taylor e Merchant, 1940; Mitchell, 1964; Kavazanjian e Mitchell, 1984; Leroueil et al., 1985; Martins e Lacerda, 1985).

Abordagem tradicional da compressão secundária
A compressão secundária é observada em laboratório, conforme pode ser visto na Fig. 3.13A, em que se apresentam curvas de compressão de fim do primário e a curva tradicional de 24 horas (Martins, 2005). A abordagem tradicional da compressão secundária admite que esta se manifeste após o primário, calculando-se, para cada incremento de tensão vertical aplicada, o coeficiente de compressão secundária C_α, conforme ilustrado na Fig. 3.13B.

Conforme indicado na Fig. 3.13, a variação de recalques primários com o tempo é calculado segundo a Eq. (3.2) até o fim do adensamento primário, quando passam a ocorrer recalques por compressão secundária Δh_{sec}, calculados segundo:

$$\Delta h_{sec} = \frac{C_\alpha \cdot h_{arg} \cdot \log \frac{t}{t_p^*}}{(1+e_{vo})} \quad (3.10)$$

O recalque total com o tempo, segundo essa abordagem, é calculado como:

$$\text{para } t \leq t_p \Rightarrow \Delta h(t) = U(T_v) \cdot \Delta h \quad (3.11)$$

$$\text{para } t = t_p^* \Rightarrow \Delta h(t_p^*) = \Delta h \quad (3.12)$$

$$t \geq t_p^* \Rightarrow \Delta h(t) = \Delta h_a + \frac{C_\alpha h_{arg}}{1+e_{vo}} \log\left(\frac{t}{t_p^*}\right) \quad (3.13)$$

onde t_p^* está indicado na Fig. 3.14, para análise de campo.

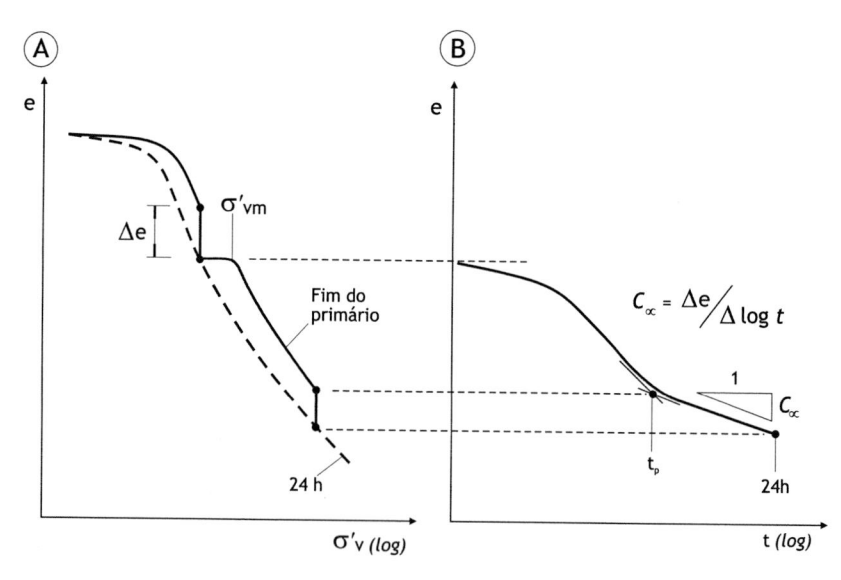

Fig. 3.13 Abordagem tradicional da compressão secundária: (A) curvas de compressão ao fim do primário e de 24 horas; (B) variação do índice de vazios de um estágio de carregamento (Martins, 2005)

Essa abordagem é de fácil utilização; porém, a magnitude dos recalques secundários obtidos com o tempo, por essa metodologia, também é questionável, pois considera que o secundário não tem fim, já que C_α é considerado constante, ou seja, o índice de vazios tenderia a valores negativos com o tempo, o que não é fisicamente possível.

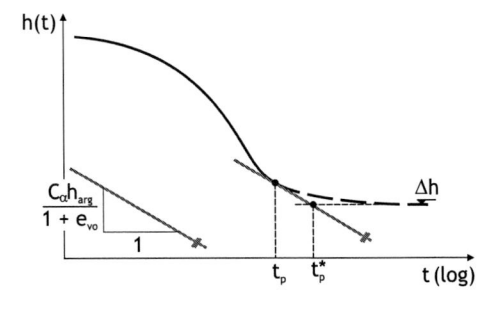

Fig. 3.14 Curva recalque versus *tempo de campo (Martins, 2005)*

Influência da relação $\Delta\sigma_v/\sigma_v$ na compressão secundária

Leonards e Girault (1961) observaram que quanto maior é o valor da razão $\Delta\sigma_v/\sigma_v$ do incremento de tensões aplicadas, mais a curva de adensamento aproxima-se da curva teórica de Terzaghi. A Fig. 3.15 mostra resultados experimentais (Feijó, 1991) que comprovam esse comportamento para 60% do trecho da curva, razão pela qual, em laboratório, adota-se a razão $\Delta\sigma_v/\sigma_v = 1$. Quanto menor a razão de carregamento, maior a parcela de compressão secundária e mais a curva experimental diferirá da teórica.

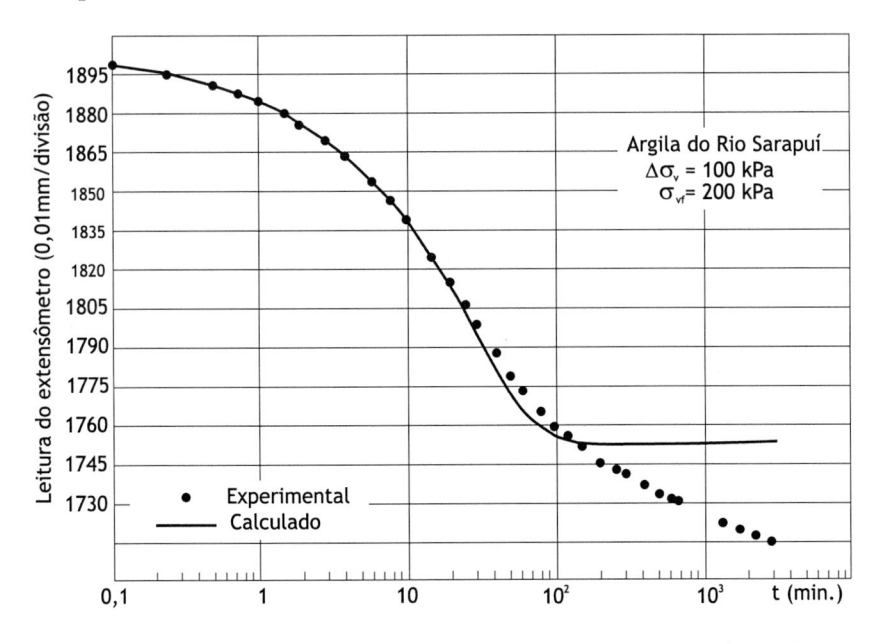

Fig. 3.15 *Comparação entre curva teórica e experimental (Feijó, 1991)*

Teoria de Taylor e Merchant (1940)

A teoria de Taylor e Merchant (1940) é baseada na viscosidade estrutural do solo. Ela considera a influência da razão $\Delta\sigma_v/\sigma_v$ e prevê que, no campo, o adensamento secundário se dá concomitantemente com o primário (hipótese B). Assim, seu uso é mais adequado do que a teoria de Terzaghi e Fröhlich (1936). A Fig. 3.16 apresenta a solução das equações dessa teoria (Martins, 2005) em termos do grau de adensamento médio *versus* fator tempo T_v para o parâmetro r = 0,7, sendo este definido pela relação entre os recalques primário e total (r = $\Delta h_a/(\Delta h_a + \Delta h_{sec})$. Outro parâmetro de cálculo dessa teoria é o parâmetro F, definido por:

$$F = \frac{\mu h_d^2}{r c_v} \quad (3.14)$$

onde μ é o valor da viscosidade do solo.

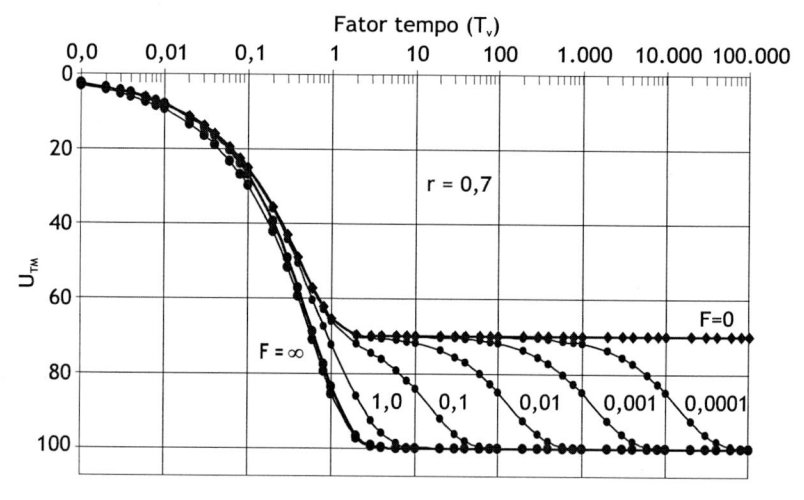

Fig. 3.16 *Porcentagem média de adensamento $U_{TM} \times T_v$ - Teoria de Taylor e Merchant (Martins, 2005)*

Verifica-se (Martins, 2005) que o valor de F de campo é da ordem de 10 e observa-se que a solução para esse valor de F é suficientemente próxima da solução para F = ∞. Dessa forma, o traçado da curva de recalque de campo segundo a teoria consiste na estimativa do valor de r e do traçado da curva U_{TM} *versus* T, para F = ∞, permitindo então o cálculo de recalque em qualquer tempo t, multiplicando-se o recalque total pelo valor U_{TM}.

O cálculo da magnitude dos recalques totais (primários + secundários) a ser considerado para se utilizar a curva $U_{TM} \times T_v$ requer a estimativa do valor de Δh_{sec}, que é apresentada a seguir, com base em estudos conduzidos em argilas brasileiras.

Remy et al. (2010) aplicaram a Teoria de Taylor e Merchant (1940) para a retroanálise dos recalques de dois aterros-teste com drenos verticais, obtiveram boa concordância dos valores de coeficiente de adensamento medidos em laboratório com os valores obtidos da retroanálise, para a qual adotaram $c_v = c_h$.

Previsão do Δh_{Sec} segundo Martins (2005)
Baseado em evidências experimentais de laboratório, Martins (2005) propõe que o recalque máximo por adensamento secundário é aquele correspondente à variação de deformação vertical da condição de fim do primário (OCR = 1) para a reta OCR = 1,5, para uma dada tensão efetiva vertical (σ'_{vf}) atuante na argila mole, conforme a Fig. 3.17.

A linha de fim do secundário no gráfico $e \times \sigma'_v$ pode ser obtida em laboratório, gerando-se um OCR = 2 a partir do fim do primário (ou um OCR = 1,5 a partir da linha de 24 horas). É essa linha que deve ser tomada como referência para o cálculo de recalques por adensamento. Essa condição pode ser associada ao cálculo de recalque por adensamento primário, admitindo-se compressão até a tensão 1,5 σ'_{vf}, seguido de descarregamento até σ'_{vf}.

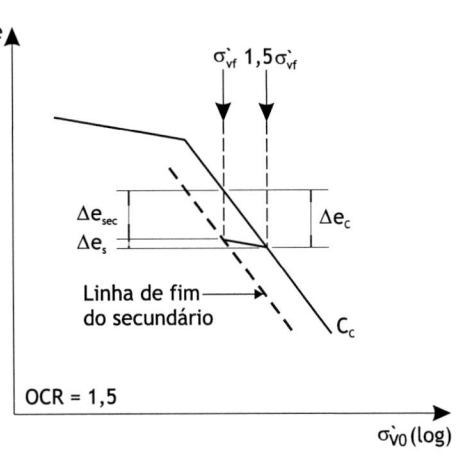

Fig. 3.17 *Construção da linha de fim do secundário (Martins, 2005)*

Assim, para $CR = \dfrac{C_c}{1+e_{v0}}$, e admitindo-se $\dfrac{C_s}{C_c} = 0,15$, tem-se:

$$\Delta h_{sec} = h_{arg} CR \log\left(\frac{1,5\sigma'_{vf}}{\sigma'_{vf}}\right) - h_{arg}(0,15CR) \cdot \log\left(\frac{1,5\sigma'_{vf}}{\sigma'_{vf}}\right) \quad (3.15)$$

$$\frac{\Delta h_{sec}}{h_{arg}} = 0{,}15 CR \qquad (3.16)$$

Admitindo-se, então, um valor de CR = 0,40, comum em argilas muito moles, tem-se $\Delta h_{sec} = 0{,}06 h_{arg}$. Assim, para espessuras de argila de 10 m, o recalque secundário estimado é $\Delta h_{sec} = 0{,}60$ m. Para igual espessura de argila (cota fixa = +3 m) a Fig. 3.8 apresenta um recalque por adensamento primário $\Delta h_a = 1{,}5$ m (espessura do aterro – cota fixa = 4,5 m - 3,0 m, ver Fig. 3.8). Esses valores resultam em r = 1,5/(0,6+1,5) = 0,7, confirmando a importância do recalque por compressão secundária em comparação ao recalque por adensamento primário para argilas de alto valor de CR.

3.2 Recalques de aterro construído em etapas

Se o aterro não for estável para a construção em uma única etapa, métodos construtivos alternativos devem ser utilizados, um dos quais é a construção do aterro em etapas (Almeida, 1984; Ladd, 1991), de forma que o solo mole de fundação adquira resistência com o tempo antes da colocação da camada seguinte.

Dois tipos de cálculos são relevantes no caso de construção em etapas: o cálculo da variação de recalques com o tempo, descrito a seguir, e o cálculo de estabilidade, descrito no Cap. 5.

A construção em etapas é esquematizada na Fig. 3.18, para o caso de construção em duas etapas: a primeira para t = 0 (Fig. 3.18A) e a segunda para t = t_1 (Fig. 3.18B). O mais comum é a utilização de duas a três etapas construtivas.

O cálculo de recalques de aterros construídos em etapas segue o procedimento usual; porém, em geral não se espera a estabilização de 95% dos recalques de uma etapa para a colocação da etapa seguinte, pois isso requereria tempo excessivo. O cálculo de recalques para mais de uma etapa deve ser realizado conforme descrito a seguir:

1. Cálculo do recalque total Δh_1 correspondente à altura de aterro h_1

Esse cálculo é realizado da forma convencional, usando-se as equações apresentadas ao longo deste capítulo, considerando-se aterro infinito. Admitindo-se, por simplificação, que a argila esteja na condição normalmente adensada ($\sigma'_{vm} = \sigma'_{vo}$), e sem considerar o efeito de submersão do aterro, o recalque final da primeira fase de carregamento será:

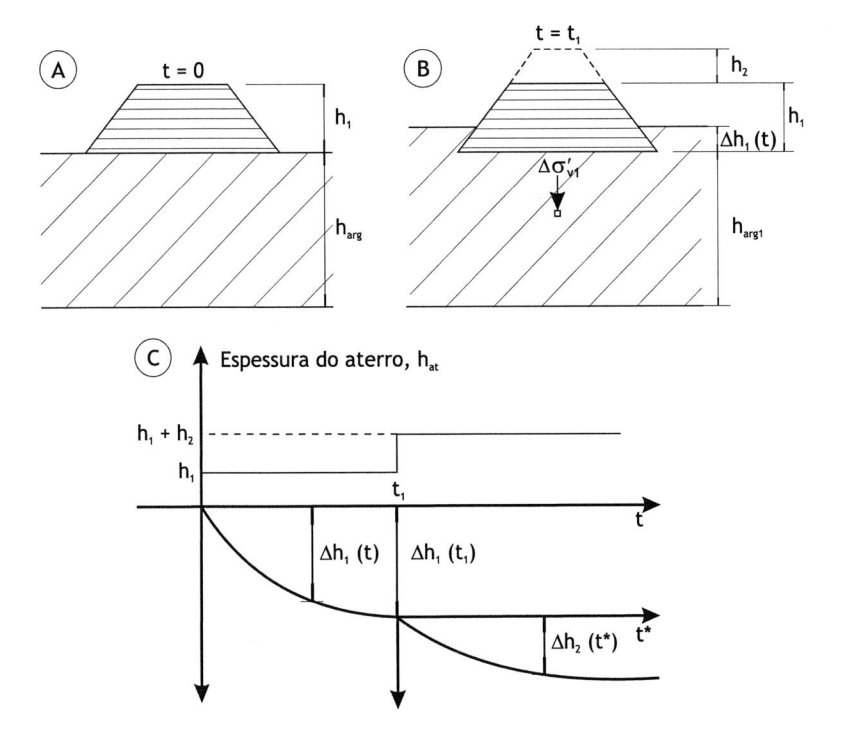

Fig. 3.18 *Esquema de um aterro construído em duas etapas*

$$\Delta h_1 = h_{arg1} \cdot [C_c / (1 + e_{vo})] \cdot \log [(\sigma'_{vo} + \gamma_{at} \cdot h_1) / \sigma'_{vo}] \quad (3.17)$$

2. Cálculo da variação de recalques $\Delta h_1(t) = \Delta h_1 \cdot U_1$ para cada tempo t, até o tempo t_1, correspondente ao início da segunda etapa. Adota-se usualmente $U_1(t_1) \geq 60\%$, e o valor de U_1 adotado é o correspondente à drenagem vertical para os casos sem drenos, ou drenagem radial ou combinada quando se utiliza geodrenos.

No caso de camadas de maior espessura, a construção em etapas é comumente associada ao uso de geodrenos (drenagem radial), os quais permitem o ganho mais rápido de resistência da argila. Entretanto, o carregamento em etapas pode ser também associado ao caso de drenagem puramente vertical, no caso de camadas de menor espessura.

3. Para o cálculo dos recalques após o tempo t_1, os valores de cada subcamada devem ser atualizados conforme indicado na Fig. 3.18B, a saber:

a. Espessura da camada:

$$h_{arg1} = h_{arg} - \Delta h_1 \cdot U_1 \qquad (3.18)$$

onde $U_1 = U_1(t_1)$.

b. Tensão vertical efetiva no tempo t_1:

$$\sigma'_{v1} = \sigma'_{vo} + U_1 \cdot (\gamma_{at} \cdot h_1) \qquad (3.19)$$

4. O recalque após o tempo t_1 decorre de duas parcelas:
   a. o recalque ainda por ocorrer, referente à altura de aterro h_1, correspondente ao incremento de tensão efetiva, referente às poropressões que ainda irão dissipar:

$$\Delta\sigma'_{v1} = (1-U_1) \cdot (\gamma_{at} \cdot h_1) \qquad (3.20)$$

   b. o recalque referente à altura de aterro h_2, correspondente ao incremento de tensão efetiva da etapa 2:

$$\Delta\sigma'_{v2} = \gamma_{at} \cdot h_2 \qquad (3.21)$$

Admitindo-se que a argila esteja na condição normalmente adensada ($\sigma'_{v1} > \sigma'_{vm}$), o recalque total para a segunda fase será:

$$\Delta h_2 = h_{arg1} \cdot [C_c/(1+e_{vo})] \cdot \log[(\sigma'_{v1} + \Delta\sigma'_{v1} + \Delta\sigma'_{v2})/\sigma'_{v1}] \qquad (3.22)$$

5. Cálculo da variação de recalques $\Delta h_2(t^*) = \Delta h_2 \cdot U$ para cada tempo t^*, considerando-se $t = t_1$ a nova origem dos tempos $t^* = 0$, conforme ilustrado na Fig. 3.18C.

Pode-se adotar um valor de c_v para a etapa 2 diferente do valor correspondente à etapa 1 (*e.g.*, Coutinho; Almeida; Borges, 1994), pois a tendência é o coeficiente de adensamento diminuir com o aumento da tensão efetiva, em decorrência da passagem da argila da condição sobreadensada para a condição normalmente adensada. Entretanto, como a tensão de sobreadensamento é geralmente alcançada ao final da construção (Leroueil et al., 1978; Leroueil; Tavenas, 1986), usualmente utiliza-se apenas o c_v normalmente adensado, o que seria um pouco mais conservativo com respeito a prazos construtivos.

Para o caso real de obra, em que geralmente o NA é superficial, é necessário considerar a submersão no cálculo de Δh_1 e Δh_2.

No caso de uma terceira etapa, devem ser repetidos os itens 3 a 5.

Os cálculos de recalques para carregamentos em etapas podem ser feitos de forma rápida, por meio de planilhas eletrônicas. A Fig. 3.19 apresenta um exemplo de uma curva de recalque *versus* tempo, estimada de um caso real de construção de um aterro em três etapas no Recreio dos Bandeirantes, cidade do Rio de Janeiro. Cabe ressaltar os elevados valores de recalque observados, da ordem de 3,4 m ao final da obra.

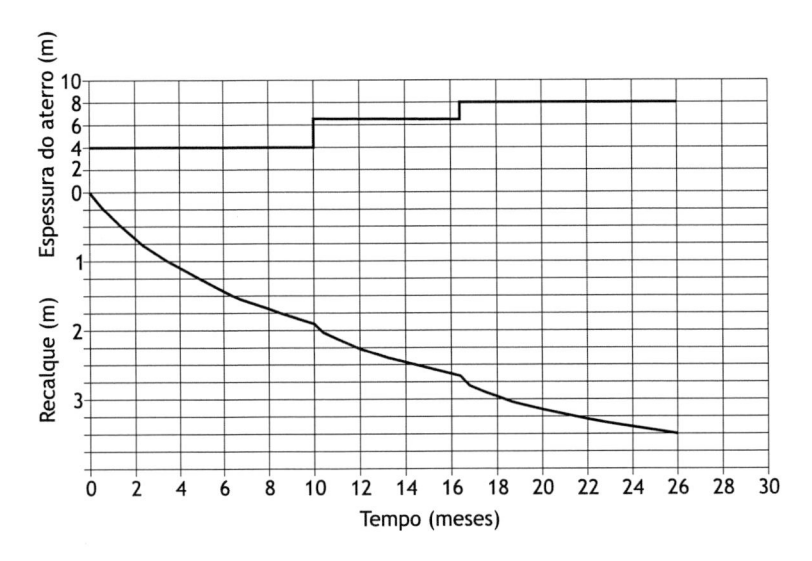

Fig. 3.19 *Evolução dos recalques com o tempo*

3.3 Estimativa de deslocamentos horizontais

O ensaio de adensamento simula o comportamento de um solo argiloso, o qual, quando carregado, apresenta deslocamentos horizontais nulos, como acontece com o depósito argiloso subjacente ao centro de um aterro. Todavia, nos bordos do aterro, onde não há confinamento lateral, os deslocamentos horizontais (δ_h) podem ser importantes, e no caso de estruturas adjacentes ao aterro, torna-se necessário prever também os deslocamentos horizontais. No campo, o monitoramento desses deslocamentos também auxilia na avaliação da estabilidade do aterro, como será discutido no Cap. 7.

A magnitude dos deslocamentos sob um aterro é decorrente do caminho de tensões. Considerando um elemento de solo argiloso localizado abaixo da linha de centro de um aterro, cujo estado de tensões iniciais é I_1 (Fig. 3.20A), com a construção do aterro em uma só etapa, o caminho de tensões segue na proximidade da linha K_0 (I_1-C_1-E_1), no domínio sobreadensado, com deslocamentos relativamente pequenos. Nesse domínio, a magnitude de recalques é elevada, mas os recalques ocorrem lentamente, já que os valores de c_v são mais baixos. Entretanto, no caso de proximidade da ruptura, os deslocamentos horizontais aumentam rapidamente (ver Cap. 7).

Os deslocamentos horizontais máximos (δ_{hmax}) podem ser estimados a partir de correlações empíricas com os recalques máximos (Δh_{max}) medidos na linha de centro do aterro, por meio do método proposto por Tavenas, Mieussens e Bourges (1979). Os autores correlacionaram δ_{hmax} e Δh_{max} (Fig. 3.20B) por meio de:

$$DR = \frac{\delta_{hmax}}{\Delta h_{max}} \qquad (3.23)$$

Para aterros construídos em uma etapa, os referidos autores concluíram, a partir da análise de cerca de 15 aterros com taludes da ordem de 1,5 a 2,5(H):1,0(V), assentes em depósitos com OCR < 2,5 e sem drenos verticais, que existem dois estágios sucessivos de comportamentos na fase de carregamento:

a. parcialmente drenado: durante a fase inicial de carregamento, devido ao elevado c_v inicial do solo sobreadensado, os deslocamentos horizontais ocorrem rapidamente e são, a princípio, bem menores que os deslocamentos verticais, resultando na correlação:

$$DR = \frac{\delta_{hmax}}{\Delta h_{max}} = 0,18 \, (desvio \, padrão \, de \, 0,09) \qquad (3.24)$$

b. não drenado: à medida que aumentam as tensões efetivas, com o carregamento, a camada de argila passa à condição normalmente adensada, os deslocamentos horizontais passam a ser da mesma ordem de grandeza que os deslocamentos verticais, resultando na correlação:

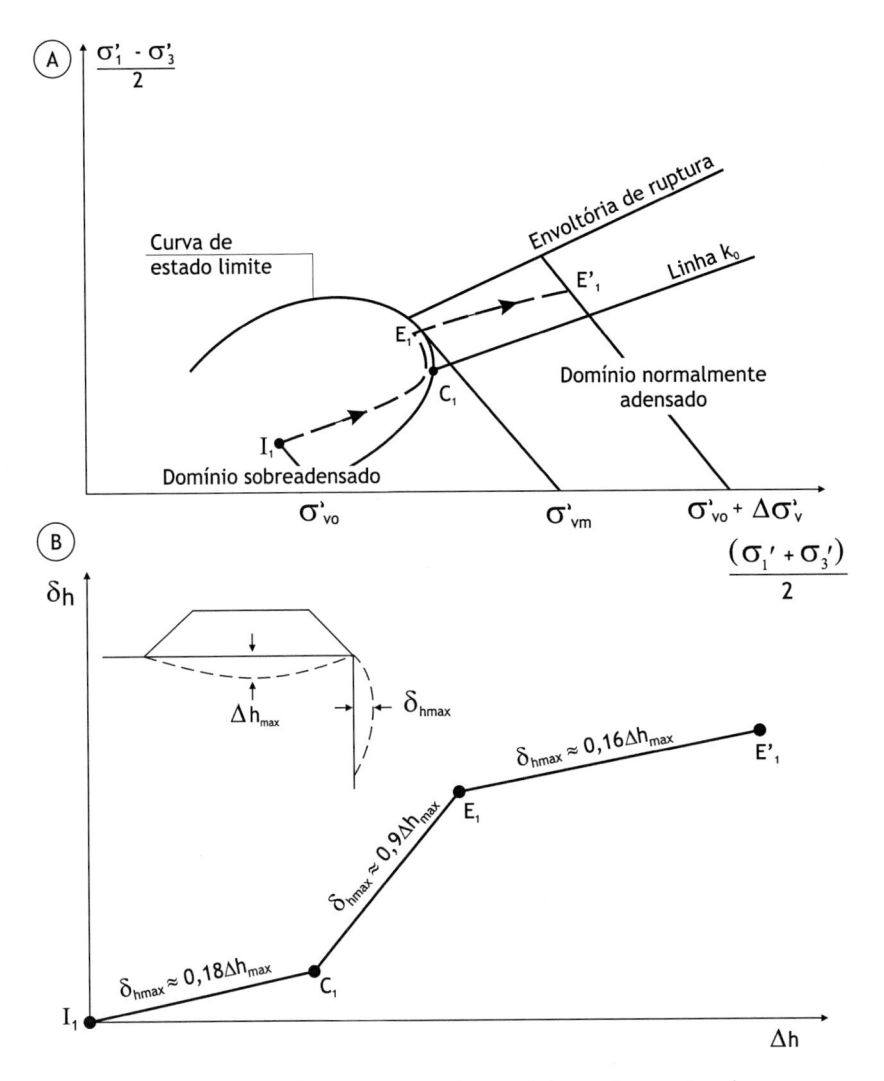

Fig. 3.20 *Estimativa da relação entre recalque máximo sob o centro de um aterro e o deslocamento máximo no bordo (Tavenas; Mieussens; Bourges, 1979)*

$$DR = \frac{\delta_{hmax}}{\Delta h_{max}} = 0,9 \ (desvio \ padrão \ de \ 0,2) \qquad (3.25)$$

c. na fase de adensamento, subsequente à construção, os autores concluíram, com base na análise de 12 aterros, que o deslocamento horizontal continua a aumentar linearmente com o recalque, resultando na correlação:

$$DR = \frac{\delta_{hmax}}{\Delta h_{max}} = 0,16 \ (desvio\ padrão\ de\ 0,02) \tag{3.26}$$

Para casos mais complexos, segundo Ladd (1991), as correlações propostas por Tavenas, Mieussens e Bourges (1979) têm aplicabilidade limitada às condições dos casos analisados. Ladd (1991) enfatiza que desvios significativos dos padrões aqui descritos podem ser encontrados no caso da existência de drenos verticais e, principalmente, no caso de carregamento em etapas e fundações com grandes regiões em escoamento plástico.

Os resultados obtidos por Almeida (1984) confirmam as observações de Ladd, conforme a Fig. 3.21, que apresenta diagramas de deslocamento máximo vertical *versus* horizontal no caso dos Aterros 3 e 6 (ver item 6.2.6), ambos construídos em etapas, o primeiro em fundação virgem e o segundo em fundação reforçada por colunas granulares.

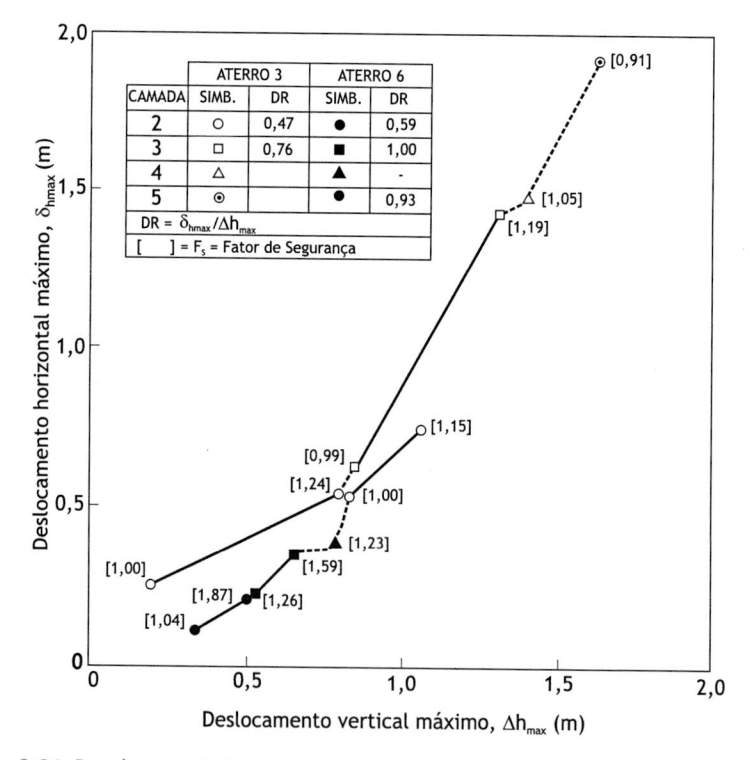

Fig. 3.21 *Recalques máximos versus deslocamentos horizontais máximos para os Aterros 3 e 6 (Almeida, 1984)*

Observa-se que os valores de DR resultantes das fases de adensamento em cada etapa dos dois aterros são bem superiores ao da Eq. (3.26).

3.4 Comentários finais

Os recalques esperados pela execução de um aterro sobre um depósito muito mole compressível são, em geral, bastante elevados. Em argilas de compressibilidade muito elevada, como, por exemplo, as da Barra da Tijuca (RJ), as deformações específicas verticais causadas pela execução de aterros, para atingir uma cota fixa da ordem de 3 m, podem chegar a cerca de 30% (Almeida et al., 2008c). As argilas moles brasileiras são em geral levemente sobreadensadas e apresentam valores de razão de compressão CR superiores a 0,25 (ver Anexo).

Os modelos apresentados neste capítulo são os usuais na prática de engenharia; entretanto, análises mais sofisticadas com relação ao comportamento de solos moles usando métodos numéricos ou analíticos estão disponíveis. Um exemplo é a consideração de grandes deformações, conforme discutido por Martins e Abreu (2002), em que se observa que, para deformações específicas verticais superiores a 10%, ocorrência usual para argilas brasileiras, a evolução dos recalques com o tempo é distinta da proposta pela Teoria de Terzaghi.

A magnitude dos recalques e sua evolução com o tempo, assim como os recalques remanescentes da obra, devem ser considerados na escolha da metodologia construtiva a ser adotada em função do uso da área. Em geral, em aterros para edificações domiciliares ou comerciais e aterros para ferrovias não se aceitam recalques remanescentes significativos, primários ou secundários. Porém, no caso de obras industriais e rodovias, pode-se aceitar o convívio com uma parcela de recalques remanescentes, e essa parcela pode ser uma pequena parcela dos recalques por adensamento primário e por compressão secundária.

Em virtude das possíveis discrepâncias existentes entre o comportamento previsto e o comportamento real de campo, é fundamental que o aterro seja monitorado, conforme discutido no Cap. 7, para que ajustes sejam realizados durante o período construtivo.

ACELERAÇÃO DOS RECALQUES: USO DE DRENOS VERTICAIS E SOBRECARGA 4

A utilização de drenos verticais promove a aceleração dos recalques ao diminuir o caminho de drenagem dentro da massa de solo compressível para cerca da metade da distância horizontal entre drenos.

A sobrecarga temporária também acelera recalques relativos ao adensamento primário e reduz os recalques pós-construtivos. Assim, a conjugação de drenos verticais pré-fabricados ou geodrenos e sobrecarga temporária explora ao máximo o benefício do adensamento acelerado. Dreno e sobrecarga têm grande aplicabilidade na construção de aterros rodoviários, ferroviários, aeroportuários, portuários e áreas de estocagem em geral.

4.1 Aterros sobre drenos verticais

Os drenos verticais de areia foram pioneiramente utilizados em fins de 1920, na Califórnia, Estados Unidos, e nos anos 1970 começaram a ser usados os drenos pré-fabricados, os geodrenos, que consistem de um núcleo de PVC com um filtro de geotêxtil ao redor.

Os geodrenos apresentam elevadas resistências mecânicas, o que garante sua integridade durante a operação de instalação, resistindo às solicitações provenientes da cravação e suportando os esforços oriundos das deformações horizontal e vertical de massa de solo de fundação em adensamento. Em contrapartida, os drenos tradicionais de areia são muito suscetíveis a danos durante sua execução e operação. Em argilas muito moles, pode ocorrer o cisalhamento dos drenos de areia, que se tornam inoperantes.

Com a instalação de drenos verticais, a direção do fluxo de água no interior da massa de solo passa de predominantemente vertical para predominantemente horizontal (radial). A água coletada pelos elementos verticais é encaminhada para a superfície do terreno natural, para o colchão drenante, que deve ter espessura e declividade suficientes para o seu lançamento para a atmosfera por gravidade ou por bombeamento, a depender do comprimento do colchão. Drenos horizontais podem ser instalados no interior do colchão (Fig. 4.1A) para facilitar a saída d'água (ver item 4.3). Ao final da cravação, a depender da espessura da camada drenante, os drenos verticais podem ser cobertos pela camada drenante ou por aterro, conforme o arranjo esquemático da Fig. 4.1B.

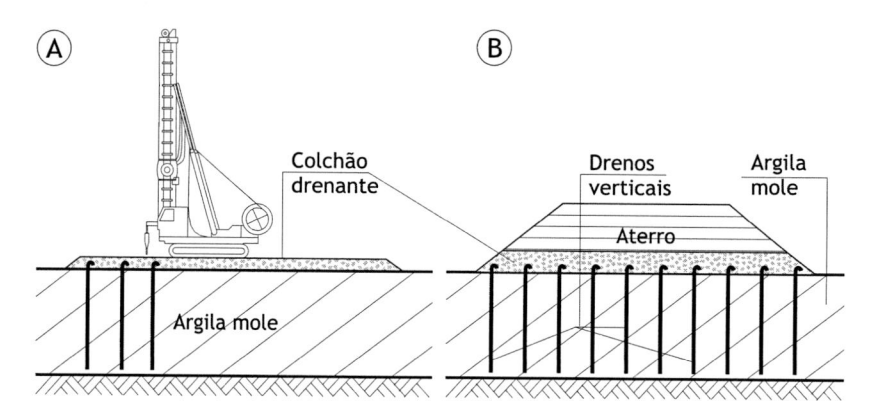

Fig. 4.1 Esquema de instalação de geodrenos em uma camada de argila mole subjacente a um aterro

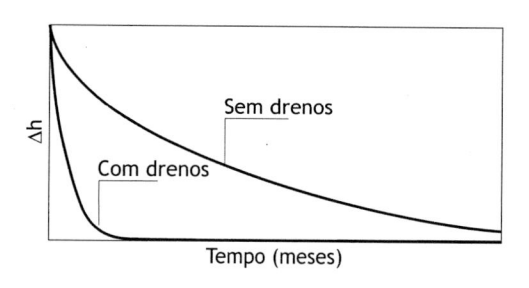

Fig. 4.2 Evolução dos recalques de um aterro sobre solos moles com o tempo: sem e com drenos

A Fig. 4.2 ilustra a vantagem da utilização de drenos verticais para a aceleração de recalques de um aterro sobre solos moles, quando se compara a evolução dos recalques com o tempo de um aterro sem drenos sobre uma espessa camada de solos moles.

Os resultados de monitoramentos de recalques de aterros construídos sobre drenos, quando comparados aos aterros convencionais, comprovam a aceleração dos recalques. Os aspectos teóricos e práticos relacionados à utilização de drenos verticais são abordados por Magnan (1983) e Holtz et al. (1991), e resumidos a seguir.

4.2 Dimensionamento de drenos verticais
4.2.1 Soluções teóricas do adensamento 3D

O cálculo do recalque *versus* tempo para casos de drenagem vertical é realizado segundo a Teoria de Terzaghi, conforme discutido no item "Drenagem unidimensional – 1D", na seção 3.1.2. O adensamento de uma camada de solo compressível, considerando-se o fluxo de água puramente vertical, unidimensional (1D), é dado pela equação diferencial:

$$\frac{\partial u}{\partial t} = c_v \frac{\partial^2 u}{\partial z^2} \tag{4.1}$$

O adensamento tridimensional (3D), considerando-se que há fluxo nas direções *x*, *y* e *z*, é regido pela equação:

$$\frac{\partial u}{\partial t} = c_h \left[\frac{\partial^2 u}{\partial x^2} + \frac{\partial^2 u}{\partial y^2} \right] + c_v \frac{\partial^2 u}{\partial z^2} \tag{4.2}$$

Considerando-se que há isotropia nas direções *x* e *y*, o valor do coeficiente de adensamento horizontal é dado por:

$$c_h = \frac{k_h(1+e_{vo})}{a_v \gamma_w} \tag{4.3}$$

onde:
x, y, z – coordenadas de um ponto de massa de solo;
u – poropressão;
e_{vo} – índice de vazios inicial para a tensão vertical efetiva inicial *in situ*;
c_v e c_h – coeficientes de adensamento para drenagem vertical e horizontal, respectivamente, determinados experimentalmente;
a_v – módulo de compressibilidade vertical;
k_v e k_h – permeabilidades vertical e horizontal, respectivamente;
γ_w – peso específico da água.

A Eq. (4.2) representa o adensamento vertical decorrente de um fluxo combinado vertical e horizontal, o que ocorre, por exemplo, nas bordas de um aterro sem drenos, ou em aterros sobre drenos em depósitos argilosos de espessuras relativamente pequenas. Ao se utilizar elementos drenantes verticais de formato cilíndrico, a Eq. (4.2) pode ser transformada em função de coordenadas cilíndricas:

$$\frac{\partial u}{\partial t} = c_h \left[\frac{1}{r} \frac{\partial u}{\partial r} + \frac{\partial^2 u}{\partial r^2} \right] + c_v \frac{\partial^2 u}{\partial r^2} \qquad (4.4)$$

onde r é a distância radial medida do centro de drenagem até o ponto considerado, conforme apresentado esquematicamente na Fig. 4.3A.

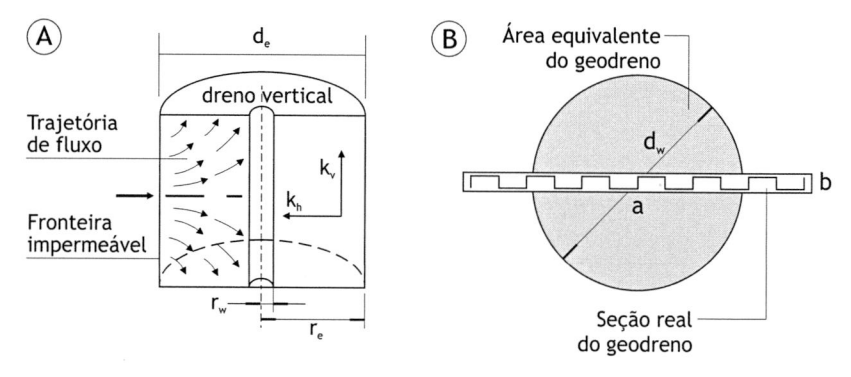

Fig. 4.3 *Parâmetros geométricos de drenos: (A) área de influência do dreno e detalhe da célula unitária; (B) detalhe da seção equivalente de um geodreno*

4.2.2 Adensamento com drenagem puramente radial

Para drenos verticais, caso a drenagem vertical na massa de solo seja desconsiderada, tem-se a drenagem radial pura, dada pela equação:

$$\frac{\partial u}{\partial t} = c_h \left[\frac{1}{r} \frac{\partial u}{\partial r} + \frac{\partial^2 u}{\partial r^2} \right] \qquad (4.5)$$

Barron (1948) resolveu a Eq. (4.5) para um cilindro de solo com dreno cilíndrico vertical, para a condição de deformações verticais iguais (*equal strain*), obtendo o grau de adensamento médio da camada, U_h:

$$U_h = 1 - e^{-[8T_h/F(n)]} \qquad (4.6)$$

onde:

$$T_h = \frac{c_h \cdot t}{d_e^2} \qquad (4.7)$$

$$F(n) = \frac{n^2}{n^2-1}\ln(n) - \frac{3n^2-1}{4n^2} \cong \ln(n) - 0{,}75 \qquad (4.8)$$

$$n = \frac{d_e}{d_w} \qquad (4.9)$$

onde:
d_e – diâmetro de influência de um dreno (Fig. 4.3A);
d_w – diâmetro do dreno ou diâmetro equivalente de um geodreno com seção retangular (Fig. 4.3B);
T_h – fator de tempo para drenagem horizontal;
$F(n)$ é uma função da densidade de drenos.

Barron (1948) também resolveu a equação para deformações verticais livres (*free strain*). Nesse caso, na superfície do cilindro de influência de um dreno são permitidas deformações verticais livres à medida que o adensamento se desenvolve. Essa solução é apresentada em termos de funções de Bessel e, para valores de n > 5 (caso dos geodrenos), as duas soluções são muito próximas. Por essa razão, a solução para a condição de *equal strain* é, em geral, utilizada por sua simplicidade.

No que diz respeito ao valor de c_h a adotar, este pode ser definido a partir de ensaios de laboratório ou de campo, conforme descrito em detalhe na seção 2.4.6.

Convém ressaltar que os valores de permeabilidade e coeficiente de adensamento a serem empregados são os relativos à faixa de variação das tensões *in situ* a que o depósito será submetido. Na maioria dos casos de aterros sobre solos moles é adequada a utilização do c_v normalmente adensado na estimativa da evolução dos recalques com o tempo.

4.2.3 Diâmetro de influência e diâmetro equivalente do geodreno

O diâmetro de influência de um dreno é função do espaçamento de drenos e de sua disposição em um sistema de malha quadrada ou triangular de lado igual a *l*. Para a malha quadrada, representada esquematicamente na Fig. 4.4A, ao se igualar a área do quadrado com a do círculo equivalente, tem-se:

$$l^2 = \frac{\pi d_e^2}{4} \quad \text{e} \quad d_e = l\sqrt{\frac{4}{\pi}} \qquad (4.10)$$

Obtém-se, então, o diâmetro de influência de uma malha quadrada:

$$d_e = 1,13l \qquad (4.11)$$

Para a malha triangular, representada esquematicamente na Fig. 4.4B, ao se igualar a área do círculo equivalente ao hexágono, tem-se:

$$\frac{\pi d_e^2}{4} = \frac{\sqrt{3}}{2}l^2 \quad \text{e} \quad d_e = \sqrt{\frac{2}{\pi}\sqrt{3}} \cdot l \qquad (4.12)$$

Ou seja, o diâmetro de influência para malhas triangulares é dado por:

$$d_e = 1,05l \qquad (4.13)$$

Os geodrenos em geral têm formato retangular, e as dimensões a e b (Fig. 4.3B) são da ordem de 10 cm e 0,5 cm, respectivamente, devendo ser representadas por um diâmetro equivalente (d_w), que, segundo proposição de Hansbo (1979), deve ser o do mesmo perímetro de um dreno circular. Dessa forma, o diâmetro equivalente de um geodreno é representado por:

$$d_w = \frac{2(a+b)}{\pi} \qquad (4.14)$$

Estudos subsequentes (Atkinson; Eldred, 1981; Rixner; Kreaemer; Smith, 1986) recomendam que o diâmetro equivalente do geodreno seja:

$$d_w = \frac{(a+b)}{2} \qquad (4.15)$$

Na prática, a Eq. (4.14) é mais utilizada do que a Eq. (4.15), e a diferença no uso de uma ou outra para o cálculo do espaçamento dos drenos é desprezível, diante da grande variação do coeficiente de adensamento, cujo valor depende do tipo de ensaio e da metodologia de cálculo empregada para a sua determinação. Hansbo (2004) apresentou valores de diâmetros equivalentes (segundo a Eq. 4.15) de 15 geodrenos

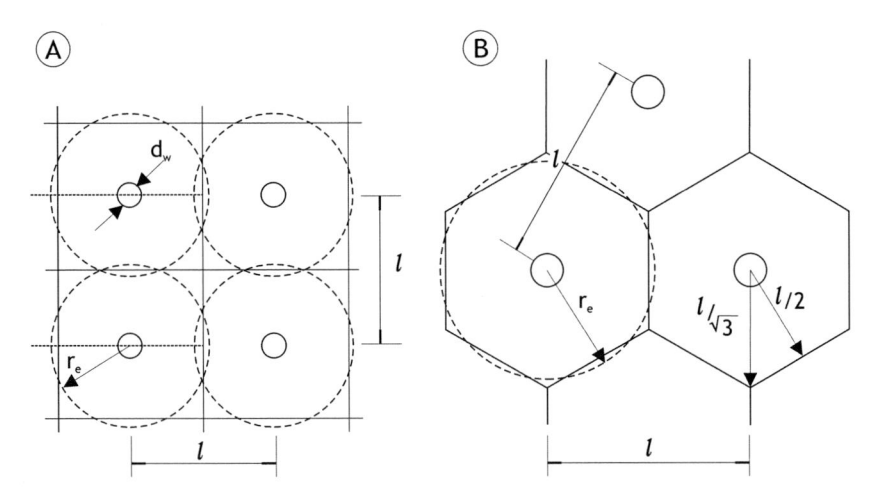

Fig. 4.4 *Dados geométricos de drenos verticais: (A) malha quadrada; (B) malha triangular*

disponíveis no mercado, variando entre 62 mm e 69 mm, com um valor médio de 65 mm.

4.2.4 Adensamento com drenagem combinada radial e vertical

No caso de utilização de dreno vertical em camadas de espessuras relativamente pequenas (menores que 10 m, por exemplo), deve-se considerar, além da drenagem radial, também a drenagem vertical. A ocorrência simultânea das duas drenagens é chamada de drenagem combinada. Esta foi tratada teoricamente por Carrillo (1942), que resolveu a Eq. (4.4) pelo método de separação de variáveis, obtendo para a porcentagem média de adensamento combinada U:

$$(1-U) = (1-U_v) \cdot (1-U_h) \qquad (4.16)$$

4.2.5 Influência do amolgamento (*smear*) no desempenho do geodreno

O processo de cravação consiste no posicionamento do dreno no interior de uma haste metálica vazada vertical, denominada mandril. O geodreno é, então, conectado a uma âncora, que é perdida durante a cravação (ver detalhe na Fig. 1.5). A âncora, ou sapata de ancoragem, tem a função de evitar a penetração de solo no interior do mandril e garantir a fixação do geodreno no terreno, impedindo que este se solte na ponta da haste ou que volte a subir durante a retirada do mandril.

O amolgamento da argila (efeito *smear*) em torno dos geodrenos, causado pelo processo de cravação, diminui a permeabilidade do solo no seu entorno e, consequentemente, reduz a velocidade do adensamento e a eficiência dos geodrenos, além de aumentar a magnitude do recalque total (Saye, 2001). Por isso, a cravação dos geodrenos deve ser hidráulica, e não por impacto ou vibração, que amolgam um maior volume de solo.

4.2.6 Influência das dimensões do mandril no amolgamento

O mandril deve ter a menor área possível para minimizar o amolgamento. Para espessuras de solo muito mole de até aproximadamente 15 m, por questões estruturais do equipamento de cravação, a área externa do mandril é da ordem de 70 cm² (6 cm × 12 cm). Se a camada de argila muito mole contiver lentes compactas de areia ou conchas, ou se a sua espessura for maior que 15 m, pode ser necessário utilizar mandril com reforço externo, o que pode conduzir a amolgamento maior (Sandroni, 2006b). A Fig. 4.5 apresenta exemplos de instalação de mandril e sapata de ancoragem. As recomendações atuais no Brasil indicam espaçamento mínimo de drenos de 1,5 m.

Embora os geodrenos causem bem menos amolgamento que os drenos de areia, Saye (2001) mostrou que o tamanho do mandril e da âncora é responsável pelo amolgamento e propõe que a relação entre espaçamento efetivo dos geodrenos/diâmetro efetivo do mandril-âncora seja da ordem de 7 a 10, para minimizar o amolgamento. Ou seja, no caso de geodrenos muito próximos, a redução da permeabilidade na zona amolgada pode ser excessiva, e a redução do espaçamento passa a ser desvan-

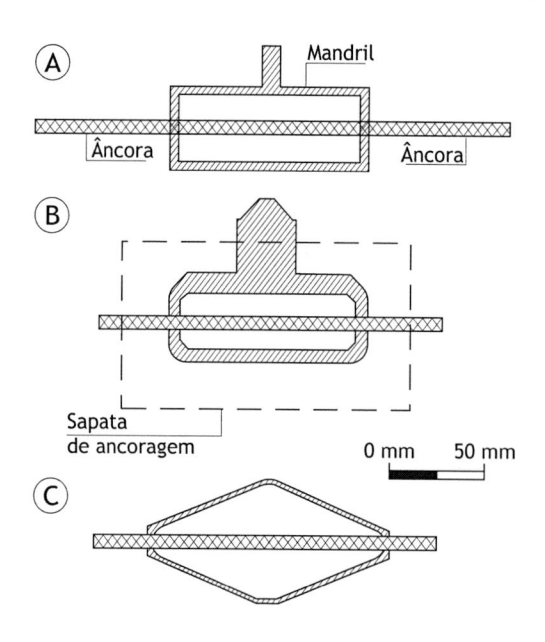

Fig. 4.5 *Vista superior de exemplos de instalação de mandril e âncora (Saye, 2001)*

tajosa. Essa distância mínima é função da sensibilidade do solo e da geometria do conjunto sapata de ancoragem e mandril. Saye (2001) analisou casos de obras com diferentes espaçamentos e recomendou uma distância mínima ℓ entre drenos igual a 1,75 m, para um caso em que se adotou área de sapatas de cravação de 181 cm².

Estudos mais recentes de Smith e Rollins (2009), para uma área de sapata de cravação igual a 116 cm², indicaram um valor mínimo de d_e entre 0,9 m e 1,22 m. Em termos mais gerais, Saye (2001) definiu a razão de espaçamento modificada n' = d_e/d_m^*, onde d_m^* é o diâmetro equivalente do conjunto sapata-mandril, definido pelo perímetro destes dividido por π. O autor sugeriu que a distância mínima entre geodrenos está associada ao valor de n' = 7, para uma razão de coeficiente de adensamento c_h/c_v = 1,0, válido para argilas moles isotrópicas, e a n' = 10 para argilas com razão de coeficiente de adensamento c_h/c_v da ordem de 4,0. Smith e Rollins (2009) recomendaram uma distância mínima entre geodrenos associada ao valor de n' = 8, para c_h/c_v da ordem de 4,0.

4.2.7 Parâmetros para consideração do amolgamento (*smear*)

A Fig. 4.6 apresenta esquematicamente a área amolgada ao redor de um geodreno. Quando se considera o amolgamento, deve-se somar ao valor de F(n), na Eq. (4.8), o valor F_s (Hansbo, 1981):

$$F_s = \left(\frac{k_h}{k'_h} - 1\right) ln\left(\frac{d_s}{d_w}\right) \qquad (4.17)$$

onde d_s é o diâmetro da área afetada pelo amolgamento = $2d_m$ e d_m é o diâmetro equivalente do mandril de cravação (Hansbo, 1987), dado por:

$$d_m = \sqrt{\frac{4}{\pi} w \cdot l} \qquad (4.18)$$

onde w e *l* são as dimensões de um mandril retangular (Bergado et al., 1994) e k'_h é a permeabilidade horizontal da área afetada pelo amolgamento.

No cálculo da área afetada pelo amolgamento, é mais correto calcular a área como a soma da área da âncora com a do mandril. Os parâmetros relativos ao efeito do amolgamento resultante da cravação (k'_h e d_s) podem influenciar muito a dissipação de poropressões, caso

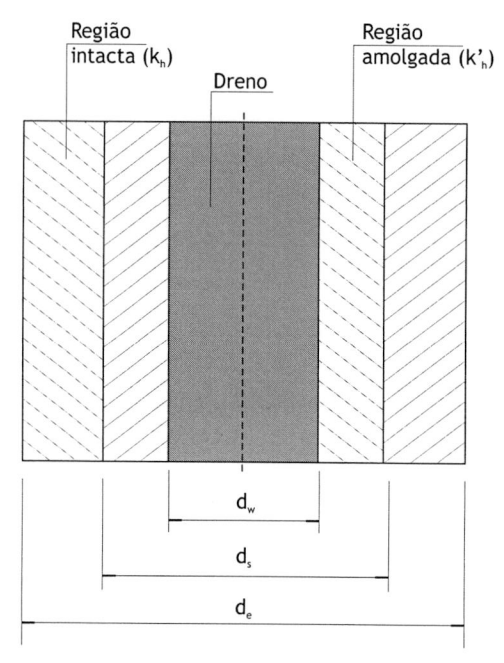

Fig. 4.6 Detalhe da região amolgada no entorno de um geodreno

O processo executivo provoque perturbação excessiva, o que pode ser minorado com a especificação adequada do mandril.

O valor de k'$_h$ depende da realização de ensaios especiais, raramente conduzidos. Na falta de dados, Hansbo (1981) recomenda adotar:

$$\frac{k_h}{k'_h} = \frac{k_h}{k_v} \qquad (4.19)$$

A razão de permeabilidade k_h/k_v varia, em geral, entre 1,5 a 2 para argilas moles brasileiras (Coutinho, 1976), podendo atingir valores ao redor de 15 para outras argilas fortemente estratificadas (Rixner; Kreaemer; Smith, 1986).

Indraratna et al. (2005) apresentaram um resumo de recomendações de dez estudos da literatura sobre o efeito do amolgamento (Tab. 4.1). Com relação à geometria da zona amolgada, a faixa de valores da literatura indica relações de d_s/d_m entre 1,5 e 5, com valor médio d_s/d_m = 2,3. A zona amolgada geralmente apresenta uma permeabilidade menor do que a região intacta. Os estudos indicam faixas de valores de k_h/k'_h entre 1 e 6, com valor médio k_h/k'_h = 2,5, onde k_h é a permeabilidade da zona intacta e k'_h é a permeabilidade da zona amolgada.

4.2.8 Resistência hidráulica dos geodrenos

A capacidade de descarga dos drenos – que, em geral, é verificada para os drenos longos – é função da área do dreno que é disponível para o fluxo. Essa área diminui com o aumento das tensões horizontais atuantes, originadas pelo dobramento dos drenos causado por recalques da camada de argila mole, e com a colmatação dos drenos. Ou seja, os geodrenos podem não apresentar permeabilidade infinita, conforme admitido por Barron (1948) na dedução da Eq. (4.6). Orleach (1983), a

TAB. 4.1 DIMENSÕES E PERMEABILIDADES PARA A ZONA AMOLGADA (ADAPTADO DE INDRARATNA ET AL., 2005)

Fonte	d_s/d_m	k_h/k'_h	Observações
Barron (1948)	1,6	3	Assumido
Hansbo (1979)	1,5~3	–	Baseado na literatura disponível na época
Hansbo (1981)	1,5	3	Assumido no caso estudado
Bergado et al. (1991)	2	1*	Ensaios de laboratório e retroanálises de aterros na argila mole de Bangcoc
Onoue et al. (1991)	1,6	3	Interpretações de ensaios
Almeida et al. (1993)	1,5~2	3~6	Baseado na experiência dos autores
Indraratna e Redana (1998)	4~5	1,15*	Ensaios de laboratório para a argila de Sydney
Hird et al. (2000)	1,6	3	Recomendações para projeto
Xiao (2000)	4	1,3	Ensaios de laboratório para argilas de caulim

* k_h/k_v

partir das equações de Hansbo (1981), propôs que a resistência hidráulica dos geodrenos seja:

$$W_q = 2\pi \frac{k_h}{q_w} L^2 \qquad (4.20)$$

onde q_w é a capacidade de descarga ou de vazão do geodreno medida em ensaio, para um gradiente unitário i = 1,0; e L é o comprimento característico do geodreno, definido como o comprimento do geodreno quando a drenagem ocorre apenas por uma das extremidades (Fig. 4.7A,C), e como a metade deste quando a drenagem se dá pelas duas extremidades (Fig. 4.7B).

Se $W_q < 0,1$, a resistência hidráulica do geodreno pode ser desprezada; caso contrário, Hansbo (1981) recomenda acrescer ao valor de F(n), Eq. (4.8), o valor F_q, definido por:

$$F_q = \pi z (L-z) \frac{k_h}{q_w} \qquad (4.21)$$

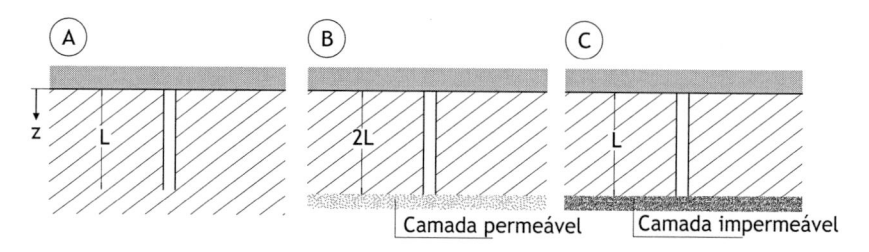

Fig. 4.7 *Comprimento característico de geodrenos em função da estratigrafia*

Como F_q é função de z, tem-se $U_h = f(z)$. Portanto, adota-se um valor médio de U_h (Almeida, 1992).

O comprimento dos geodrenos pode influenciar a resistência hidráulica, caso eles sejam longos (acima de 20 m) e sua capacidade de descarga seja relativamente pequena.

A maioria dos geodrenos disponíveis no mercado tem capacidade de descarga suficiente ($q_w > 150$ m³/ano), de forma a tornar essa questão desprezível em projeto (Hansbo, 2004). Os geodrenos recentemente lançados, com filtro e núcleo integrados, também denominados geodrenos integrados (Liu; Chu, 2009), oferecem maior capacidade de descarga do que os drenos convencionais.

4.2.9 Especificação de geodrenos

A principal característica que o geodreno deve apresentar é ser mais permeável que o solo e manter-se assim durante a sua vida útil. Para tanto, especifica-se o geodreno basicamente por q_w e pela permeabilidade do filtro. As características de resistência mecânica e flexibilidade são também importantes, pois o geodreno deve resistir às operações de cravação e às deformações impostas pelo solo durante o adensamento.

Bergado et al. (1994) e Holtz, Shang e Bergado (2001) propõem que q_w não seja inferior a um valor entre (~100 e 150 m³/ano), quando medido sob um gradiente hidráulico unitário e sob tensão lateral efetiva confinante máxima atuante no campo. A permeabilidade do filtro deve ser, em geral, maior que dez vezes a do solo, adotando-se a maior abertura de filtração do geotêxtil possível, baseada nos critérios de retenção de solo, descritos por:

$$\frac{O_{90}}{D_{50}} < 1{,}7 \text{ a } 3 \text{ (Schober e Teindel, 1979)} \qquad (4.22)$$

$$\frac{O_{90}}{D_{85}} < 1{,}3 \text{ a } 1{,}8 \text{ (Chen; Chen, 1986)} \qquad (4.23)$$

$$\frac{O_{50}}{D_{50}} < 10 \text{ a } 20 \text{ (Chen; Chen, 1986)} \qquad (4.24)$$

onde:

O_{90} – abertura de filtração do geotêxtil, definida como o diâmetro do maior grão de solo capaz de atravessá-lo;

D_{50} e D_{85} – diâmetros das partículas para os quais 50% e 85% da massa do solo, respectivamente, são mais finos;

O_{50} – diâmetro da partícula para o qual 50% da massa de solo passa através do geotêxtil.

Os geodrenos comerciais disponíveis apresentam vários valores de q_w e O_{90}, que deverão ser avaliados para cada caso em particular, quanto à permeabilidade e granulometria do solo. A resistência e a flexibilidade mecânicas do filtro e do núcleo normalmente são atendidas.

Se forem previstos recalques ou deformações horizontais muito significativas, deve-se especificar geodrenos que apresentem pequena redução de q_w quando submetidos a dobramento.

4.2.10 Sequência para dimensionamento de drenos verticais

O dimensionamento de um sistema de drenos verticais tem como objetivo definir o padrão da malha de cravação e determinar o espaçamento entre os drenos, a fim de se obter o grau de adensamento médio na camada desejada em um tempo aceitável. A sequência de trabalho a ser adotada é:

1. definir os parâmetros geotécnicos necessários: c_v, c_h, k_v, k_h/k'_h;
2. definir o padrão de cravação, em malha quadrada ou triangular, e as grandezas geométricas pertinentes: d_w, d_m, d_s, e h_{arg}. O padrão triangular é mais eficiente e o quadrado, ligeiramente mais fácil de executar;
3. estimar a capacidade de descarga do geodreno (q_w) para o estado de tensões representativo do caso;
4. definir o grau de adensamento global médio desejado U para a camada e definir o tempo aceitável (t_{ac}) para obter U;

5. definir se será considerada drenagem combinada ou somente radial, que é mais conservativa;
6. definir espaçamento l (tentativa inicial) e calcular d_e;
7. calcular T_v pela Eq. (3.8) e, pela Teoria de Terzaghi, o correspondente U_v (Fig. 3.8), para o tempo t_{ac} definido no passo 4, caso se adote drenagem combinada;
8. calcular F(n) pela Eq. (4.8), considerando a Eq. (4.17), para incluir o efeito do amolgamento, e a Eq. (4.21), no caso de a resistência hidráulica do geodreno ser relevante;
9. calcular U_h pela Eq. (4.16) em função do U_v, calculado no passo 7. Caso se adote drenagem radial somente, $U_h = U$;
10. com o valor U_h obtido no passo 9 e de F(n), no passo 8, calcula-se T_h e, pela Eq. (4.7), o tempo t_{calc} necessário para se obter o adensamento desejado;
11. se $t_{calc} > t_{ac}$, reduzir tentativamente l; usar um padrão triangular, se ainda não utilizado, ou empregar o geodreno com q_w maior e repetir os passos de 8 a 13, até obter $t_{calc} \leq t_{ac}$.

Os espaçamentos típicos de geodrenos variam, em geral, entre 2,5 e 1,5 m, dependendo do cronograma da obra e dos parâmetros do solo compressível. Entretanto, como os prazos costumam ser curtos, as análises são, em geral, realizadas para espaçamentos na faixa inferior a esse limite.

4.3 Dimensionamento de colchões drenantes horizontais

Quando se usam geodrenos para a aceleração de recalques, a vazão q_d por dreno que chega à base do aterro é de tal magnitude que deve ser usado um colchão drenante, adequadamente dimensionado, de forma a não retardar o processo de adensamento. Nesse caso, deve-se utilizar, no interior da camada de areia, drenos horizontais de brita envolta em geotêxtil não tecido, denominados "drenos franceses" (Fig. 4.8A) e também o bombeamento da água de poços de drenagem (Fig. 4.8B) instalados no cruzamento dos drenos franceses (Sandroni; Bedeschi, 2008).

Cedergren (1967) desenvolveu um método de cálculo de perda de carga h_{cd} em um colchão drenante que faz referência à Fig. 4.9, para uma malha quadrada de geodrenos espaçados de l, sendo y indicado na figura a

Fig. 4.8 *(A) drenos horizontais; (B) detalhe de poço de drenagem em aterro reforçado*

distância da linha de centro do aterro até o ponto de interesse. Para o caso mais conservativo, de camada inferior impermeável, a descarga q_d por geodreno é igual à velocidade de recalque r (igual $\Delta h/t$) vezes l^2, ou seja:

$$q_d = r \cdot l^2 \qquad (4.25)$$

O valor de r deverá ser estimado a partir da curva recalque · tempo para as primeiras semanas de adensamento. A altura de perda de carga no colchão drenante foi definida pela equação:

$$h_{cd} = q_d \cdot y^2 / (2 \cdot k_{colchão} \cdot A \cdot l) \qquad (4.26)$$

onde $k_{colchão}$ é a permeabilidade do material do colchão e A, a área do colchão referente a uma linha de drenos. Para drenos espaçados de l e colchão com espessura $h_{colchão}$, tem-se:

$$A = l \cdot h_{colchão} \qquad (4.27)$$

Substituindo-se (4.25) e (4.26) em (4.27), obtém-se:

$$h_{cd} = r \cdot y^2 / (2 \cdot k_{colchão} \cdot h_{colchão}) \qquad (4.28)$$

Admitindo-se que a altura de perda de carga no colchão drenante deve ser, no máximo, igual à espessura do colchão $h_{colchão}$, tem-se então:

$$y^2 = 2 \cdot k_{colchão} \cdot h_{colchão}^2 / r \qquad (4.29)$$

Admitindo-se que y é a máxima distância a que se deve colocar um dreno francês dentro do colchão drenante, e que:

- $r = 1,5 \times 10^{-7}$ m/s, referente a um recalque de 80 cm em dois meses, conforme observado na Fig. 4.9;
- $k_{colchão} = 10^{-4}$ m/s (limite inferior de uma areia grossa);
- $h_{colchão} = 0,50$ m como a espessura do colchão drenante;

obtém-se y = 18 m, ou seja, para os dados apresentados, seria necessário instalar drenos franceses a uma distância de 2y = 36 m entre si.

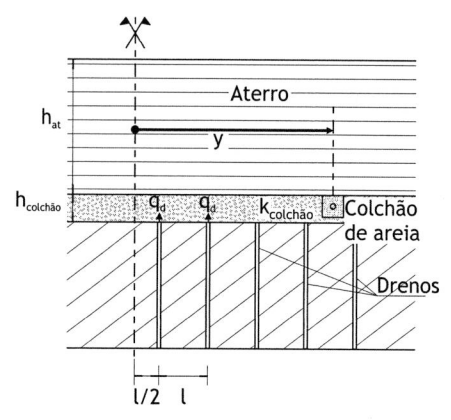

Fig. 4.9 *Detalhe do colchão drenante*

4.4 Uso de sobrecarga temporária

A sobrecarga tem dois objetivos fundamentais: a aceleração de recalques por adensamento primário e a compensação dos recalques por compressão secundária, de forma a minimizar os recalques pós-construtivos. A parcela da sobrecarga utilizada para compensação de recalques pode ser considerada permanente, pois vai ser incorporada ao corpo do aterro na sua configuração final, e a sobrecarga temporária é aquela removida após o tempo previsto em projeto.

O uso de sobrecarga temporária para a aceleração de recalques é exemplificado na Fig. 4.10, que indica um recalque primário a tempo infinito Δh_f para a tensão vertical aplicada de $\Delta\sigma_{vf}$ (referente à espessura de aterro h_f). Uma sobrecarga de espessura de aterro h_s (para espessura total de aterro h_{fs}) total causaria um recalque primário acumulado a tempo infinito igual a Δh_{fs}. Ao se remover a sobrecarga (espessura h_s) no tempo t_1, promove-se uma aceleração no tempo de estabilização de recalques. A remoção da sobrecarga pode eventualmente ser acompa-

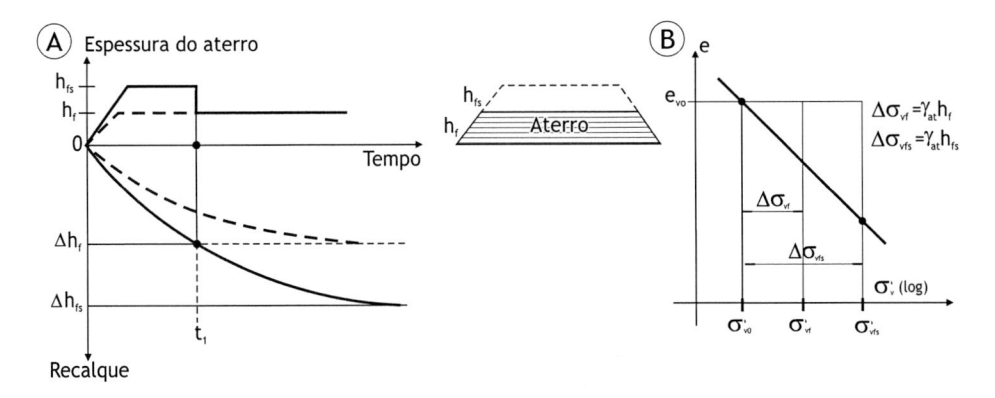

Fig. 4.10 *Aceleração de recalques com sobrecarga temporária*

nhada de uma leve expansão, que nem sempre é percebida nas medidas em campo.

Para o caso simplificado (sem considerar submersão) de uma camada de argila normalmente adensada, os recalques Δh_f e Δh_{fs} podem ser definidos, respectivamente, por:

$$\Delta h_f = \frac{h_{arg}}{1+e_{vo}} C_c \log\left(\frac{\sigma'_{vo}+\Delta\sigma_{vf}}{\sigma'_{vo}}\right) = \frac{h_{arg}}{1+e_{vo}} C_c \log\left(1+\frac{\Delta\sigma_{vf}}{\sigma'_{vo}}\right) \quad (4.30)$$

$$\Delta h_{fs} = \frac{h_{arg}}{1+e_{vo}} C_c \log\left(\frac{\sigma'_{vo}+\Delta\sigma_{vfs}}{\sigma'_{vo}}\right) = \frac{h_{arg}}{1+e_{vo}} C_c \log\left(1+\frac{\Delta\sigma_{vfs}}{\sigma'_{vo}}\right) \quad (4.31)$$

Para fins de cálculo do tempo t_1 de remoção da sobrecarga, pode-se definir, para uma tensão total aplicada igual a $\Delta\sigma_{vfs}$, um grau de adensamento de U_s igual a:

$$U_s = \frac{\Delta h_f}{\Delta h_{fs}} \quad (4.32)$$

Substituindo-se as Eqs. (4.30) e (4.31) em (4.32), tem-se:

$$U_s = \frac{\log\left(1+\dfrac{\Delta\sigma_{vf}}{\sigma'_{vo}}\right)}{\log\left(1+\dfrac{\Delta\sigma_{vfs}}{\sigma'_{vo}}\right)} \quad (4.33)$$

4.4.1 Uso combinado de sobrecarga e drenos verticais

A sobrecarga temporária pode estar associada aos casos de drenagem vertical, de drenagem radial ou drenagem combinada, e as curvas indicadas na Fig. 4.10 podem representar um ou outro caso. Caso haja drenos, utiliza-se o procedimento de cálculo de drenos descrito na seção 4.2, devendo-se então comparar as curvas recalque × tempo para diferentes espaçamentos de drenos, associados a diferentes sobrecargas.

Analisaremos aqui o caso de uma camada de argila de 5,0 m de espessura, cujo topo está na cota +0,5 m, para a qual é necessária a estabilização de recalques primários de um aterro na cota +3,0 m. Cálculos preliminares indicaram que o recalque primário final para esse caso é Δh_f = 1,3 m, conforme indicado na Fig. 4.11.

Assim, para atingir a cota desejada, deve-se aplicar uma altura de aterro h_{at}, com sobrecarga permanente, igual à diferença entre as cotas original e final, adicionado do valor do recalque a ser compensado, ou seja, h_{at} = 3,0 – 0,5 + 1,3 = 3,8 m.

Para uma espessura de aterro com sobrecarga igual a 5,0 m, será removida uma espessura de sobrecarga h_s igual à diferença entre as duas espessuras de aterro, ou seja, 1,2 m (= 5,0 – 3,8 m).

Para esse caso, serão avaliadas as hipóteses de uso ou não de drenos verticais (no caso, drenos espaçados de 1,5 m) com a sobrecarga. A Fig. 4.11 apresenta curvas recalque × tempo para esse caso, nas situações de drenagem vertical pura e drenagem combinada (radial e vertical). Observa-se nessa figura que o tempo para se atingir 1,3 m sem drenos é de 60 meses, mas o tempo para se atingir o mesmo recalque é de 15 meses com drenos espaçados de 1,5 m. Nessa análise foi considerada a submersão do aterro.

4.4.2 Pré-carregamento por vácuo

O pré-carregamento por vácuo (Kjellman, 1952; Chai; Bergado; Hino, 2010) é um caso particular de sobrecarga temporária, associado a drenos verticais e horizontais. O vácuo é aplicado por meio de um sistema de bombeamento associado aos drenos horizontais instalados na camada de areia. Para impedir a entrada de ar no sistema e manter o vácuo, utiliza-se uma membrana impermeável de PVC, que cobre toda a área e desce até trincheiras periféricas, garantindo a estanqueidade do sistema (Fig. 4.12).

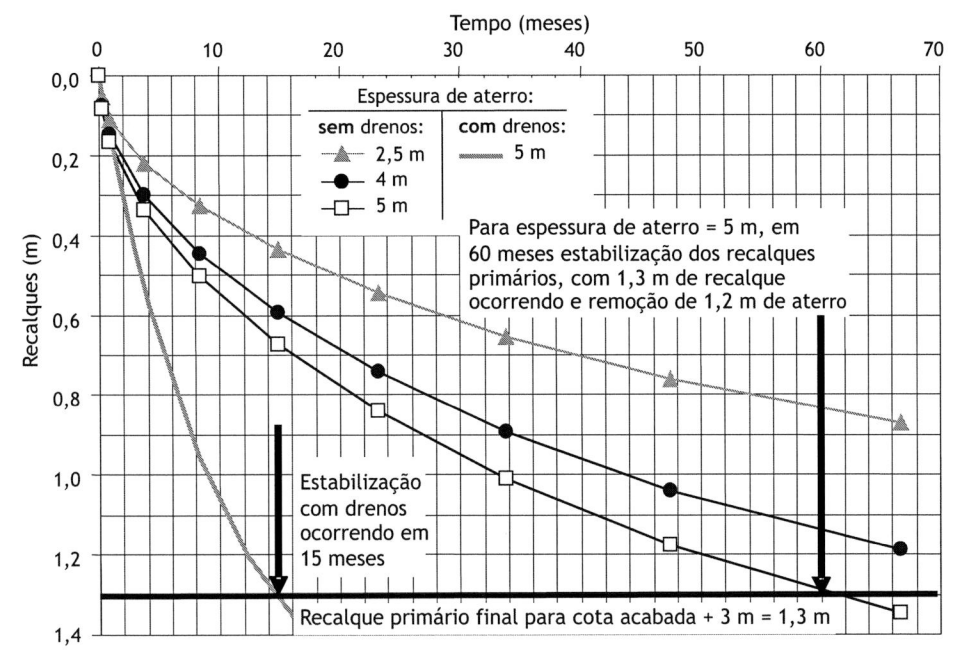

4 # Aceleração dos recalques: uso de drenos verticais e sobrecarga

Estabilização de aterro na cota +3 m, cota do terreno natural = +0,5 m e para espessura de argila = 5 m

Fig. 4.11 *Uso de sobrecarga com e sem drenos verticais*

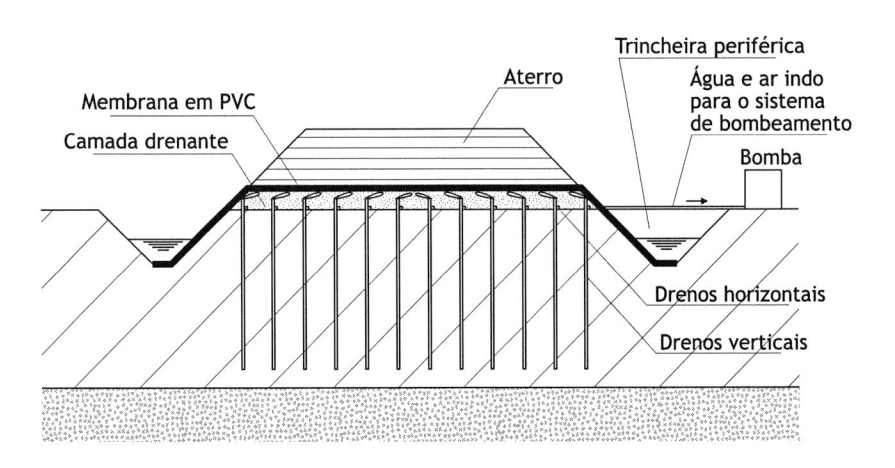

Fig. 4.12 *Seção transversal esquemática do pré-carregamento por vácuo*

O sistema de bombeamento, capaz de bombear água e ar simultaneamente, é acoplado a um reservatório dentro do qual o vácuo é quase perfeito, da ordem de 100 kPa, mas o valor da sucção medido sob a membrana é da ordem de 70 a 75 kPa, equivalente a uma eficiência do sistema da ordem de 70%-75%. Quando o vácuo é aplicado, a poropressão do solo pode ser reduzida (Fig. 4.13) até o perfil final de sucção, ao final do processo de adensamento. A poropressão varia em função da posição do ponto com relação ao dreno e em função do tempo (u (raio,tempo)). Quanto mais tempo o bombeamento ficar ligado, maior será o valor de sucção dentro da camada de solo, podendo atingir, no máximo, de 70 a 75 kPa, ou seja, o aumento na tensão efetiva do solo corresponde a uma sobrecarga equivalente a 4,5 m de aterro, desconsiderando a submersão.

Na Fig. 4.13 apresenta-se um caso particular, em que o nível d'água (NA) estava a 1,5 m de profundidade, representado pelo perfil hidrostático inicial. Ao se ligar o sistema de bombas, o NA sobe até a camada drenante e o perfil hidrostático passa a ser o de referência. No caso de ocorrência de NA profundo, o sistema de vácuo perde sua eficiência, pois, em vez de um aumento da tensão efetiva da ordem de -75 kPa ao final do adensamento, a variação da tensão efetiva será a diferença entre os perfis, ou seja, apenas 60 kPa. Em função disso, recomenda-se que os drenos horizontais sejam instalados o mais próximo possível do NA.

Uma vantagem da técnica em relação ao aterro convencional é a impossibilidade de ruptura por instabilidade, por causa da aplicação do vácuo, já que o caminho de tensões, devido à diminuição da poropressão, fica sempre abaixo da linha de ruptura. Assim, essa metodologia construtiva não requer bermas de equilíbrio, já que não há solicitações de cisalhamento nas bordas do aterro, e o pré-carregamento por vácuo pode ser executado em uma só etapa, acelerando o processo.

Quando se alcançam os recalques previstos, as bombas de vácuo são desligadas e não há necessidade de bota-fora, minimizando os volumes de terraplenagem. Se for necessário um carregamento adicional, pode-se utilizar uma sobrecarga de aterro acima da membrana, mesmo durante o período de aplicação de vácuo, e esse aterro também pode ser alteado à medida que a argila ganhar resistência.

As dificuldades executivas ocorrem quando há lentes de areia atravessando a massa de solo a ser tratada, o que pode inviabilizar economicamente a aplicação do vácuo. No caso de uma estratigrafia com ocorrência de lentes de areia, a execução de paredes estanques até a base da camada de areia pode ser uma solução para a melhoria da eficiência do sistema (Varaksin, 2010). Além disso, as bombas de aplicação do vácuo necessitam de instalação elétrica, manutenção periódica e segurança contra vandalismo, o que aumenta o custo da técnica. A aplicação do pré-carregamento por vácuo dura, em média, cerca de seis a oito meses, e para aterros em pequenas áreas, a técnica pode ser menos competitiva, em razão dos elevados custos fixos.

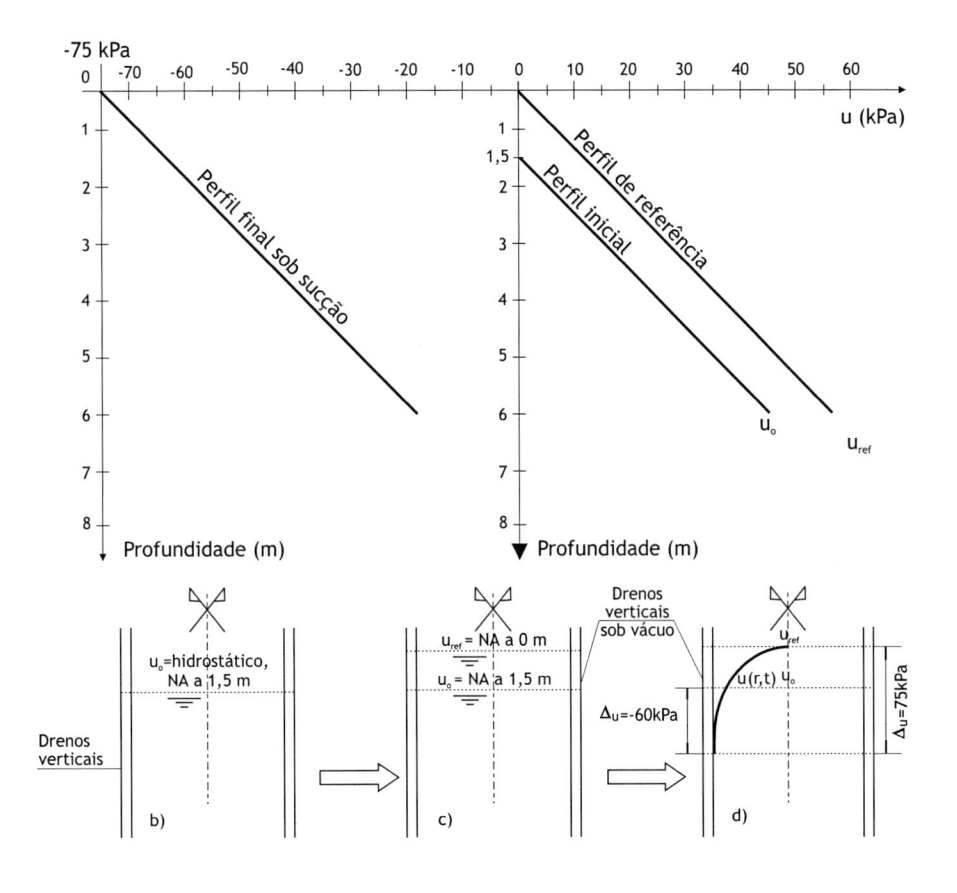

Fig. 4.13 *Perfil esquemático de poropressões (adaptado de Marques, 2001)*

4.4.3 Uso de sobrecarga para minimizar recalques por compressão secundária

Como mostrado no Cap. 3, Eq. (3.17), podem-se estimar valores de $\Delta h_{sec}/h_{arg}$ em função do coeficiente de compressão CR. Assim, para uma argila altamente compressível, com CR = 0,50, tem-se $\Delta h_{sec} \approx 7,5\% \cdot h_{arg}$, e para uma argila medianamente compressível, com CR = 0,25, tem-se $\Delta h_{sec} \approx 3,8\% \cdot h_{arg}$. Para esses valores e uma camada de 10 m de argila, por exemplo, o recalque por adensamento secundário variaria entre 75 cm e 38 cm.

Esse comportamento foi observado experimentalmente por Garcia (1996), em amostras coletadas na Barra da Tijuca (RJ), que apresentam valores de CR da ordem de 0,5 (Almeida et al., 2008c). A Fig. 4.14A apresenta curvas de compressão de ensaios de adensamento, em que foram realizados estágios de carregamento e descarregamento para obtenção da linha de OCR da ordem de 2. Observa-se, no ensaio da Fig. 4.14B, que para tensões verticais efetivas da ordem de 50 kPa, a deformação vertical é da ordem de 7%.

Para uma camada de argila de 10 m de espessura, com NA na superfície do depósito e peso específico da ordem de 12,5 kN/m³, com a construção de um aterro de 2 m de altura ($\Delta\sigma_v$ = 36kN/m²), as deformações verticais secundárias obtidas na curva da Fig. 4.14B seriam da ordem de 7%. Conclui-se, então, que o recalque total por adensamento secundário (prazo muito longo) pode ser uma parcela importante do recalque total do empreendimento, sendo tão mais importante quanto menor o recalque por adensamento primário (Martins; Santa Maria; Lacerda, 1997).

É necessário, então, compensar esses recalques, para que eles não ocorram durante a vida útil da obra, o que pode ser feito com sobrecarga temporária. Usualmente, os recalques por adensamento secundário são compensados durante o período construtivo, ou seja, até antes da pavimentação final da obra. Aplica-se a sobrecarga temporária, seguida de sua remoção parcial, de forma que os recalques por compressão secundária, calculados conforme proposto por Martins (2005), ocorram sob a forma de adensamento primário. Para camadas mais espessas, em geral usam-se drenos verticais para acelerar os recalques. Em muitos casos, essas sobrecargas têm de ser executadas em etapas.

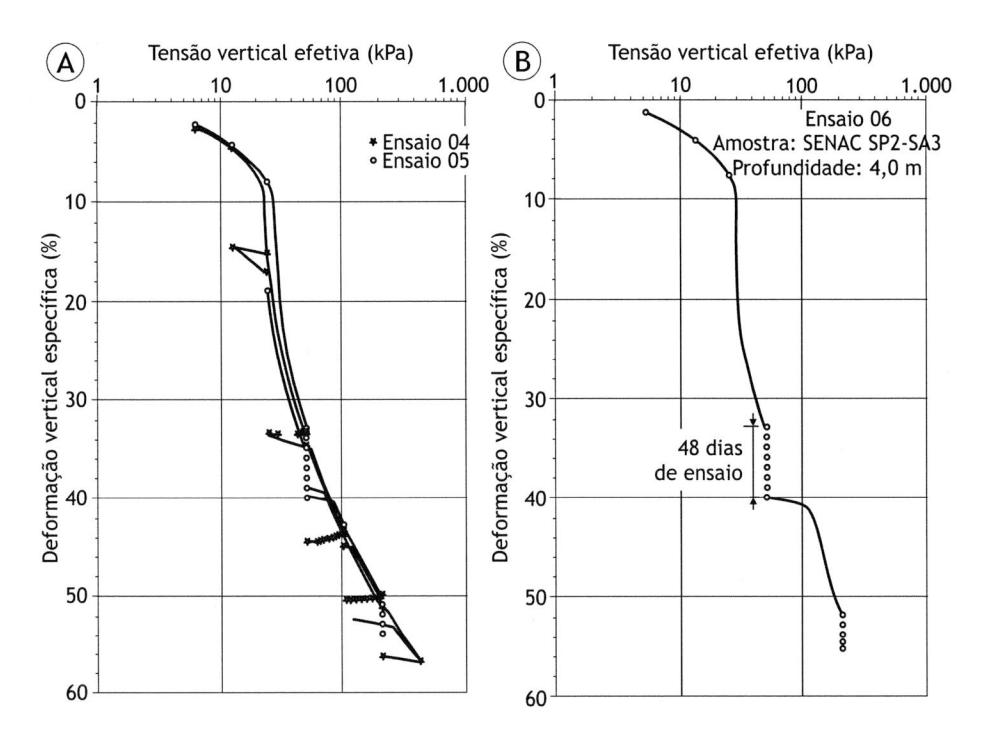

Fig. 4.14 *Curva de compressão da argila do SENAC (adaptado de Garcia, 1996)*

4.5 COMENTÁRIOS FINAIS

A utilização de geodrenos como elementos verticais drenantes, em substituição aos drenos verticais de areia, contribuiu para a melhoria da técnica de estabilização de recalques de aterros sobre solos moles, principalmente no que diz respeito à rapidez na execução e à minimização do amolgamento.

Um aspecto prático que precisa ser levado em consideração quando se usa sobrecarga para a compensação total do recalque secundário é o elevado volume de terraplenagem necessário para o caso de depósitos argilosos com CR elevado, baixo valor de peso específico e elevada espessura. Por exemplo, para uma argila com peso específico submerso de 2 kNm^3 (argilas da Barra da Tijuca), para gerar um OCR de 1,5 e compensar totalmente a compressão secundária de um depósito argiloso de 10 m, é necessária uma espessura de aterro de cerca de 3 m.

Entretanto, em função da elevada compressibilidade e baixa resistência das argilas brasileiras, e também dos elevados valores dos recalques secundários, a utilização de geodrenos com sobrecarga pode tornar-se onerosa, em razão dos elevados volumes de terraplenagem, da necessidade de reforço e/ou construção em etapas e dos elevados prazos construtivos. Em tais casos, a solução estruturada pode ser mais viável economicamente e também em termos de prazos construtivos (ver Fig. 1.9).

Estabilidade de aterros não reforçados e reforçados 5

Este capítulo trata da análise de estabilidade de aterros não reforçados e reforçados, construídos sobre depósitos de argila mole. Analisam-se preliminarmente os parâmetros de projeto dos materiais envolvidos: argila de fundação, aterro e reforço de geossintético.

5.1 Parâmetros de projeto
5.1.1 Resistência não drenada da argila

As análises de estabilidade correntes admitem o comportamento não drenado da argila e são realizadas com base em tensões totais, pela sua simplicidade. As análises em tensões efetivas são mais complexas (Bjerrum, 1972; Parry, 1972), pois requerem a estimativa das poropressões geradas na camada de argila mole.

Na análise em termos de tensões totais, também denominada análise $\phi = 0$, o perfil de resistência não drenada S_u de projeto adotado para a camada de argila é um dado fundamental. Os ensaios utilizados para determiná-lo foram abordados no Cap. 2. O Quadro 5.1 resume os ensaios e procedimentos para a definição da resistência S_u de projeto a ser usada nos cálculos de estabilidade.

Em geral, o ensaio mais utilizado para a determinação de S_u é o ensaio de palheta de campo, ao qual deve ser aplicada uma correção para a obtenção da resistência a ser usada em projeto, a saber:

$$S_u\ (projeto) = \mu \cdot S_u\ (palheta) \qquad (5.1)$$

A correção μ de Bjerrum (1969, 1973) é a mais usada e decorre da diferença de velocidade de deformação cisalhante do ensaio de palheta em comparação com a velocidade de deformação cisalhante da construção do aterro, além de efeitos de anisotropia da argila. Os valores de μ de Bjerrum foram obtidos da retroanálise de aterros rompidos e são correlacionados

Quadro 5.1 Procedimentos para medida e estimativa da resistência não drenada S_u de projeto (adaptado de Leroueil e Rowe (2001), Duncan e Wright (2005) e experiência dos autores)

Ensaios / Procedimentos	Comentários
Ensaio de palheta	A correção de S_u leva em conta efeitos de anisotropia e de velocidade de deformação. O banco de dados utilizado para correção tem razoável dispersão. É o procedimento mais usado, por sua rapidez e simplicidade. O fator de correção mais aplicado é o de Bjerrum (1972) (Fig. 5.1), baseado no índice de plasticidade, mas vários outros têm sido propostos (Leroueil; Magnan; Tavenas, 1985).
Ensaio de piezocone	O fator empírico de cone deve ser determinado para a área em estudo, correlacionando-se ensaios de piezocone e de palheta. Nesse caso, a correção de Bjerrum deve ser aplicada no valor de S_u. Esse procedimento permite a obtenção de um perfil contínuo de S_u e de posição de camadas mais e menos resistentes.
Ensaio triaxial UU	Os resultados tendem a ser mais dispersos e a subestimar a resistência, razão pela qual não deve ser o único procedimento adotado.
Ensaios triaxiais e de cisalhamento simples	Os ensaios triaxiais de compressão e extensão anisotrópicos CAU e ensaios de cisalhamento simples (DSS) são executados utilizando-se as técnicas de recompressão (NGI) ou SHANSEP. As desvantagens dessas técnicas são os prazos e os custos. O método SHANSEP é estritamente aplicado em argilas mecanicamente sobreadensadas (Ladd, 1991) e tende a ser conservativo.
$S_u = [K \cdot (OCR)^m] \cdot \sigma'_{vo}$	Equação com base experimental, cujos parâmetros K e m podem ser obtidos em programa de ensaios. Para cálculos preliminares, adotar K = 0,23 e m = 0,8 (Jamiolkowski et al., 1985)
$\dfrac{S_u}{\sigma'_v} \cong \left(\dfrac{S_u}{\sigma'_v}\right)_{n.a.} \cdot OCR^\Lambda$	Equação da Teoria dos Estados críticos (Wood, 1990), onde $\Lambda = 1 - C_s/C_c$ e $(S_u/\sigma'_v)_{n.a.}$ é a resistência normalizada na condição normalmente adensada (ver também Almeida, 1982)
$S_u = 0,22 \cdot \sigma'_{vm}$	A equação proposta por Mesri (1975) combina a influência de OCR e σ'_{vo} em σ'_{vm}. Estudos recentes (e.g. Leroueil e Hight, 2003) indicam que a razão S_u/σ'_{vm} aumenta com o índice de plasticidade, atingindo valores bem superiores a 0,22, particularmente para argilas orgânicas

OCR – razão de sobreadensamento ($\sigma'_{vm}/\sigma'_{vo}$); σ'_{vm} – tensão de sobreadensamento; σ'_{vo} – tensão vertical efetiva *in situ*.

com o índice de plasticidade da argila, conforme mostrado na Fig. 5.1. Essa figura indica dados de análises de rupturas de alguns casos brasileiros, mostrando também a curva tracejada proposta por Azzouz, Baligh e Ladd (1983), referente à correção a ser usada no caso de rupturas tridimensionais.

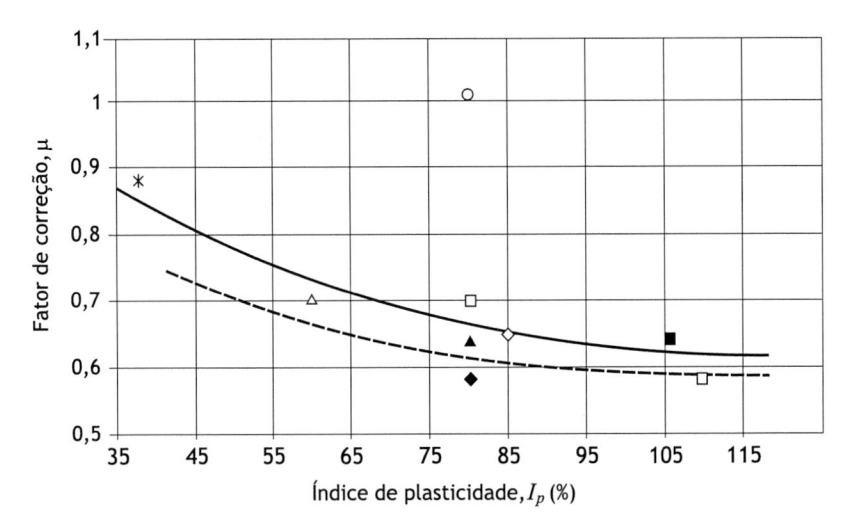

Fig. 5.1 *Fator de correção Bjerrum (bidimensional) e Azzouz (tridimensional) aplicado ao ensaio de palheta e resultados de retroanálises em depósitos brasileiros (Almeida; Marques; Lima, 2010)*

O ensaio de piezocone é também utilizado para a obtenção do perfil de resistência não drenada da argila, com a vantagem de permitir a definição de um perfil de S_u contínuo, obtido pela equação:

$$S_u = \frac{q_t - \sigma_v}{N_{kt}} \quad (5.2)$$

onde o fator empírico de cone N_{kt} é obtido a partir de correlações de ensaios de piezocone e de palheta.

Atenção especial deve ser dada ao valor de N_{kt} usado na Eq. (5.2), pois alguns autores apresentam valores de N_{kt} para valores não corrigidos de S_u, e outros, para valores já corrigidos. O S_u de projeto, a ser utilizado no dimensionamento de aterros sobre solos moles, calculado com base no ensaio de piezocone, deve ser corrigido.

A Fig. 5.2 apresenta um exemplo de perfil de S_u de um depósito da cidade do Rio de Janeiro obtido a partir do ensaio de piezocone, o qual é comparado com dados de ensaios de palheta não corrigidos.

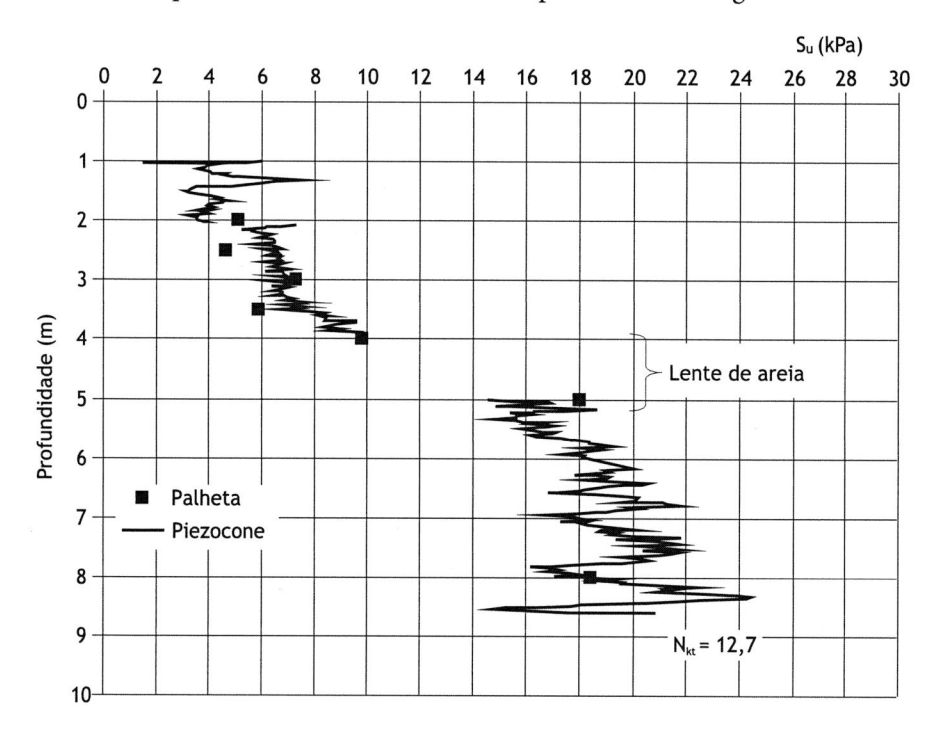

Fig. 5.2 *Perfis de S_u de ensaios de piezocone e palhetas (S_u não corrigido)*

5.1.2 Resistência do aterro

Os parâmetros de resistência do aterro devem ser determinados por meio de ensaios de laboratório. Em geral, o ensaio de cisalhamento direto é o mais utilizado. Ensaios em solos na umidade natural e em solo imerso em água (próximo da saturação) devem ser usados para avaliar a variação dos parâmetros de resistência nessas condições. No caso de solo de aterro com poucos finos, é usual a consideração de aterro saturado com comportamento drenado, com c = 0 e ϕ ≠ 0. Entretanto, no caso de coesão elevada e ângulo de atrito baixo, cria-se uma tração no solo que não é resistida pelo aterro. Nesse caso, deve-se considerar o aterro fissurado em seu trecho superior (Palmeira; Almeida, 1979), conforme indicado na Fig. 5.3.

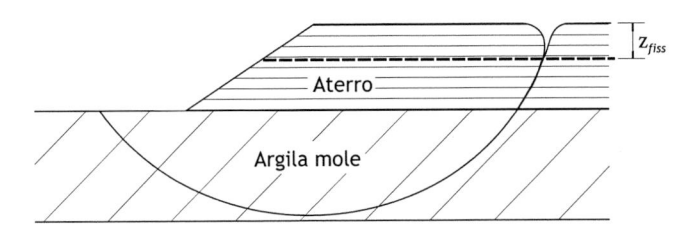

Fig. 5.3 *Profundidade de fissura de tração de um aterro coesivo*

A introdução da fissura de tração tem também o benefício de eliminar instabilidades numéricas em análises de estabilidade, decorrentes de tensões negativas de tração (Duncan; Wright, 2005). A profundidade até onde se desenvolve a fissura z_{fiss} é aquela na qual a tensão horizontal é nula, sendo calculada pela equação:

$$z_{fiss} = \frac{2 \cdot c_d}{\gamma_{at} \cdot K_{aat}t^{1/2}} \tag{5.3}$$

onde:
c_d – coesão mobilizada no aterro;
$K_{aat} = tg^2(45 - \phi_d/2)$ – coeficiente de empuxo ativo do aterro;
ϕ_d – ângulo de atrito mobilizado no aterro;
γ_{at} – peso específico do aterro.

O aterro acima da fissura de tração deve ser tratado como um solo em que c = 0 e ϕ = 0, ou seja, nesse caso o aterro pode ser considerado apenas como uma sobrecarga, conforme mostrado na Fig. 5.4A (ábacos de Pinto, 1974, 1994). Essa consideração não é equivalente à hipótese de valores baixos de c e ϕ, pois, nesse caso, estaria sendo considerado um empuxo no aterro, conforme ilustrado na Fig. 5.4B, resultando em fatores de segurança diferentes.

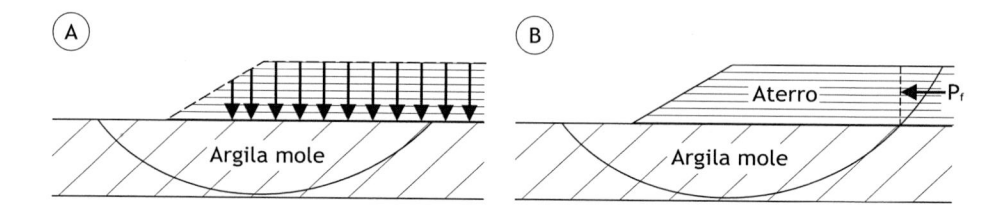

Fig. 5.4 *Análises de estabilidade de aterros coesivos: (A) aterro totalmente fissurado, considerado como sobrecarga; (B) empuxo lateral no caso de aterros de baixa resistência*

5.1.3 Parâmetros do reforço geossintético
Tipos de geossintéticos para reforço

Ehrlich e Becker (2009) apresentam, de forma sucinta, os diversos tipos de geossintéticos utilizados para reforço de solos, bem como algumas propriedades relevantes desses materiais. Em aterros sobre solos moles, os geossintéticos mais utilizados são:

- Geogrelhas: materiais sintéticos em forma de grelha, desenvolvidos especificamente para reforço de solos, que podem ser unidirecionais, quando apresentam elevada resistência e rigidez à tração em apenas uma direção; ou bidirecionais, quando apresentam elevada resistência e rigidez à tração nas duas direções ortogonais.
- Geotêxteis: materiais têxteis que, em função da distribuição das fibras ou filamentos, podem ser tecidos, com filamentos dispostos em duas direções ortogonais, ou não tecidos, com as fibras distribuídas aleatoriamente.

Os polímeros utilizados na fabricação dos geossintéticos também influenciam o seu desempenho como reforço. Os polímeros mais comuns são: o poliéster (PET), o polipropileno (PP), o polietileno (PE) e o álcool de polivinila (PVA).

Nos casos de reforços construtivos em aterros de conquista, permite-se trabalhar com materiais menos resistentes e rígidos, como é o caso de geotêxteis de PET ou PP, com resistência à tração última tipicamente entre 30 e 80 kN/m. Nos casos de reforços estruturais de aterros sobre solos moles, por sua vez, são indicados materiais que apresentem alto módulo de rigidez, elevada resistência à tração e baixa suscetibilidade à fluência, como é o caso de geogrelhas ou geotêxteis tecidos de PET ou PVA.

A resistência nominal típica desses materiais situa-se na faixa entre 200 e 1.000 kN/m, mas já existe no Brasil aplicação de geossintéticos com resistência nominal de até 1.600 kN/m (Alexiew; Moormann; Jud, 2010).

Resistência à tração e módulo de rigidez do geossintético
Por meio de ensaio de tração de faixa larga, realizado em corpos de prova com 20 cm de largura, pode-se obter a curva carga distribuída-deformação do geossintético, para uma condição de carregamento rápido. Em geral, essa curva não é linear e, assim, pode-se calcular diferentes tipos de módulos de rigidez. Costuma-se utilizar a rigidez tangente inicial, que é a inclinação da reta tangente ao trecho inicial da curva, bem como a rigidez secante, que é a inclinação da reta que liga a origem a um ponto da curva – por exemplo, a 2% de deformação específica. O ensaio fornece a resistência à tração nominal (T_r), a deformação específica nominal (ε_r) e o módulo de rigidez nominal (J_r), que é a relação entre esses dois parâmetros obtidos na ruptura. Esses valores são frequentemente apresentados nos catálogos dos fabricantes; entretanto, não podem ser utilizados diretamente nos cálculos de estabilidade, pois o material na obra sofre reduções de resistência devidas principalmente à fluência, além de danos de instalação e eventual degradação ambiental – química e biológica.

O comportamento em fluência dos geossintéticos é determinado por meio de ensaios normalizados, no qual corpos de prova são submetidos a carregamentos constantes, registrando-se as deformações em função do tempo, até a eventual ruptura. O ensaio é repetido para diferentes níveis de carregamento, a fim de se obter as cargas de ruptura por fluência e as curvas isócronas carga-deformação para determinados tempos de carregamento (um dia, um mês e um ano, por exemplo). A partir dessas curvas, pode-se fazer interpolações e extrapolações para outros tempos de carregamento.

A Fig. 5.5A apresenta curvas típicas tensão-deformação de geogrelhas de um mesmo fabricante. Pode-se observar a influência do polímero constituinte da geogrelha na sua rigidez e deformabilidade de curto prazo, bem como o efeito do tempo de aplicação de um carregamento constante sobre a resistência e a rigidez à tração de uma geogrelha de PVA (Fig. 5.5B).

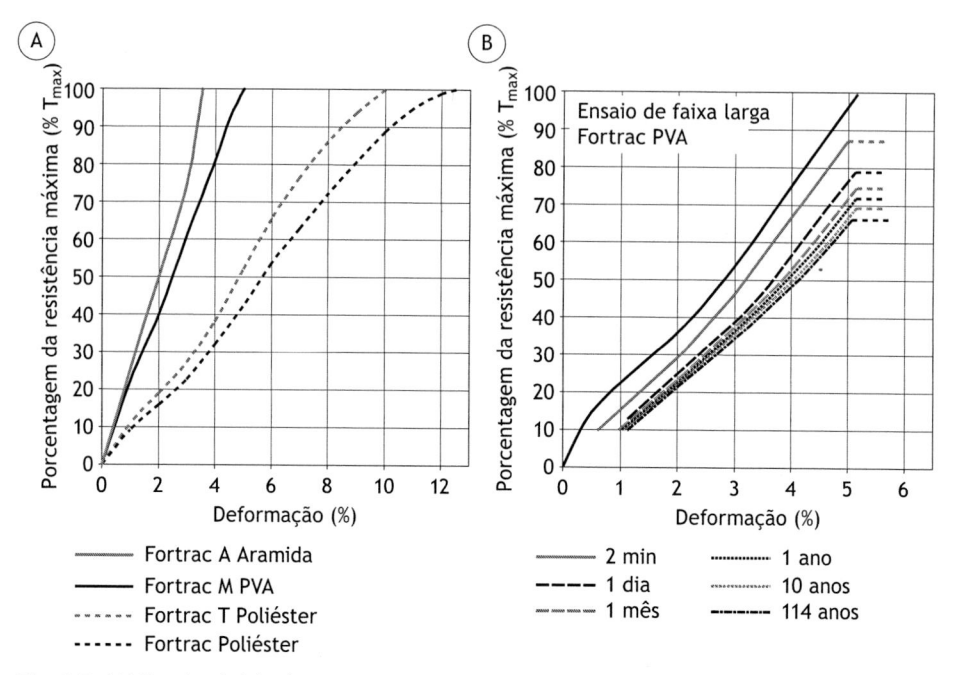

Fig. 5.5 *(A) Ensaio rápido de tração – comportamento de geogrelhas Fortrac produzidas a partir de diferentes polímeros; (B) Curvas isócronas das geogrelhas Fortrac de PVA obtidas em ensaios de fluência (Fonte: Huesker)*

Esforço de tração T mobilizado no reforço

O geossintético atua como um reforço passivo. Os solos de fundação e de aterro, ao se deslocarem horizontalmente, induzem deformações no geossintético, que reage e mobiliza um esforço de tração resistente T, restringindo o deslocamento das camadas de solo.

O valor do esforço de tração no reforço T a ser usado nos cálculos de estabilidade não deve exceder o esforço de tração limite que pode ser mobilizado T_{lim}, correspondente à soma do empuxo lateral no aterro e da força cisalhante do solo de fundação. Assim:

$$T \leq T_{lim} = P_{aat} + P_{ref} \qquad (5.4)$$

onde:

$$P_{aat} = K_{aat}\,(0{,}5 \cdot \gamma_{at} \cdot h_{at}^{2} + q h_{at}) \qquad (5.5)$$

K_{aat} é o coeficiente de empuxo ativo do aterro, calculado com base em um ângulo de atrito minorado, conforme:

$$\phi_d = tg^{-1}\left(\frac{tg\phi}{F_s}\right) \qquad (5.6)$$

$$P_{ref} = X_T\left(\frac{\alpha S_{uo}}{F_s}\right) \qquad (5.7)$$

onde S_{uo} é a resistência não drenada na interface solo-aterro; α é o fator de redução aplicado para refletir a minoração da resistência não drenada na interface aterro-solo compressível; e X_T é a distância entre o local em que o círculo intercepta o reforço e o pé do talude (Fig. 5.6).

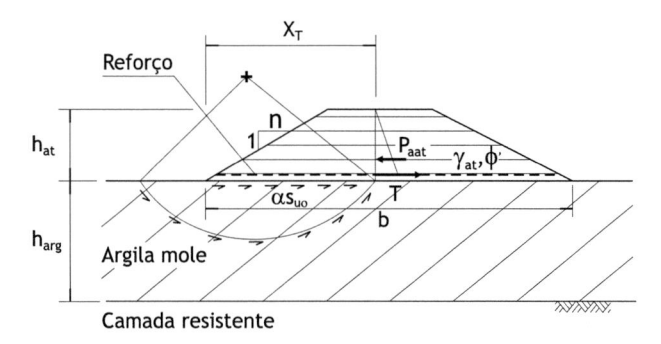

Fig. 5.6 *Ruptura circular de um aterro sobre solo mole*

Deformação permissível no reforço
A altura do aterro na ruptura e o valor de T calculado por meio de métodos de equilíbrio limite não garantem um comportamento adequado em condições de trabalho. Em alguns casos, aterros têm rompido por deformações excessivas (estado limite de trabalho) antes de alcançar a altura de ruptura (estado limite último). Isso tem sido reconhecido por diversos autores (*e.g.* Rowe e Sodermann, 1985; Bonaparte e Christopher, 1987), que recomendam valores de deformações permissíveis ε_a no reforço na faixa de 2% a 6%. Adicionalmente, a norma britânica BS 8006 (BSI, 1995) prevê que o reforço deve apresentar uma deformação máxima de 5% para aplicações de curto prazo, e de 5% a 10% para condições de longo prazo, sendo que, no caso de solos sensíveis, ela deve ser ainda menor (< 3%), para garantir a compatibilidade de deformações com o solo de fundação.

Rowe e Sodermann (1985) propuseram um método aplicável para fundações com resistência constante e profundidade limitada, e para aterros sem bermas, de forma a avaliar a força de tração mobilizada no reforço a partir do valor de deformação permissível em função de um parâmetro adimensional Ω, definido na Eq. (5.8). A deformação permissível (ε_a) é definida como a máxima deformação desenvolvida antes do colapso do aterro e, portanto, refere-se à condição de fator de segurança unitário. Baseados em um estudo extensivo de aterros reforçados e não reforçados sobre solos moles, por meio de elementos finitos, os autores definiram o parâmetro adimensional Ω, que se relaciona com ε_a por meio da curva apresentada na Fig. 5.7, como:

$$\Omega = \frac{\gamma_{at} h_{cr}}{S_u} \frac{S_u}{E_u} \left(\frac{h_{arg}}{B}\right)^2 \qquad (5.8)$$

onde:

h_{cr} – altura de colapso do aterro não reforçado (ver item 5.3);
B – largura da plataforma;
h_{arg} – espessura da camada mole;
S_u/E_u – relação entre resistência e módulo de Young não drenado;
γ_{at} – peso específico do material do aterro.

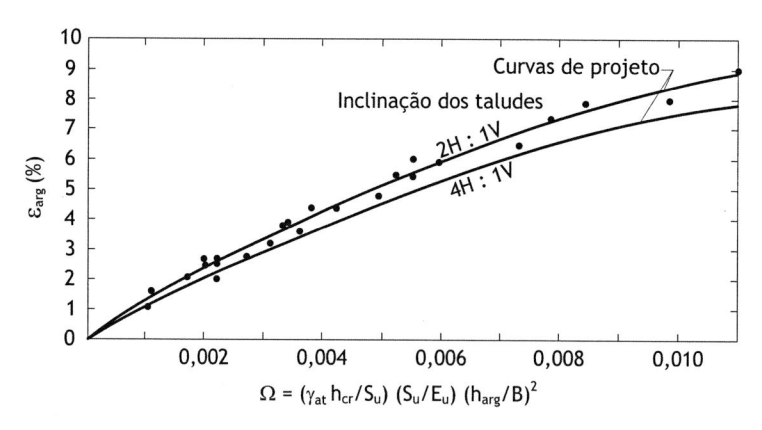

- Resultados de análise por elementos finitos para talude 2H:1V

(h_{arg}/B) = 0,2   para h_{arg}/B < 0,2   (h_{arg}/B) = 0,84 - h_{arg}/B para 0,42 < h_{arg}/B ≤ 0,84
(h_{arg}/B) = h_{arg}/B para 0,2 ≤ h_{arg}/B ≤ 0,42   (h_{arg}/B) = 0   para 0,84 < h_{arg}/B

Fig. 5.7 *Deformação permissível em função de parâmetros geotécnicos e geométricos*

O valor do esforço no reforço é calculado a partir do valor de ε_a, como:

$$T = J \cdot \varepsilon_a \tag{5.9}$$

onde J é o módulo de rigidez do reforço.

A partir da definição de (h_{arg}/B) com base na curva de $\varepsilon_a \cdot \Omega$, percebe-se que, no modelo de Rowe e Sodermann (1985), para valores de (h_{arg}/B) > 0,84, ou seja, depósitos profundos, não há mais mobilização de tensão nos reforços. Segundo os autores, essa observação deve ser corretamente interpretada, significando apenas que o reforço não tem efeito estabilizante para as superfícies profundas, apesar de melhorar a estabilidade próxima ao pé do talude.

Para aterros com fundação em argilas com resistência não drenada crescente com a profundidade, Hinchberger e Rowe (2003) propõem ábacos semelhantes aos da Fig. 5.7 para a estimativa de ε_a.

Ancoragem do reforço
Para mobilizar o esforço de tração T, o geossintético precisa estar devidamente ancorado no solo. O comprimento de ancoragem (L_{anc}) é função dos parâmetros de resistência do solo e da interface solo-reforço, podendo ser calculado por:

$$L_{anc} = \frac{T_{anc}}{2 \cdot C_i \cdot (c_{at} + \gamma_{at} \cdot h_{at} \cdot tg\phi_{at})} \tag{5.10}$$

onde:
T_{anc} – resistência de ancoragem ($T_{anc} \geq T$);
T – esforço de tração considerado no projeto;
C_i – coeficiente de interação do geossintético com o solo, obtido por meio de ensaios de arrancamento;
h_{at} – altura de aterro acima do reforço;
γ_{at}, c_{at}, ϕ_{at} – parâmetros do solo de aterro.

Os valores de C_i devem ser fornecidos pelos fabricantes e podem variar de acordo com o tipo de geossintético. Geogrelhas com abertura de malha quadrada entre 20 mm e 40 mm podem apresentar coeficientes de interação superiores a 0,8. Para geogrelhas com aberturas maiores e poucos membros transversais, esse valor pode ser inferior a 0,5. No caso de geotêxteis tecidos, em geral apresentam coeficientes de interação em torno de 0,6.

5.2 Modos de ruptura de aterros sobre solos moles

Alguns modos de ruptura possíveis de aterros sobre solos moles são mostrados na Fig. 5.8, sendo válidos para aterros não reforçados e reforçados. Incluem a ruptura pelo corpo do aterro sem envolver a argila mole (Fig. 5.8A); a ruptura da fundação argilosa como um problema de capacidade de carga (Fig. 5.8B); e a ruptura global do conjunto aterro-fundação (Fig. 5.8C). A análise de extrusão lateral do solo mole (Palmeira; Ortigão, 2004) também deve ser verificada. Rigorosamente, deve-se analisar todos os modos de ruptura (Almeida, 1996), mas, em geral, os modos de ruptura que governam o problema de aterro sobre solos moles são os de ruptura da fundação e ruptura global, cujos métodos de análise são discutidos nas seções a seguir. Detalhes dos modos de ruptura de aterros reforçados para condições de estado limite último e estado limite em serviço são apresentados na BS 8006 (BSI, 1995).

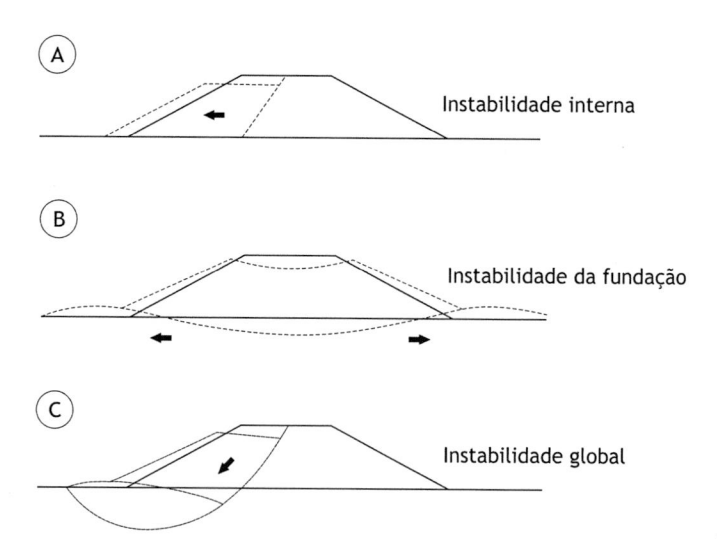

Fig. 5.8 *Modos de ruptura de aterros sem reforço: (A) deslizamento lateral do aterro; (B) ruptura da fundação de argila (Jewell, 1982); (C) ruptura global aterro-fundação*

5.3 Ruptura da fundação: altura crítica do aterro

A ruptura da fundação do aterro é um problema de capacidade de carga. Nesse caso, para a estabilidade, o aterro participa apenas como carregamento, mas não com a sua resistência. Para a análise de estabilidade, usam-se ábacos para o cálculo da altura crítica h_{cr} de aterros sobre solos moles, sendo esta a primeira etapa de análise. A equação utilizada deriva da equação clássica de capacidade de carga de uma fundação direta em solo $\phi = 0$ com resistência não drenada S_u, sendo dada por:

$$h_{cr} = \frac{N_c \cdot S_u}{\gamma_{at}} \quad (5.11)$$

onde N_c é o fator de capacidade de carga. Valores de N_c para camada de argila finita e perfil de S_u crescente com a profundidade são abordados na seção 5.5.2.

Os ábacos desenvolvidos por Pinto (1966) para a resistência crescente com a profundidade são também de fácil uso. Caso o talude resultante seja muito suave, pode-se, por questões construtivas, substituí-lo por bermas laterais equivalentes (ábacos de Pinto, 1994 e Massad, 2003).

A altura admissível h_{adm} adotada em projeto para um aterro construído em uma etapa é igual a:

$$h_{adm} = \frac{h_{cr}}{F_s} = \frac{N_c \cdot S_u}{\gamma_{at} \cdot F_s} \quad (5.12)$$

onde F_s é o fator de segurança definido a partir de critérios de projeto, considerando a importância da obra. Usam-se, em geral, valores de F_s superiores a 1,5, sendo aceitos valores menores ($F_s \geq 1,3$) no caso de cálculo de estabilidade para uma condição temporária (*e.g.* aterros construídos em etapas), com monitoramento de inclinômetros e sem que haja vizinhos próximos.

Caso o valor de h_{adm} seja inferior à altura necessária do aterro h_{at} para o projeto, deve-se usar um método construtivo alternativo, como, por exemplo, construção em etapas ou aterro reforçado.

5.4 Análise de estabilidade global de aterros sem reforço
5.4.1 Superfícies de ruptura circulares

Para a análise de estabilidade global do aterro, podem ser adotados ábacos para estudos preliminares. Pilot e Moreau (1973) desenvolveram ábacos para aterro puramente granular com diferentes inclinações de taludes, fundação com resistência constante e superfície de ruptura circular. Todavia, com os vários programas de estabilidade de taludes disponíveis no mercado, os ábacos estão cada vez mais em desuso. O mérito dos ábacos, porém, é propiciar ao usuário sensibilidade com relação à variação dos F_s em função das variáveis envolvidas no problema.

Métodos de fatias são correntemente utilizados para análise de estabilidade de aterros sobre solos moles, mas não há garantia de que seja o método que proporcione o menor valor de F_s. Duncan e Wright (2005) compararam diversos métodos de análise de estabilidade para ruptura circular de um aterro puramente granular sobre solo mole (S_u constante), e os resultados são resumidos na Tab. 5.1. O método de Bishop modificado tem sido o mais usado na prática geotécnica, mas não fornece, necessariamente, o menor F_s. O cálculo do fator de segurança nesse caso, pelo método das cunhas (descrito na seção 5.4.2), resultou em $F_s = 1,02$, cerca de 16% inferior ao apresentado pelo método de Bishop.

Tab. 5.1 Comparação entre resultados de métodos de fatias para superfícies circulares de aterro granular sobre solo mole (adaptado de Duncan e Wright, 2005)

Método de fatias	Fatores de segurança
Fellenius	1,08
Bishop	1,22
Spencer	1,19
Janbu simplificado, com correção	1,16
Janbu simplificado, sem correção	1,07

5.4.2 Superfícies de ruptura não circulares

Superfícies não circulares de ruptura também devem ser analisadas, e o método de Janbu simplificado (Janbu, 1973) é um dos mais utilizados para isso. Tais superfícies devem ser igualmente analisadas pelo método de cunhas ou de blocos, também denominado análise translacional, facilmente desenvolvida em planilhas eletrônicas ou em programas de computador. Um esquema típico de análise de estabilidade por esse método é mostrado esquematicamente na Fig. 5.9A. Nesse método, o fator de segurança é o resultado da divisão do somatório das forças resistentes pelo somatório das forças instabilizantes, conforme a equação:

$$F_s = \frac{P_{parg} + S_{arg}}{P_{aarg} + P_{aat}} \quad (5.13)$$

onde:
i. P_{parg} é o empuxo passivo na argila, igual a:

$$P_{parg} = \frac{1}{2}\gamma_{arg}z_{arg}^2 K_{parg} + 2S_u z_{arg}\sqrt{K_{parg}} + qz_{arg}K_{parg} \quad (5.14)$$

onde q é a tensão vertical atuante no topo da camada de argila, sendo q = 0 para o caso da Fig. 5.9A (P_{parg1}) e q ≠ 0 para o caso da Fig. 5.9B (P_{parg2});

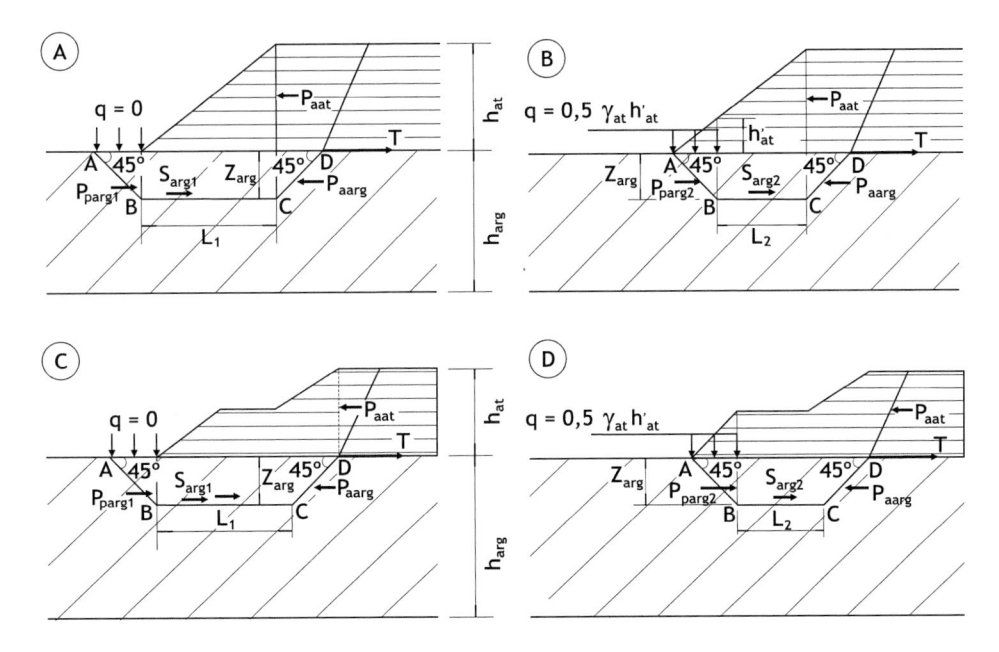

Fig. 5.9 *Método das cunhas para superfícies planares: (A) ruptura fora do pé do aterro, sem berma; (B) ruptura no pé do aterro, sem berma; (C) ruptura fora do pé do aterro, com berma; (D) ruptura no pé do aterro, com berma*

ii. S_{arg} é a força cisalhante mobilizada na argila mole, igual a:

$$S_{arg} = S_u L \quad (5.15)$$

onde L é a distância horizontal da linha de ruptura atravessando a argila em uma profundidade z_{arg}; e S_u é a resistência não drenada da argila nessa profundidade;

iii. P_{aat} é o empuxo ativo no aterro, arenoso, sem considerar coesão, e igual a:

$$P_{aat} = \frac{1}{2}\gamma_{at}h_{at}^2 K_{aat} \quad (5.16)$$

iv. P_{aarg} é o empuxo ativo na camada de argila, igual a:

$$P_{aarg} = \frac{1}{2}\gamma_{arg}z_{arg}^2 K_{aarg} - 2S_u z_{arg}\sqrt{K_{aarg}} + \gamma_{at}h_{at}z_{arg}K_{aarg} \quad (5.17)$$

Observa-se que, para análise do tipo $\phi = 0$, tem-se $K_{aarg} = K_{parg} = 1$ nas Eqs. (5.14) e (5.17).

As equações apresentadas devem ser adaptadas para os casos de camadas arenosas na fundação do aterro.

Deve-se avaliar a segurança considerando a ruptura ocorrendo em diversas profundidades dentro da camada de argila, obtendo-se diferentes valores de F_s com a profundidade.

Em casos de existência de camadas localizadas, com menor resistência, ou no caso de bermas longas, os fatores de segurança calculados pelos métodos das cunhas e de superfícies não circulares tendem a ser inferiores aos calculados com o uso de superfícies circulares. Duncan e Wright (2005) relatam o caso de um aterro real (James Bay dyke), com cerca de 4 m de altura, sobre camadas de argila com diferentes valores de S_u, no qual o cálculo com o uso de superfícies circulares resultou em $F_s = 1,45$, e o cálculo com superfícies não circulares resultou em $F_s = 1,17$ (valor este coincidente com o método das cunhas), ou seja, uma diferença de 20%.

O método das cunhas tem a vantagem de permitir o controle total dos cálculos e dos diversos componentes da equação do F_s, ao contrário dos métodos que utilizam programas de computador comerciais, sendo útil, em particular, no caso de aterros reforçados. As hipóteses de cálculos adotadas em alguns programas, no caso de aterros reforçados, não são sempre disponíveis ao usuário. Recomenda-se, então, que tais análises sejam aferidas por meio do método das cunhas.

5.5 Aterros reforçados

5.5.1 Efeito do reforço

O empuxo de terra que se desenvolve dentro de um aterro causa tensões cisalhantes para fora do aterro (Fig. 5.10A – sem reforço), similarmente ao comportamento de uma sapata lisa (Fig. 5.10B). Essas tensões cisalhantes reduzem a capacidade de carga da fundação de argila (Fig. 5.10D). O reforço colocado na base do aterro tem duas funções: resistir ao empuxo de terra que se desenvolve dentro do aterro (Fig. 5.10A – com reforço) e resistir à deformação lateral da fundação, mudando a direção da tensão cisalhante (Fig. 5.10C), similarmente ao comportamento de uma sapata rugosa. O reforço aumenta a capacidade de carga da fundação, conforme indicado na Fig. 5.10E (Leroueil; Rowe, 2001). Em função disso, os aterros reforçados podem atingir maiores alturas que aterros não reforçados, ou, comparando um aterro não reforçado com um aterro reforçado de mesma altura, observa-se um ganho de F_s com o reforço.

Os modos de ruptura de aterros reforçados – em essência, os mesmos de aterros não reforçados indicados na Fig. 5.8 – são analisados separadamente a seguir.

5.5.2 Ruptura da fundação

Analogamente ao caso de aterros não reforçados, uma etapa preliminar na análise da estabilidade de aterros reforçados consiste em verificar se a fundação tem capacidade de carga para resistir à solicitação do aterro reforçado. Admite-se que este atue como uma sapata rígida sobre a camada de argila, conforme mostrado na Fig. 5.10C. Nesse caso, a sapata rugosa simularia a inserção do reforço no aterro e pode-se utilizar os ábacos de Rowe e Soderman (1985) para S_u crescente com a profundidade (Fig. 5.11A); Mandel e Salençon (1972) para resistência S_u constante com a profundidade; ou Davis e Booker (1973) (Fig. 5.11B), que consideram tensões cisalhantes atuando para dentro do aterro (sapata rugosa).

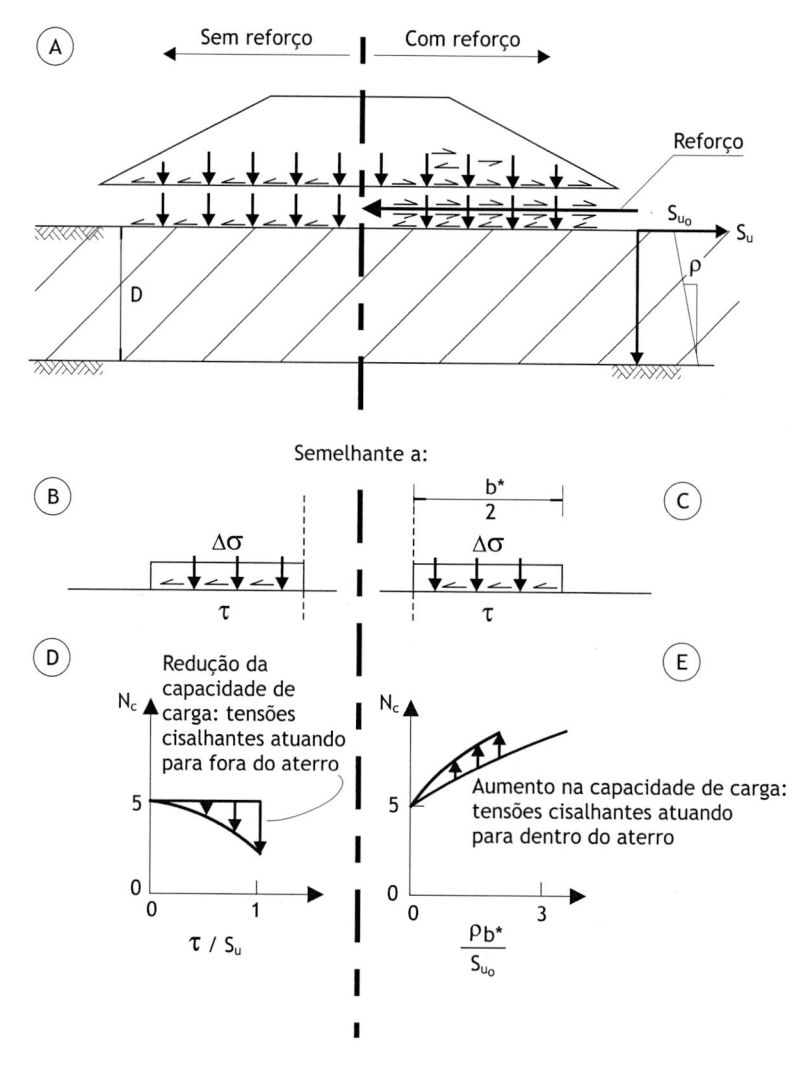

Fig. 5.10 *Mecanismo de aterro reforçado sobre argila mole (Leroueil; Rowe, 2001)*

Essa etapa preliminar permite definir a máxima altura h_{at} a ser aplicada. Recomenda-se que a capacidade de carga requerida do aterro não reforçado seja inferior à tensão admissível da argila, de forma a não imputar responsabilidade excessiva ao reforço na estabilidade.

5.5.3 Ruptura por deslizamento lateral do aterro

Uma etapa é a análise da ruptura por deslizamento do aterro em sua base (acima do reforço), em razão do empuxo do aterro. Fazendo-se o equilí-

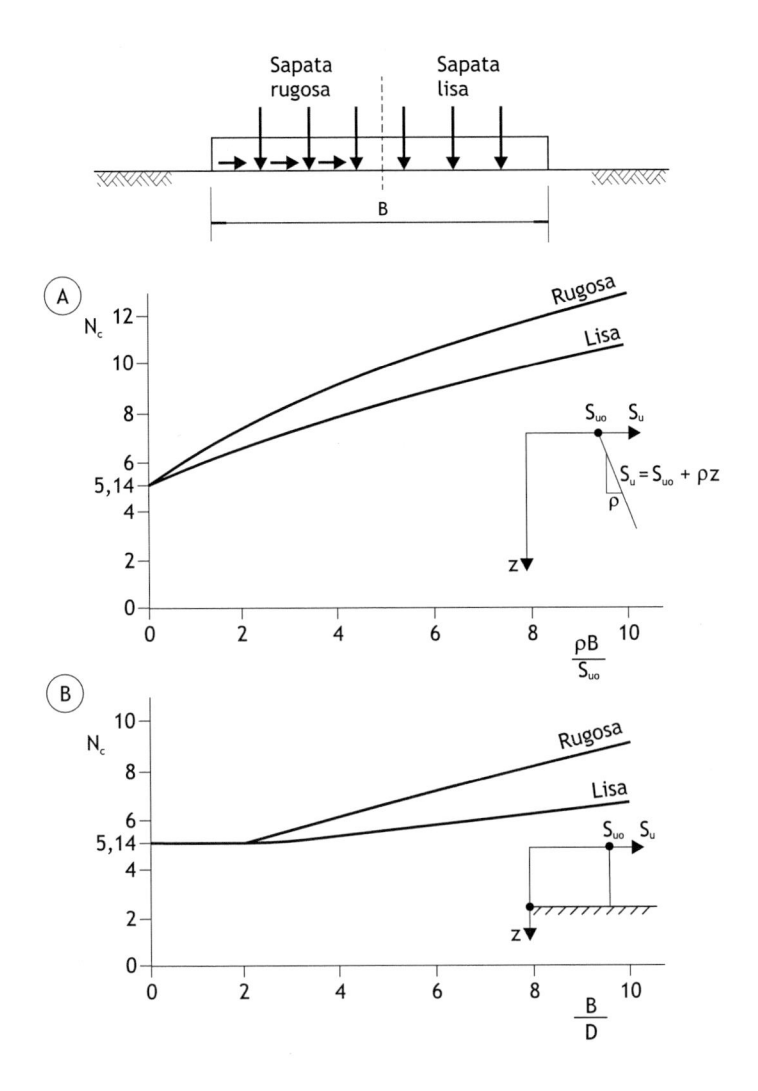

Fig. 5.11 *Fator de capacidade de carga de sapatas rígidas lisas e rugosas: (A) S_u aumentando com a profundidade; (B) S_u constante*

brio de forças na horizontal, conforme indicado na Fig. 5.12, o fator de segurança é dado por:

$$F_s = \frac{0{,}5 \cdot n \cdot \gamma_{at} \cdot h_{at}^2 \cdot tg\phi_d}{K_{aat}(0{,}5 \cdot \gamma_{at} \cdot h_{at}^2 + qh_{at})} = \frac{0{,}5 \cdot n \cdot \gamma_{at} \cdot h_{at} \cdot tg\phi_d}{K_{aat}(0{,}5 \cdot \gamma_{at} \cdot h_{at} + q)} \quad (5.18)$$

onde n é a inclinação do talude; K_{aat} é o coeficiente de empuxo ativo; e ϕ_d é o atrito reforço-solo.

O fator de segurança à ruptura por deslizamento abaixo do reforço pode ser calculado pela equação:

$$F_s = \frac{n \cdot S_{umob} + T}{K_{aat}(0,5 \cdot \gamma_{at} \cdot h_{at} + q)} \qquad (5.19)$$

onde S_{umob} é a resistência mobilizada no contato reforço-argila e T é a tração mobilizada no reforço.

Christopher; Holtz; Berg (2000) recomendam adotar $F_s \geq 1,5$ nas duas análises de ruptura por deslizamento lateral descritas.

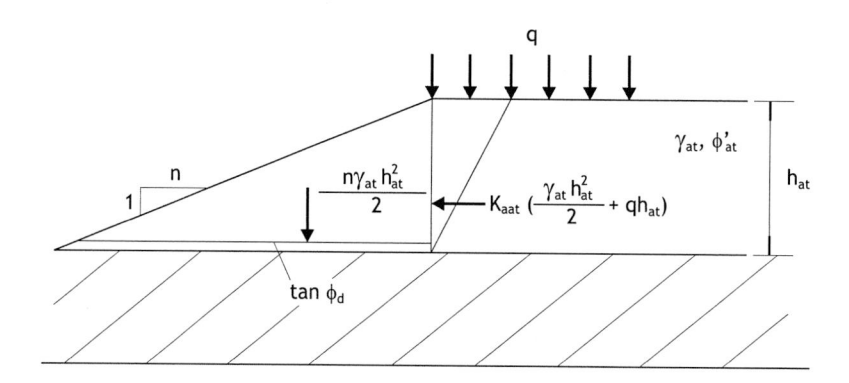

Fig. 5.12 *Escorregamento do aterro ou do reforço*

5.5.4 Ruptura global

Para a análise de estabilidade global do aterro reforçado e sua fundação, pode-se adotar ábacos para estudos preliminares. O método de Low, Wong; Lim (1990) para superfície de ruptura circular pode ser útil para análises preliminares.

Alguns dos programas de computador para cálculo de estabilidade admitem que a contribuição do reforço (Fig. 5.9) aumente a resistência ou o momento resistente e a contribuição do reforço aparece no numerador da equação do fator de segurança, como no caso da Eq. (5.13) para o método de cunhas, que fica:

$$F_s = \frac{P_{parg} + T + S_{arg}}{P_{aarg} + P_{aat}} \qquad (5.20)$$

Outros programas admitem que o reforço diminua os esforços atuantes (a contribuição do reforço aparece no denominador da equação do fator de segurança). Assim, os programas de computador disponíveis atualmente devem ser previamente aferidos antes do seu uso (Duncan; Wright, 2005), pois os resultados dos fatores de segurança em cada caso são diferentes.

5.5.5 Definição do esforço de tração no reforço

Relação entre fator de segurança F_s, tensão vertical do aterro $\Delta\sigma_v$ e tração no reforço T

A Fig. 5.13 apresenta esquematicamente a relação entre o F_s e a tensão aplicada pelo aterro ($\Delta\sigma_v$) e a tração mobilizada no reforço. A tração limite (T_{lim}) apresentada nessa figura é referente à fundação (solo mole) totalmente plastificada. A influência da rigidez do reforço (J) é apresentada esquematicamente, indicando que, para um mesmo carregamento, um reforço mais rígido vai mobilizar um valor mais elevado de T; logo, um fator de segurança maior será alcançado e, para um mesmo valor de T, um reforço de maior rigidez resultará em maior F_s.

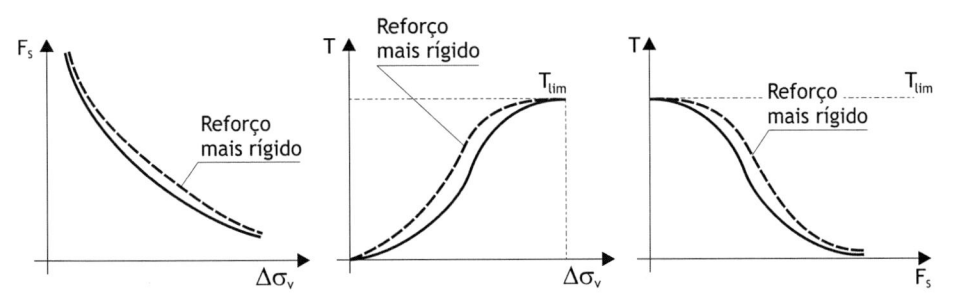

Fig. 5.13 *Comportamento de aterros reforçados sobre solos moles (Magnani; Almeida; Ehrlich, 2009)*

Especificação do reforço a ser usado
Nas análises de estabilidade, calcula-se e/ou adota-se: o esforço de tração mobilizado T, a deformação permissível ε_a e o coeficiente de interação com o solo C_i. Esses são parâmetros de projeto e devem constar da

especificação do reforço a ser usado. Entretanto, é comum especificar-se adicionalmente as propriedades nominais desses materiais, ou seja, as propriedades de caracterização fornecidas no ensaio de tração rápido, normalizado, para facilitar o seu recebimento na obra.

O esforço do geossintético T calculado em projeto deve ser comparado com a resistência à tração admissível (T_{adm}) do material ($T_{adm} \geq T$). A resistência admissível (T_{adm}), também chamada de disponível ou útil, pode ser calculada a partir da resistência à tração nominal (T_r) obtida no ensaio de faixa larga, segundo a formulação:

$$T_{adm} = \frac{T_r}{FR_F \cdot FR_I \cdot FR_{DQ} \cdot FR_{DB}} \quad (5.21)$$

onde:
FR_F – fator de redução parcial devido à fluência para o tempo de vida útil da obra ou de atuação do reforço, que pode ser durante as fases construtivas e de adensamento e/ou posteriormente;
FR_I – fator de redução parcial devido a danos mecânicos de instalação;
FR_{DQ} – fator de redução parcial devido à degradação química;
FR_{DB} – fator de redução parcial devido à degradação biológica.

Os valores dos fatores de redução recomendados (Koerner; Hsuan, 2001) para o projeto de aterros em geral são apresentados na Tab. 5.2 e devem ser usados com base em experiência e bom senso.

A partir do esforço de tração T utilizado em projeto e da deformação permissível ε_a, determina-se o módulo de rigidez de projeto J, a partir da Eq. (5.9), dado por:

$$J = \frac{T}{\varepsilon_a} \quad (5.22)$$

Para definição do módulo de rigidez nominal J_r, é necessário majorar o valor do módulo de rigidez de projeto J, considerando o efeito da fluência para o tempo de vida útil da obra, que pode ser

TAB. 5.2 FAIXA DE VALORES DE FATORES DE REDUÇÃO A SEREM USADOS NA EQ. (5.21)

Fatores de redução	Geotêxtil	Geogrelha
FR_I	1,1 – 2,0	1,1 – 2,0
FR_{DQ}	1,0 – 1,5	1,1 – 1,4
FR_{DB}	1,0 – 1,3	1,0 – 1,2
FR_F	2,0 – 3,5	2,0 – 3,0

obtido por meio das curvas isócronas. Sobre esse valor ainda devem ser aplicados os fatores de danos de instalação e degradação química e biológica, conforme indicado na Tab. 5.2. Na ausência de curvas isócronas, pode-se adotar um método aproximado, multiplicando J por todos os fatores de redução parciais, inclusive o fator de redução por fluência, para se determinar J_r (nominal) a ser especificado.

A especificação de um reforço em projeto por meio de seu módulo de rigidez traz o benefício de associar determinada resistência à tração a uma certa deformação, levando a um maior rigor na escolha de geossintéticos para a obra.

5.6 Análises de estabilidade de aterros construídos em etapas

5.6.1 Aspectos conceituais

O caminho de tensões efetivas de um elemento de argila, localizado abaixo do centro de um aterro construído em etapas, é indicado esquematicamente na Fig. 5.14 (Leroueil; Rowe, 2001). Tem-se, inicialmente, o estado de tensões I_0, que, ao executar-se a primeira etapa construtiva, varia para C_1 e E_1 (ao longo da curva de estado limite). Nessa fase, os valores de c_v são mais elevados, pois o solo está sobreadensado, e em geral, ao final dessa etapa, os valores de tensão são da ordem das tensões ao longo da curva de estado limite.

Na fase de adensamento da primeira etapa de carregamento, o estado de tensões efetivas varia de E_1 para E'_1, e o caminho de tensões efetivas se afasta da envoltória de ruptura, o que é de se esperar, uma vez que há aumento da resistência da argila e, consequentemente, aumento do F_s. Ao se alterar o aterro ao final da etapa 1, o caminho de tensões efetivas varia de E'_1 para E_2, ou seja, o caminho de tensões efetivas vai em direção à envoltória de ruptura. Isso ocorre de forma semelhante para todas as etapas de carregamento, e nas fases de adensamento, o caminho de tensões se afasta da envoltória de ruptura. Na Fig. 5.14, a etapa 3 é iniciada ao término da etapa 2 (ponto E'_2), e nesse exemplo o aterro foi alteado até a ruptura em R. É necessário, então, avaliar os F_s para cada etapa de carregamento, em função do ganho de resistência S_u da argila, que ocorre ao longo do caminho de tensões efetivas indicado na Fig. 5.14.

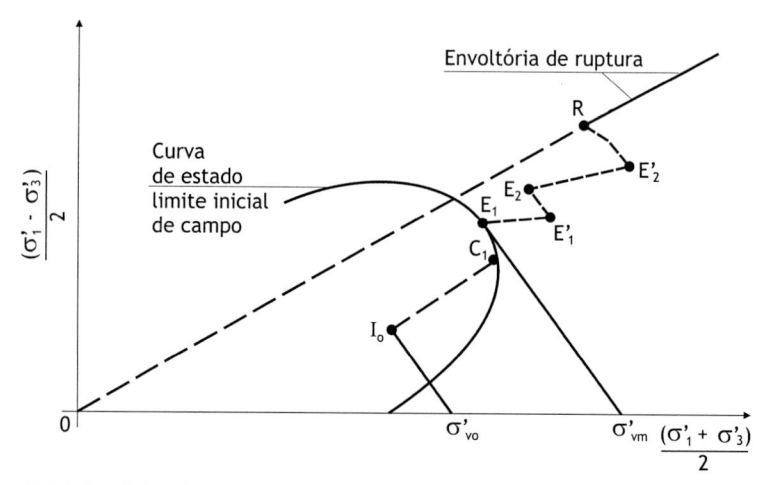

Fig. 5.14 Caminho de tensões esquemático de um elemento de argila localizado abaixo do centro do aterro (Leroueil; Magnan; Tavenas, 1985)

Análises numéricas realizadas por Almeida, Britto e Parry et al. (1986) usando o modelo Cam-clay modificado, apresentadas na Fig. 5.15 para vários pontos da camada de argila, confirmam o modelo de Leroueil; Magnan e Tavenas (1985).

5.6.2 Resistência não drenada da argila no caso de construção em etapas

Análises de estabilidade de aterros construídos em etapas são correntemente realizadas em termos de tensões totais, estimando-se a resistência da camada de fundação de argila antes da colocação da próxima camada de aterro, ou seja, para o estado de tensões indicados como E'_1 e E'_2 da Fig. 5.14. O Quadro 5.2 apresenta os métodos de estimativa da resistência da argila mais utilizados, em que σ'_{v1} (ver Eq. 3.19) é a tensão efetiva na respectiva profundidade, decorrente do carregamento de aterro na etapa. Caso $\sigma'_{v1} < \sigma'_{vm}$, deve-se adotar $\sigma'_{v1} = \sigma'_{vm}$. Na avaliação da tensão efetiva ao final da primeira etapa, deve-se considerar o efeito da submersão do aterro, considerado também na segunda parcela da equação. Esse procedimento é semelhante para todas as etapas posteriores. Além disso, na avaliação do ganho de resistência ΔS_u, deve-se considerar os recalques ocorridos, os quais são apresentados de forma não explícita na Fig. 5.16, sendo então necessário considerar a profundidade normalizada, conforme a Tab. 5.3.

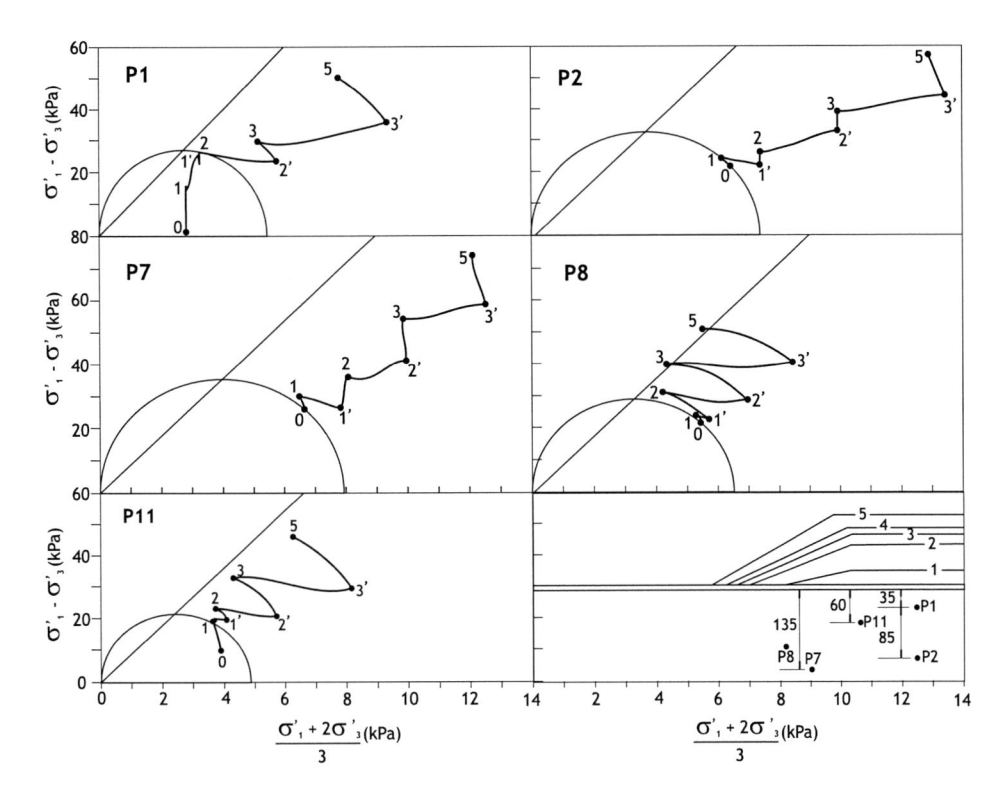

Fig. 5.15 Caminho de tensões em construções em etapas: modelagem numérica (Almeida; Brito e Parry, 1986)

QUADRO 5.2 PROCEDIMENTOS PARA ESTIMATIVA DA RESISTÊNCIA NÃO DRENADA S_u, PARA CÁLCULOS DE ESTABILIDADE DE CONSTRUÇÃO EM ETAPAS

Ensaios / Procedimentos	Comentário
Método baseado na estimativa da variação das tensões efetivas sob o aterro σ'_v	A equação $S_u = 0{,}25 \cdot \sigma'_v$ (Leroueil; Magnan; Tavenas, 1985; Wood, 1990) é análoga à equação $S_u/\sigma'_{vm} = 0{,}22$, proposta por Mesri (1975), e tem-se mostrado válida (e.g. Almeida et al., 2001). A relação S_u/σ'_v pode ser obtida por meio de ensaios triaxiais CAU
Ensaio de palheta	Recomenda-se medir a resistência da argila, de forma a avaliar o ganho de resistência ocorrido. Estudos indicam que a correção de Bjerrum não seria aplicada nesse caso (Leroueil et al., 1978; Law, 1985)

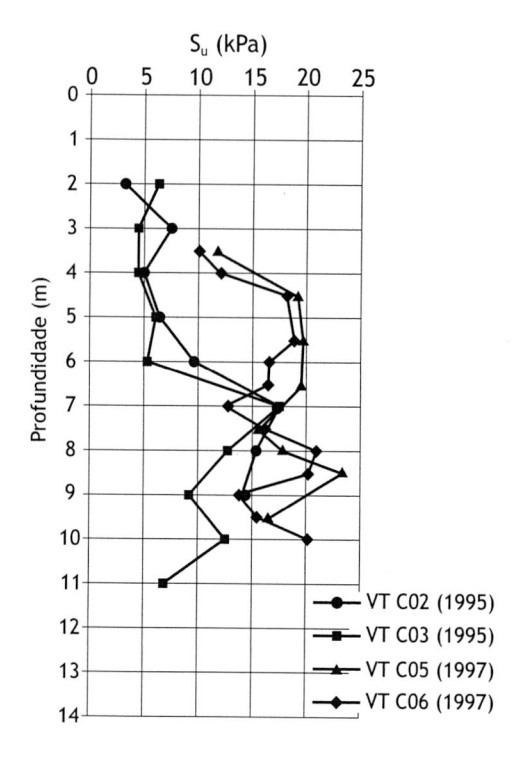

Fig. 5.16 *Ensaios de palheta: antes e depois da construção do aterro sobre geodrenos (Almeida et al., 2001)*

TAB. 5.3 GANHO DE RESISTÊNCIA EM ARGILA APÓS A CONSTRUÇÃO DO ATERRO SOBRE GEODRENOS

Profundidade normalizada (m)	$\Delta S_u/\Delta\sigma'_v$
0,35	0,25
0,40	0,34
0,45	0,47
0,50	0,46
0,55	0,32
0,60	0,06
0,65	0,05
0,70	0,05
0,75	0,17

5.6.3 Exemplo ilustrativo de análise de estabilidade de construção em etapas

No caso de aterros construídos em etapas, o cálculo de estabilidade para a próxima etapa deve ser realizado com o novo perfil de resistência S_{u1}, calculado conforme explicado na seção anterior e na Tab. 5.2. Deve-se levar em conta a nova geometria do problema, considerando-se a diminuição da espessura da camada mole e a submersão do aterro.

A Fig. 5.17 apresenta resultados de análises de estabilidade efetuadas para a construção em etapas de um dique em área portuária, reforçado, sobre drenos verticais e com bermas. No depósito de solo mole analisado, o perfil de resistência apresentava-se crescente com a profundidade, com intercepto na origem próximo de zero e incremento de cerca de 1,2 kPa/m. As análises foram realizadas considerando-se superfícies de ruptura na primeira etapa e, nas etapas seguintes, o ganho de resistência para faixas de argila submetidas a diferentes carregamentos, considerando-se também o ganho de resistência sob a berma, pois foram projetados drenos verticais também nessa região. Além disso, considerou-se nas análises o aumento paulatino de mobilização da tração no reforço com as etapas.

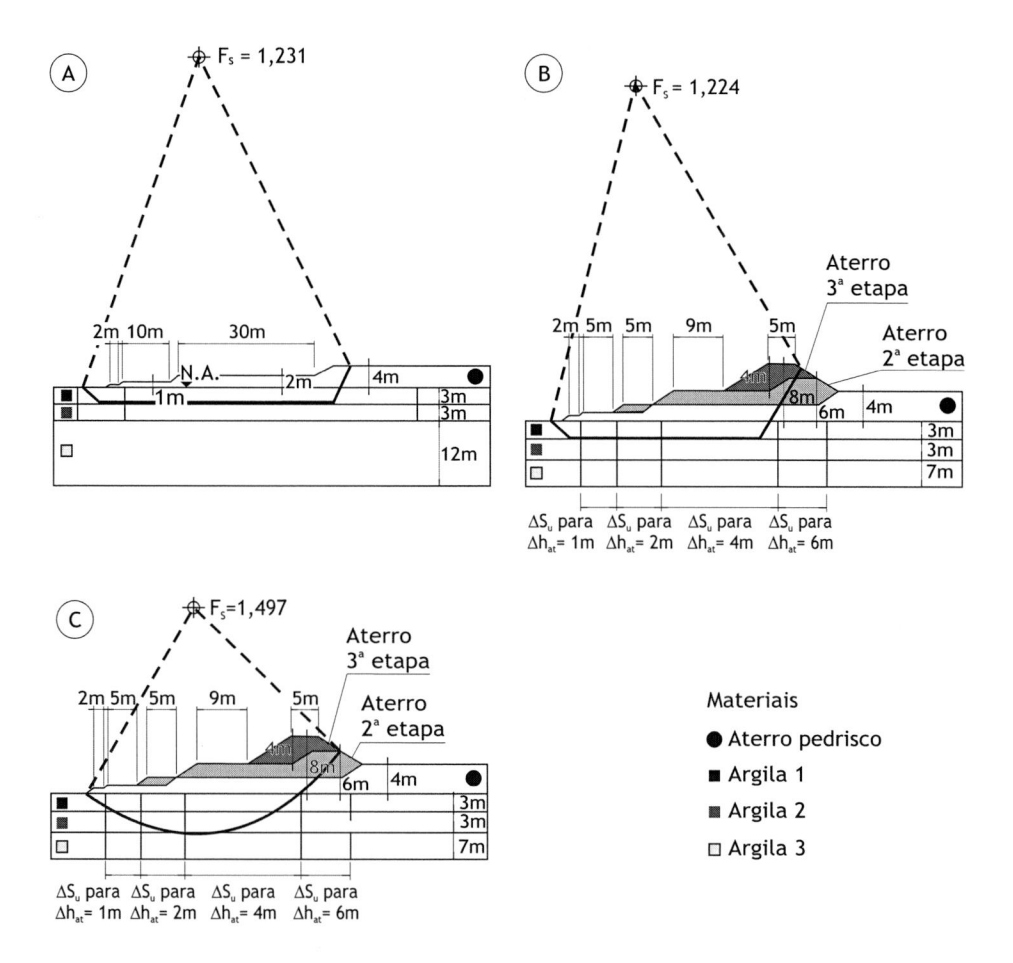

Fig. 5.17 Análise de estabilidade de um dique em área portuária: (A) 1ª etapa de construção (h_{at} = 4 m); (B) 3ª etapa de construção (h_{at} = 8 m), ruptura não circular; (C) 3ª etapa de construção (h_{at} = 8 m), ruptura circular

Os resultados das análises de estabilidade apresentados na Fig. 5.17 são resumidos na Tab. 5.4. Observa-se que os fatores de segurança resultantes de rupturas não circulares são substancialmente menores do que os de superfícies circulares, o que confirma outros resultados anteriormente mencionados. Os menores valores de F_s são aqueles ao final da execução da etapa de carregamento, que são extremamente baixos (pontos E_1 e E_2 da Fig. 5.14). A NBR 11682 (ABNT, 1991b) prescreve a adoção de F_s em função do grau de segurança, que é função de proximidade de construções (F_s > 1,5) e baixo grau de segurança, para o caso de serem instituídos procedimentos capazes de prevenir acidentes. No caso de aterros sobre solos moles em áreas sem construção próxima, valores de F_s da ordem de 1,3 são geralmente aceitos e, como medida de segurança, há o monitoramento com inclinometria, para avaliar o desempenho (ver Cap. 7). Cabe ressaltar que o fator de segurança F_s aumenta com o tempo à medida que a argila ganha resistência.

Tab. 5.4 Valores de fatores de segurança em análises por rupturas circulares e não circulares

Etapa	Espessura do aterro (m)	Fatores de segurança	
		Ruptura não circular	Ruptura circular
1ª	4	1,23	1,81
2ª	6	1,29	1,56
3ª	8	1,22	1,50

5.6.4 Considerações relativas à análise de estabilidade em etapas

Recomenda-se obter a medida de resistência da argila por meio do ensaio de palheta *in situ*, antes da liberação da construção da etapa seguinte, de forma a verificar se a resistência admitida em projeto realmente se verifica.

No caso de aterros reforçados, a contribuição do reforço deve ser considerada na nova etapa do aterro; todavia, é importante avaliar a nova geometria também para esse tipo de situação, inclusive com considerações do efeito de fluência sobre a resistência do reforço, caso haja um espaçamento significativo de tempo entre as etapas.

A utilização de geodrenos acelera o processo de adensamento; logo, acelera o ganho de resistência da argila. Recomenda-se a instalação dos geodrenos no mínimo até a metade do comprimento do talude do aterro ou até a metade do comprimento da berma de equilíbrio (ver Fig. 1.5A), no caso de construção de aterros em etapas. Esse procedimento contribui para o rápido aumento da resistência da argila nessa região, o que poderá ser considerado nas análises de estabilidade das próximas etapas. Recomenda-se também a recomposição da cota da berma, antes da execução da etapa 2 e subsequentes.

5.7 Sequência para a análise da estabilidade de aterros sobre solos moles

Após a definição dos parâmetros de projeto e do fator de segurança a ser adotado, deve-se realizar o cálculo da altura admissível do aterro (Eq. 5.12). A definição da altura admissível serve como um pré-dimensionamento, que auxilia o detalhamento, pois nessa fase já é possível vislumbrar se o aterro deverá ser construído em etapas ou reforçado, ou se as duas soluções serão adotadas.

5.7.1 Aterro não reforçado

Descreve-se a seguir a sequência para a verificação da estabilidade de aterro não reforçado:

1. Avalia-se a estabilidade de um aterro com altura admissível considerando-se superfícies de ruptura circular e não circular, conforme discutido na seção 5.4, analisando-se a estabilidade para diferentes inclinações de taludes ou o eventual uso de bermas de equilíbrio:
   a. Caso o F_s obtido seja superior ao de projeto, não é necessário utilizar reforço ou execução em etapas. É importante lembrar que, conforme discutido no Cap. 3, os recalques também devem ser compensados, e a altura de aterro a ser verificada nessa fase deve considerar essa compensação de recalques.
   b. Caso o F_s obtido seja inferior ao de projeto, deve-se avaliar a estabilidade para a construção em etapas ou o uso de aterro reforçado ou construído em etapas com reforço. O prazo de construção passa a condicionar a escolha dessa solução, uma vez que existe ganho de resistência associado ao adensamento da argila durante as etapas.
2. Se a solução adotada for a de aterro construído em etapas sem reforço, deve-se predefinir as durações das etapas e as espessuras de aterro para cada etapa, conforme discutido no Cap. 3, em função dos prazos executivos disponíveis.
3. Deve-se efetuar o cálculo de estabilidade dos alteamentos dos aterros de cada etapa considerando-se superfície circular e não circular, conforme discutido na seção 5.6. Deve-se também considerar o ganho de resistência para as novas etapas, bem como a

alteração da geometria do problema, uma vez que, com os recalques, há diminuição da espessura da camada mole e submersão do aterro.

No caso de solos muito moles, dificilmente se pode prescindir de reforço geossintético na base do aterro.

5.7.2 Aterro reforçado

Descreve-se a seguir a sequência para verificar a estabilidade de aterro reforçado:

1. Avaliação da estabilidade de um aterro não reforçado com altura admissível considerando-se superfícies circular e não circular, conforme discutido anteriormente. Obtido um F_s inferior ao de projeto, parte-se para uma solução de reforço na base do aterro que aumentará este F_s.
2. Definição do valor de T:
   a. utilizando-se a Eq. (5.19), considerando-se o deslizamento lateral do aterro;
   b. utilizando-se a Eq. (5.20), considerando-se ruptura por cunha;
   c. ou por meio de rupturas circulares, que podem ser avaliadas utilizando-se programas de estabilidade disponíveis. Pode-se utilizar também, nesse último caso, o método de Low, Wong e Lim (1990).

Adota-se o maior valor de T entre os valores calculados em (2.a), (2.b) e (2.c), para o F_s de projeto, sendo que esse valor deve atender aos critérios de T_{lim} discutidos na seção 5.1.3. Caso não atenda, deve-se alterar a geometria do problema (altura ou talude do aterro) e repetir os cálculos acima.

1. Definição da deformação permissível ε_a e do módulo de rigidez:
   a. Adotar o valor de ε_a com base na experiência local, considerando-se as discussões apresentadas na seção 5.1.3. Para o caso de solos de fundação com resistência constante e profundidade limitada, utilizar a Eq. (5.8) e o ábaco da Fig. 5.7 para determinar a deformação permissível ε_a no geossintético.
   b. A partir de T e ε_a, utilizar a Eq. (5.22) para o cálculo do módulo de rigidez J.

2. Verificação do comprimento de ancoragem:
Utilizar a Eq. (5.10) para verificar se o comprimento de ancoragem é suficiente para mobilizar o esforço de tração T no reforço. Essa verificação deve ser feita para as zonas ativa e passiva das cunhas de ruptura.
3. Definição e especificação do reforço geossintético:
Uma vez definidos T e J como parâmetros de projeto, é necessário especificar as propriedades nominais desses materiais, para facilitar sua requisição e seu recebimento na obra. Para a definição do reforço a ser utilizado, consideram-se os fatores de redução, conforme apresentado na Eq. (5.21). Compara-se o T calculado em (2) com o T_{adm} obtido pela Eq. (5.21), na escolha do reforço a ser utilizado, considerando-se a vida útil do reforço no projeto, que pode ser o reforço atuando apenas durante as fases construtivas e de adensamento e/ou posteriormente. De forma análoga, deve-se calcular o J_r mínimo.

5.7.3 Aterro reforçado construído em etapas

Na situação descrita em 5.7.1 (1b) e após a definição dos parâmetros de projeto e do fator de segurança a ser adotado, deve-se realizar o cálculo preliminar da altura admissível do aterro (Eq. 5.12) usando-se valores de N_c para as condições de interface rugosa indicada na Fig. 5.11. Se a altura admissível for inferior à altura necessária, pode-se executar o aterro reforçado em etapas. Em geral, avalia-se o custo-benefício de se utilizar um reforço com maior valor de T_r e J_r para minimizar o número de etapas construtivas. O uso de bermas de equilíbrio também pode ser adotado nesse caso, e várias configurações de soluções devem ser verificadas, avaliando-se prazos e custos, mantidos os F_s adotados em projeto. Alternativamente, pode-se optar por uma solução estruturada, conforme discutido no Cap. 6.

5.8 Comentários finais

Nas análises de estabilidade (em tensões totais $\phi = 0$), a resistência não drenada S_u deve ser determinada, no mínimo, por ensaio de palheta e de piezocone e, se possível, também com ensaios triaxiais CAU. O uso de equações com base na história de tensões é importante para a avaliação global dos resultados obtidos. Os parâmetros do reforço geossintético devem ser cuidadosamente especificados quanto ao tipo – se geotextil ou geogrelha – e quanto ao polímero, pois a deformação do geossintético e o desempenho global do aterro reforçado serão influenciados por esses parâmetros.

Os diversos modos de ruptura devem ser analisados, incluindo as rupturas pelo corpo do aterro, fundação e global aterro-fundação. É necessário realizar as análises de estabilidade de ruptura global por diferentes métodos de equilíbrio limite, com o teste de superfícies de ruptura circulares e não circulares. Entre as últimas, o método de cunhas é recomendado por ser de fácil uso e permitir o cálculo por meio de planilhas, além da fácil inclusão do reforço nos cálculos.

No caso de aterros reforçados, deve-se avaliar a deformação permissível no reforço; a especificação do reforço a ser utilizado deve levar em conta seu módulo de rigidez e os fatores de redução em decorrência de danos mecânicos e danos ambientais. O reforço deve ser instalado o mais próximo possível do terreno natural, de forma a propiciar um maior fator de segurança F_s em uma análise circular. Porém, em locais onde foram executados drenos verticais, em que o aterro de conquista é executado previamente, o reforço é executado acima do aterro de conquista. O F_s global de um aterro reforçado tende a diminuir com o tempo, em função da fluência do material que o compõe, convergindo para um valor final semelhante ao do aterro sem reforço, que tem o F_s aumentado em função do ganho de resistência da argila.

Nos cálculos de estabilidade de aterros construídos em etapas, recomenda-se avaliar previamente a resistência não drenada, antes da colocação da etapa seguinte. As análises de estabilidade de aterros construídos em etapas são otimizadas quando se incorpora a alteração de geometria em função das deformações prévias do conjunto aterro-solo mole.

ATERROS SOBRE ESTACAS E COLUNAS 6

A construção de obras sobre solos muito moles pode resultar em deformações excessivas e problemas de estabilidade. Nesse caso, deve-se avaliar o uso de técnicas de melhoria do solo mole e de estabilização do aterro, as quais podem ser resumidas conforme mostrado na Fig. 6.1. As técnicas indicadas nas duas primeiras colunas da figura foram abordadas em capítulos anteriores.

O presente capítulo trata das técnicas indicadas na última coluna da Fig. 6.1, as quais usam elementos de coluna para a estabilização do aterro. Mais especificamente, serão abordados aterros sobre estacas com capitéis e geossintéticos, aterros sobre colunas granulares tradicionais e aterros sobre colunas granulares encamisadas com geossintéticos. As estacas são elementos estruturais considerados incompressíveis, ao contrário das colunas granulares, que se deformam verticalmente sob a ação do aterro. As colunas são consideradas técnicas de melhoria do solo por propi-

Métodos de melhoria de solos moles e estabilização do aterro		
Substituição do solo	**Adensamento**	**Uso de elementos de coluna**
por escavação	uso de drenos verticais	colunas granulares (vibro-substituição)
por deslocamento (aterro de ponta, blocos, matacões etc.)	sobrecarga temporária	colunas granulares encamisadas
	sobrecarga com uso de vácuo	estacas, capitéis e plataforma de geossintético
		jet-grouting, deep mixing etc.

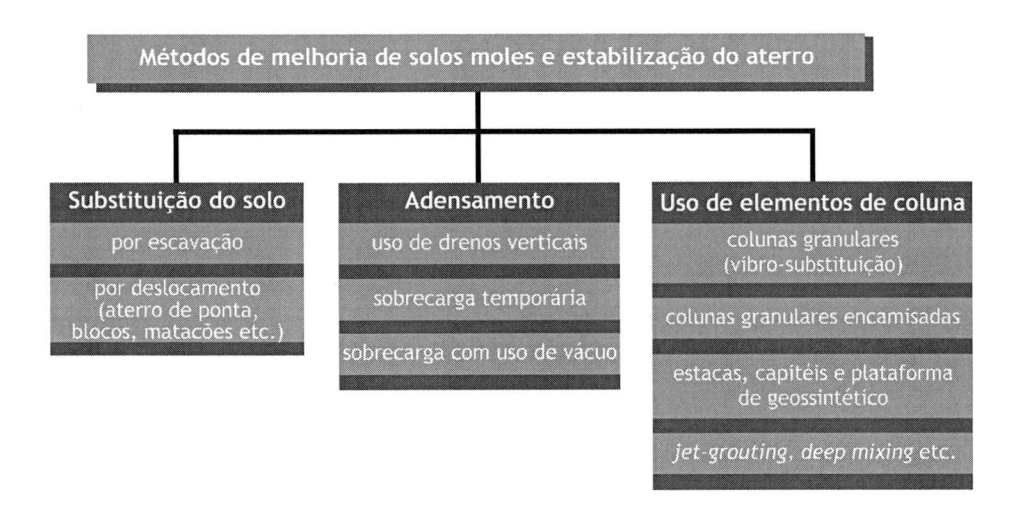

Fig. 6.1 *Métodos de melhoria de solos e estabilização do aterro*

ciarem o aumento de resistência da argila. Aterros sobre estacas e sobre colunas transferem a maior parte da carga do aterro para o solo competente inferior e têm como principais vantagens o menor prazo construtivo e o maior controle sobre os recalques, em comparação aos demais métodos construtivos, conforme discutido no Cap. 1.

6.1 Aterros estruturados com plataforma de geossintético

O caso mais simples de aterro estruturado é aquele em que a carga do aterro é transmitida por arqueamento (Terzaghi, 1943) diretamente para os capitéis e estacas. Nesse problema, a distância entre capitéis em malha quadrada ou triangular é calculada (*e.g.*, Ehrlich, 1993) em função da altura do aterro, de suas propriedades e da sobrecarga atuante sobre ele.

Uma evolução do aterro sobre estacas consistiu na incorporação do reforço de geossintético (Fig. 6.2), permitindo, a princípio, o uso de estacas mais espaçadas. A geogrelha tem como principais funções: (i) a separação do material do aterro do material natural; (ii) a distribuição e transmissão das cargas para as estacas que não foram transmitidas pelo efeito de arqueamento; (iii) a distribuição e a transmissão das cargas horizontais provenientes do aterro para as estacas; (iv) o reforço da base do aterro. Os capitéis podem ser das mais diversas formas: circulares, quadrados, esféricos, armados ou não. O formato ideal para o caso de reforço com geossintético é o que não apresenta arestas vivas, conforme exemplificado na Fig. 6.3.

Os recalques de aterros estruturados com geogrelhas são muito menores do que os recalques por adensamento em aterros convencionais, ou seja, os volumes de terraplenagem são muito inferiores aos de um aterro convencional, já que não há submersão de material nem necessidade de sobrecarga. Observa-se que o recalque na superfície do aterro Δh_t indicado na Fig. 6.3 é bem inferior ao recalque do aterro de conquista Δh_{if}. Para um desempenho global satisfatório, recomenda-se que a espessura do aterro h_{at} seja igual ou maior do que 70% do vão (s-b) entre capitéis.

É fundamental que seja avaliado o carregamento horizontal nas estacas (Tschebotarioff, 1973a) decorrente do adensamento de aterros vizinhos ao aterro estruturado, já que uma estaca do aterro estruturado situada na fronteira poderá sofrer ruptura em razão dos deslocamentos

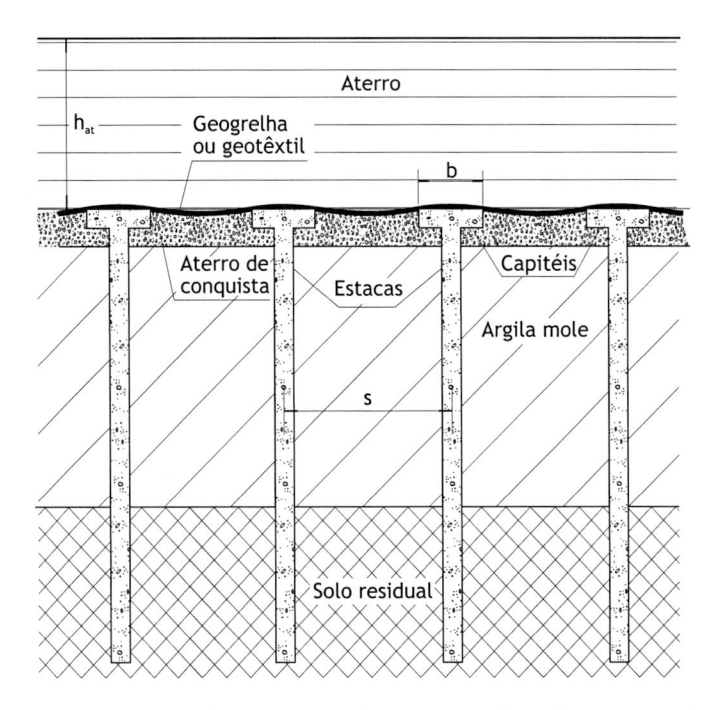

Fig. 6.2 *Esquema geral de um aterro sobre estacas reforçado com geossintético (Almeida et al., 2008a)*

Δh_t — Recalque no topo do aterro sobre estacas

Δh_{if} — Recalque do aterro de conquista

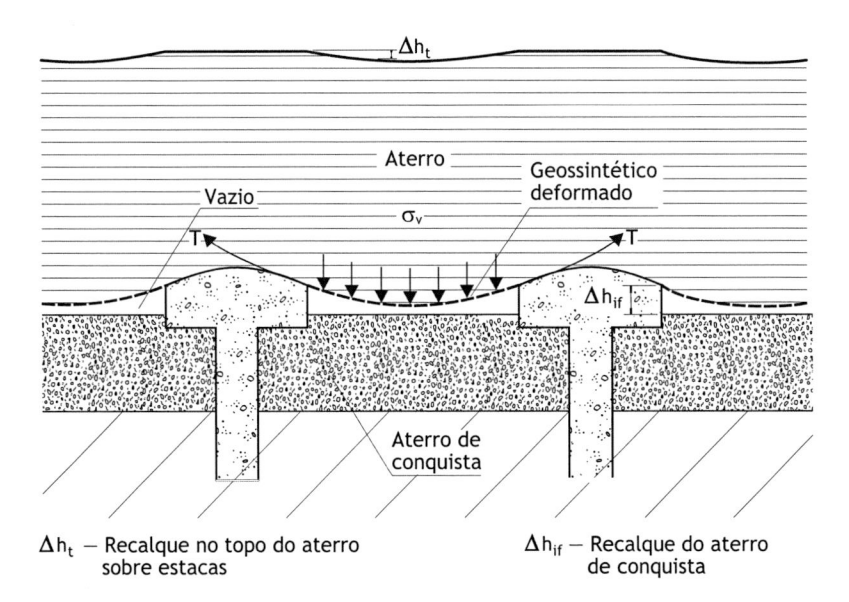

Fig. 6.3 *Aterro estruturado: recalques, tensão vertical e esforço no geossintético*

da massa de solo. Mesmo vias de serviço executadas ao lado do aterro estruturado podem conduzir à ruptura das estacas, e as obras realizadas posteriormente ao aterro estruturado devem ser dimensionadas de forma a garantir a integridade deste.

O dimensionamento da borda do aterro sobre o talude requer um estudo à parte (BS 8006 – BSI, 1995). Análises numéricas por elementos finitos são comumente adotadas nesse caso (Gebreselassie; Lüking; Kempfert, 2010; Jennings; Naughton, 2010) e também para taludes ou muros verticais reforçados (Almeida; Almeida; Marques, 2008), mas esse tópico não será abordado aqui.

A geometria mais adotada é a de capitéis quadrados em malha quadrada, conforme mostrado na Fig. 6.4, mas capitéis circulares e em arranjo em malha triangular também são utilizados.

O problema de aterro estruturado com plataforma de geogrelha será abordado no restante deste capítulo.

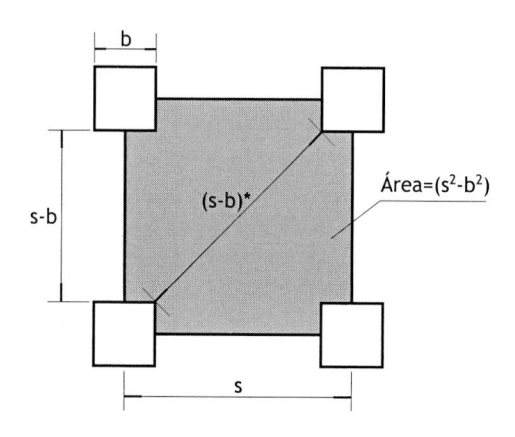

Fig. 6.4 *Capitéis quadrados em malha quadrada*

6.1.1 Efeito do aterro de conquista no dimensionamento

Nos casos de depósitos de argilas moles sem camada de aterro na superfície, a construção do aterro de conquista (ver Cap. 1) é a primeira providência visando permitir o acesso de equipamentos para cravação das estacas. A próxima etapa é a execução dos capitéis, os quais podem ser executados acima ou dentro do aterro de conquista, conforme mostrado na Fig. 6.5A,B, e então o geossintético é instalado acima dos capitéis. Observa-se que em qualquer caso, o aterro de conquista sofrerá recalques por adensamento (compressão primária e secundária), conforme mostrado na Fig. 6.5C,D (Almeida et al., 2008a). Por essa razão, a reação do solo abaixo da geogrelha, que é considerada em alguns métodos de cálculo (e.g. Kempfert et al., 2004), não será levada em conta aqui.

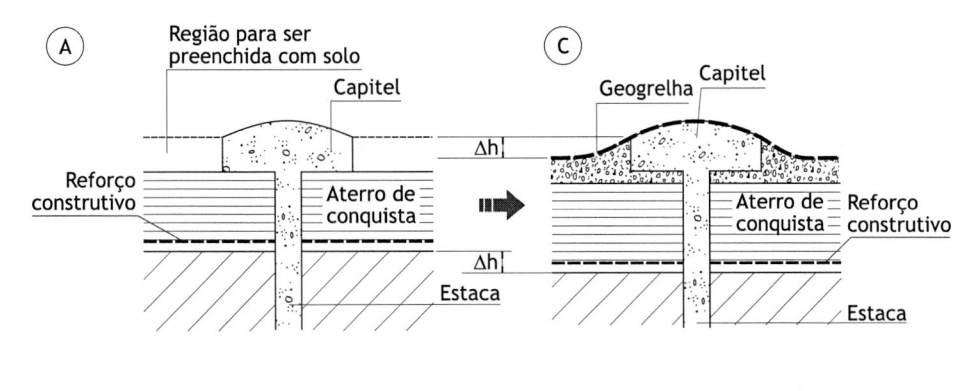

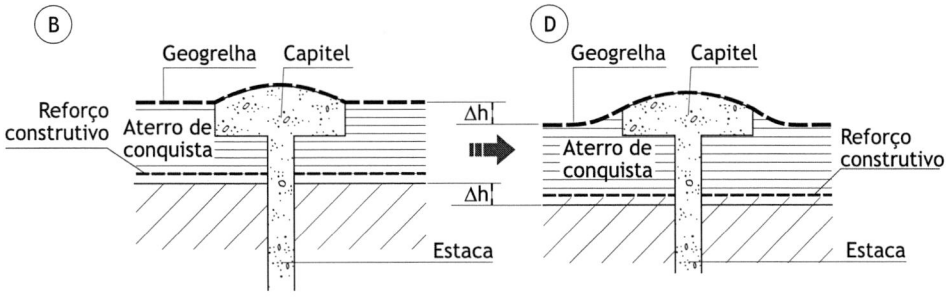

Fig. 6.5 *Detalhe da execução de capitéis em aterros estruturados: (A) e (C) capitel executado acima do terreno; (B) e (D) capitel executado embutido no terreno*

6.1.2 Efeito do arqueamento nos solos

Um fenômeno importante para o estudo de aterros estaqueados, com ou sem plataforma de geogrelha, é o efeito do arqueamento nos solos, que foi apresentado por Terzaghi (1943), conforme esquema da Fig. 6.6. Nesses estudos, Terzaghi considerou a condição de deformação plana ou bidimensional, mas o caso real de um aterro estruturado é tridimensional.

Ao analisar o equilíbrio na direção vertical de um elemento de

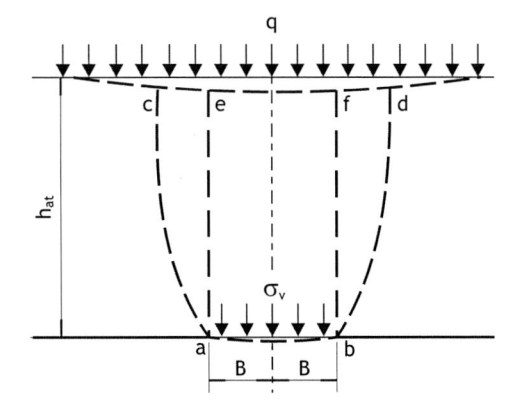

Fig. 6.6 *Modelo para estudo do efeito do arqueamento nos solos (Terzaghi, 1943)*

solo na projeção de 2B, onde 2B é a distância entre capitéis (s-b), Terzaghi obteve o valor da tensão vertical atuante na base do aterro σ_v:

$$\sigma_v = \frac{(s-b)\left(\gamma_{at} - \frac{c_{at}}{(s-b)}\right)}{K_{aat}tg\phi_{at}}\left(1 - e^{-K_{aat}tg\phi_{at}\frac{h_{at}}{(s-b)}}\right) + q.e^{-K_{aat}tg\phi_{at}\frac{h_{at}}{(s-b)}} \quad (6.1)$$

onde:
c_{at} – coesão do aterro (kN/m²);
ϕ_{at} – ângulo de atrito interno do aterro (º);
K_{aat} – coeficiente de empuxo no aterro;
s-b – distância entre capitéis (m);
γ_{at} – peso específico do material de aterro (kN/m³);
q – sobrecarga uniforme na superfície por unidade de área (kN/m²);
h_{at} – altura do aterro (m).

6.1.3 Dimensionamento de aterros estruturados

O dimensionamento do aterro estruturado consiste, inicialmente, na definição da geometria do problema (espaçamento s; largura de capitel b; altura de aterro h_{at}). Recomendam-se os seguintes critérios (Kempfert et al., 2004):

$$(s-b) \leq 3{,}0m, \text{ no caso de cargas fixas} \quad (6.2)$$

$$(s-b) \leq 2{,}5m, \text{ no caso de elevadas cargas móveis} \quad (6.3)$$

$$\frac{b}{s} \geq 0{,}15 \quad (6.4)$$

$$(s-b) \leq 1{,}4\, h_{at} \quad (6.5)$$

O código alemão EBGEO (*apud* van Eekelen et al., 2010) permite:

$$(s-b)^* \leq h_{at} \quad (6.6)$$

Nesse caso, porém, o vão (s-b)* entre capitéis é definido pela distância entre capitéis na diagonal (45º), conforme demonstrado na Fig. 6.4.

O código holandês (van Eekelen et al., 2010) é ainda mais flexível e permite também para o vão definido pela diagonal:

$$(s-b)^* \leq 0,66\, h_{at} \tag{6.7}$$

Entretanto, com relação ao material do aterro, o código holandês recomenda materiais com $\phi_{at} \geq 35°$ para a faixa de altura de aterro acima do geossintético correspondente a $h_{at} \leq 0,66\,(s - b)^*$ e $\phi_{at} \geq 30°$ para $h_{at} \geq 0,66\,(s - b)^*$.

O código holandês também recomenda que o geossintético não se apoie diretamente sobre o capitel, mas sim sobre uma camada de solo granular acima dele. Se houver apenas uma camada de geossintético, esta deve ter uma distância z do capitel de até 0,15 m. No caso de uma segunda camada de geossintético acima, a distância desta para a primeira camada abaixo deve ser inferior a 0,20 m. O efeito de arqueamento fica comprometido quando se usa mais de uma camada de geossintético (Gebreselassie; Lüking; Kempfert, 2010).

Admitindo-se uma determinada geometria, o primeiro cálculo a fazer é o das tensões verticais atuantes sobre o geossintético, seguido do dimensionamento do reforço de geossintético (em geral, geogrelha) para a geometria adotada. Esses dois cálculos são apresentados a seguir.

6.1.4 Cálculo das tensões verticais atuantes sobre o geossintético

São vários os métodos propostos na literatura para o dimensionamento de aterros estruturados. Entre os mais utilizados, citam-se os de Russell e Pierpoint (1997), Hewlett e Randolph (1988), Kempfert et al. (2004) e Filz e Smith (2006). Os métodos de Collin (2004), BS 8006 (BSI, 1995), Rogbeck et al. (1998) e Carlsson (1987) também são utilizados; todavia, por não levarem em conta os parâmetros de resistência do aterro, não serão abordados aqui. McGuire e Filz (2008) compararam a maioria dos métodos mencionados. Aqueles que serão descritos a seguir foram escolhidos com base na sua simplicidade e consistência.

Método de Russell e Pierpoint (1997)

Russell e Pierpoint (1997) adaptaram o método de Terzaghi e consideraram K = 1, de forma a levar em conta a natureza tridimensional do arranjo das colunas. A equação adotada por esses autores é:

$$\frac{\sigma_v}{(\gamma_{at}h_{at}+q)} = \frac{s^2-b^2}{4h_{at}\cdot b\cdot K_{aat}\cdot tg\phi_{at}}\left\{1-e^{\frac{4h_{at}\cdot b\cdot K_{aat}\cdot tg\phi_{at}}{s^2-b^2}}\right\} \quad (6.8)$$

Esse método não considera a reação do solo mole subjacente ao geossintético. Essa reação, porém, é pouco relevante no caso de argilas muito moles, conforme mencionado anteriormente.

Método de Kempfert et al. (2004)

Kempfert et al. (2004) apresentaram um método para o cálculo das tensões verticais no reforço utilizando um modelo analítico de um domo baseado na teoria da elasticidade, apresentando também um ábaco (para $\phi = 30°$) que permite o cálculo dessas tensões verticais, conforme a Fig. 6.7.

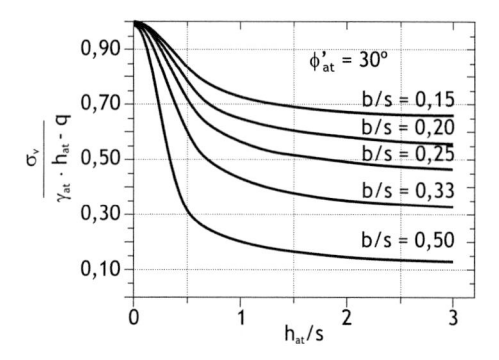

Fig. 6.7 Cálculo de tensões verticais sobre o reforço (Kempfert et al., 2004)

6.1.5 Cálculo do esforço de tração atuante no reforço

Os principais métodos propostos na literatura (McGuire; Filz, 2008) para o cálculo do esforço de tração no reforço em função da tensão vertical atuante (Fig. 6.3) sobre o reforço são: o método da parábola, o método da membrana tensionada e o método de Kempfert et al. (2004), os quais são resumidos a seguir.

Alguns autores calculam o valor de T a partir de uma deformação específica (ε) prescrita para o reforço, o que não produz valores consistentes, segundo McGuire e Filz (2008). Portanto, as equações e os métodos abaixo descritos são apresentados em função do valor de módulo do reforço J a ser usado, e não em função de ε, como apresentado, em geral, na literatura.

No método da parábola usado na BS 8006 (BSI, 1995) e por Rogbeck et al. (1998) calcula-se a tensão no reforço T admitindo-se que a deformação do reforço no vão (s-b) tem forma parabólica (Fig. 6.3). O valor de T é dado, então, pela Eq. (6.9), em função do valor de módulo do reforço J a ser usado:

onde

$$96T^3 - 6\hat{K}_g^2 T - \hat{K}_g^2 J = 0 \quad (6.9)$$

$$\hat{K}_g = \frac{\sigma_v(s^2 - b^2)}{b} \quad (6.9a)$$

e (s^2-b^2) é mostrado na Fig. 6.4.

O método da membrana tensionada (Collin, 2004) é uma adaptação do método de Giroud (1990) para o cálculo de tensões em vazios abaixo do reforço, e admite que a deformada do reforço tem forma circular (Fig. 6.3). Conhecendo-se o valor do módulo J, o valor de T é definido pela equação:

$$\frac{2\sqrt{2} \cdot T \cdot J}{\sigma_v(s-b)} \cdot \operatorname{sen}^{-1}\left[\frac{\sigma_v(s-b)}{2\sqrt{2} \cdot T}\right] - T - J = 0 \quad (6.10)$$

Kempfert et al. (2004) apresentaram um ábaco adimensional que considera a possibilidade de contribuição favorável da reação do solo abaixo do reforço, o que não é recomendável no caso de argilas muito moles, conforme discutido anteriormente.

McGuire e Filz (2008) apresentaram estudos paramétricos comparando os métodos da parábola e da membrana e concluíram que o método da parábola resulta em valores de esforços de tração maiores que o método da membrana tensionada.

6.1.6 Casos de obras

Tem-se publicado bastante acerca de um grande número de casos de aterros sobre estacas com plataforma de geossintéticos. Almeida et al. (2007) relatam vasta literatura sobre o assunto até 2007, e exemplos de outros casos de obras e de pesquisas recentes são apresentados por Briançon, Delmas e Villard (2010); van Eekelen, Bezuijen e Alexiew (2010) e van der Stoel et al. (2010).

Almeida et al. (2008a) descrevem o comportamento de dois aterros estruturados executados na Barra da Tijuca (RJ), cujas características estão descritas na Tab. 6.1. Nessa região, para a estabilização de um aterro de 3 m, por exemplo, são necessários aterros da ordem de 6 m a 8 m de espessura, já que apenas a deformação secundária é da ordem de 8%, justificando a escolha da alternativa de aterro estruturado.

TAB. 6.1 CARACTERÍSTICAS GERAIS DE DOIS ATERROS ESTRUTURADOS EXECUTADOS NA BARRA DA TIJUCA (RJ)

Características	Aterro 1 (Spotti, 2006)	Aterro 2
Quantidade de estacas	1.900	10.000
Espaçamento entre estacas, s (m)	2,5	2,8
Dimensão do capitel quadrado, b (m)	0,80	1,00
Distância entre capitéis, s-b (m)	1,70	1,80
Altura do aterro acima dos capitéis, h_{at} (m)	1,2	1,40
Aterro abaixo dos capitéis (m)	2,0	0,60 - 1,0
Razão $h_{at}/(s-b)$	0,70	0,78
Características da geogrelha	Fortrac R, poliéster, biaxial	Fortrac, PVA, biaxial
Resistência nominal da geogrelha (N/m)	200	200
Módulo da geogrelha (kN/m)	1.400	3.600 e 4.400
Espessura da camada de argila mole (m)	8 - 10	9 - 11

Uma região do aterro 1 foi instrumentada para estudo do comportamento do sistema aterro-reforço-capitel-estaca (Almeida et al., 2007). Foram utilizados dois *layouts* de instrumentação: tridimensional convencional e bidimensional. Executou-se uma escavação sob a geogrelha, de forma a acelerar a transferência de carga para ela. Os recalques medidos entre os capitéis no *layout* tridimensional foram da ordem de 0,1 m a 0,4 m (Fig. 6.8A), enquanto em regiões com mesma altura de aterros os recalques foram muito maiores, mostrando a eficácia dos aterros estruturados em reduzir os recalques. As deformações do reforço foram da ordem de 0,25% a 2,0%, a depender do ponto de medida (Fig. 6.8B). McGuire; Filz; Almeida (2009) realizaram previsões de recalques do aterro 1 pelo método de Filz e Smith (2006) e observaram boa concordância com os dados da instrumentação.

6.2 ATERROS SOBRE COLUNAS GRANULARES TRADICIONAIS

Um dos métodos mais utilizados para o melhoramento de solos é a execução de uma malha de colunas granulares compactadas de areia ou

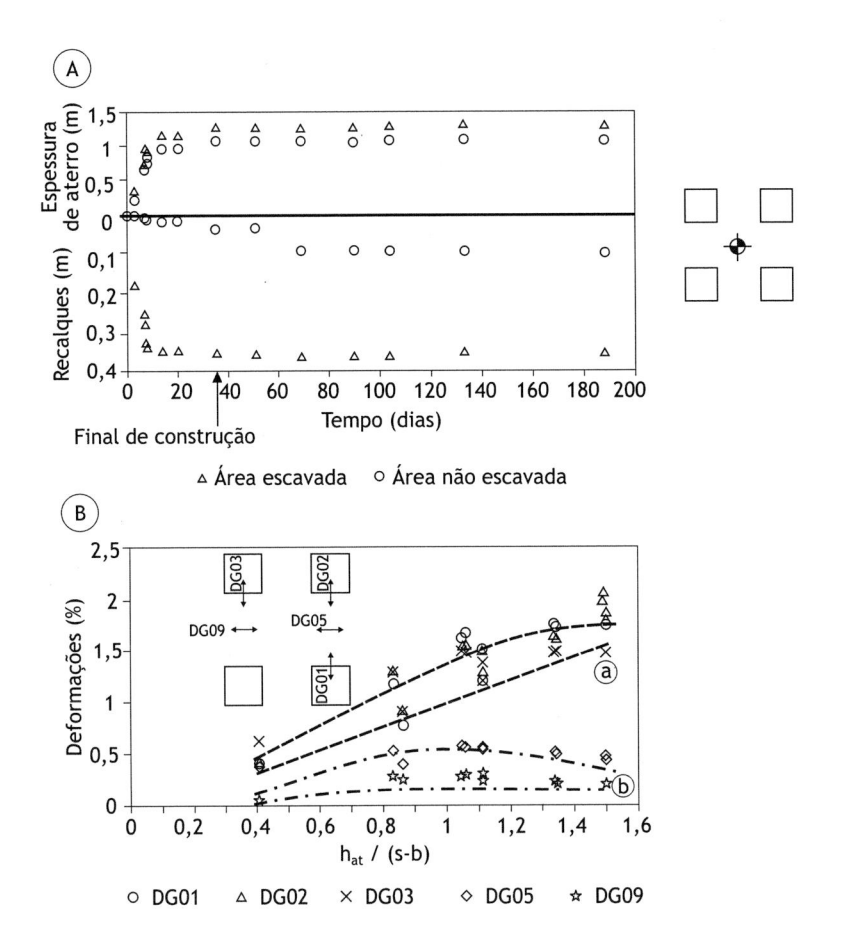

Fig. 6.8 *(A) recalques medidos no centro de áreas escavadas e não escavadas (arranjo 3D – setor 1); (B) deformações medidas (em área escavada) na geogrelha nos pontos: (a) na face do capitel e (b) a meia distância entre capitéis (Spotti, 2006; Almeida et al., 2007)*

brita na camada de argila. As colunas granulares podem ser instaladas com ou sem deslocamento lateral significativo da argila no seu entorno. As colunas instaladas com deslocamento da argila (tubo com ponta fechada) são mais utilizadas, destacando-se as colunas instaladas por vibrossubstituição. Produz-se, assim, uma malha de colunas granulares que atuam como estacas assentes na camada subjacente e em condições de absorver grande parte da carga transmitida pelo aterro ao solo mole. Estudos indicam que a razão entre os módulos oedométricos da coluna granular e da argila muito mole é de aproximadamente 100.

As colunas granulares também promovem a dissipação de poropressões por drenagem radial, aumentando a resistência da argila e acelerando os recalques, ou seja, promovem um tratamento do solo. Por fim, elas aumentam a resistência ao cisalhamento do conjunto solo-coluna, permitindo a construção de aterros mais altos e com maiores fatores de segurança.

6.2.1 Colunas granulares tradicionais pelo método de vibrossubstituição

As colunas tradicionais sem encamisamento são as executadas desde meados do século XX, em geral por meio da técnica de vibrossubstituição (*e.g.* Baumann; Bauer, 1974; Raju; Sonderman, 2005; Raju; Wegner; Godenzie, 1998). O material granular utilizado nas colunas geralmente é a brita, mas também se utilizam colunas de areia, principalmente no Japão (Kitazume, 2005).

A Fig. 6.9 apresenta as fases de execução de uma coluna granular por vibrossubstituição. Inicialmente, preenche-se a caçamba com o material granular (Fig. 6.9A), que é então içado, e procede-se o preenchimento do tubo com o material granular (Fig. 6.9B). Penetra-se o vibrador no solo por jateamento com o objetivo de formar um furo de diâmetro maior que o do vibrador (Fig. 6.9C). Atingida a profundidade desejada, introduz-se o material granular no furo cilíndrico formado (Fig. 6.9D). Por meio de curtos movimentos descendentes e ascendentes do vibrador, o material granular é vibrado, ao mesmo tempo que mais material é introduzido dentro do furo pré-formado. Paralelamente, realiza-se também o jateamento, para garantir a formação de uma coluna com material granular limpo (Fig. 6.9C,D). Essa operação é realizada até a superfície do terreno, quando se completa a formação da coluna (Fig. 6.9E).

Registros de experiências em melhoramentos de solos moles nos quais se utilizou a técnica de vibrossubstituição têm possibilitado definir faixas de valores de parâmetros adequados ao bom desempenho de colunas granulares. A Tab. 6.2 apresenta alguns desses valores. Mais informações sobre essa técnica, utilizada com muito sucesso no exterior, podem ser obtidas em Greenwood (1970), Thornburn (1975) e Barksdale e Bachus (1983).

No Brasil, as colunas granulares foram pouco utilizadas até o século XX, mas citam-se os trabalhos de Nunes et al. (1978) e de Garga e

Medeiros (1995), nos quais se observaram pouca eficácia na diminuição de recalques em aterros no Porto de Sepetiba. Naquela época, a técnica de execução de colunas granulares no Brasil não utilizava a técnica de vibrossubstituição ou mesmo de coluna encamisada com geotêxtil.

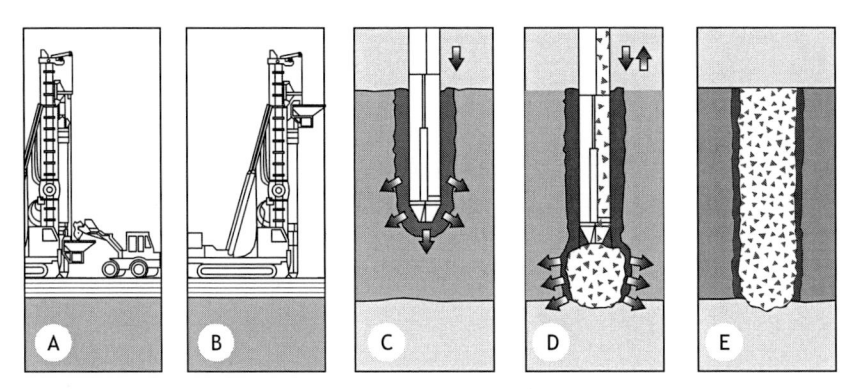

Fig. 6.9 *Sequência de execução de coluna de brita em solo mole saturado (McCabe; McNeill; Black, 2007)*

TAB. 6.2 RECOMENDAÇÕES DA LITERATURA (ADAPTADO DE BARKSDALE E BACHUS, 1983)

Fatores Condicionantes	Recomendações baseadas na literatura
% de argila mole que passa na peneira 200	menor que 15% a 30%
S_u da argila mole	superior a 7,5 kPa
Diâmetro das colunas	0,6 m a 1,0 m
Espaçamento entre colunas	1,5 m a 3,0 m
Comprimento das colunas	menor que 15 m a 20 m
Diâmetro de grãos do material da coluna	20 mm a 75 mm
Ângulo de atrito do solo granular	36° a 45°

6.2.2 Princípios de projeto e de análise

Analogamente ao caso de drenos verticais, as colunas granulares de diâmetro d podem ser executadas com espaçamento l em malhas quadradas ou triangulares (ver Fig. 4.4).

A maioria dos métodos de projeto de colunas granulares baseia-se no conceito de célula unitária (Fig. 6.10), com diâmetro equivalente $d_e = 1,13l$ ou $d_e = 1,05l$, respectivamente para os casos de malha quadrada ou triangular, sendo então a área da coluna, $A_c = \pi \cdot d^2/4$; a área total da

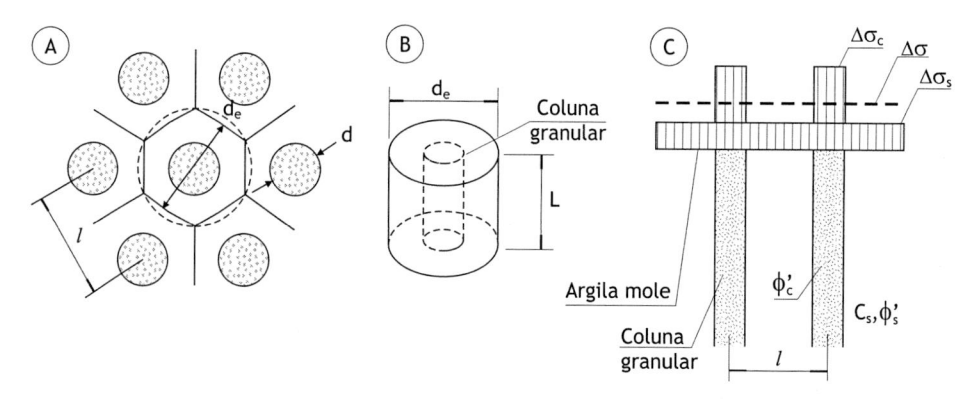

Fig. 6.10 *Esquema de célula unitária: (A) vista superior; (B) célula unitária; (C) distribuição de tensões*

célula, $A = \pi \cdot d_e^2/4$; e a área do solo mole ao redor da coluna, $A_s = A - A_c$. Assim, define-se a razão de substituição por:

$$a_c = \frac{A_c}{A} = c \cdot \left(\frac{d_e}{l}\right)^2 \qquad (6.11)$$

sendo c igual a $\pi/4$ e $\pi/(2\sqrt{3})$, respectivamente para os casos de malha quadrangular e triangular.

Pode-se também definir

$$a_s = \frac{A_s}{A} = 1 - a_c \qquad (6.12)$$

Estudos indicam que, quando o conjunto solo-coluna é carregado, ocorre uma concentração de tensões nas colunas, pelo efeito de maior rigidez das colunas, comparativamente ao solo mole circundante. O fator de concentração de tensões n é expresso pela razão entre os acréscimos de tensões verticais atuantes na coluna $\Delta\sigma_{vc}$ e na argila mole ao redor dela $\Delta\sigma_s$, conforme:

$$n = \frac{\Delta\sigma_{vc}}{\Delta\sigma_{vs}} \qquad (6.13)$$

Estudos numéricos correlacionaram o fator de concentração de tensões n com a razão entre o módulo de elasticidade da coluna E_c e o módulo de elasticidade do solo argiloso E_s (Barksdale; Bachus, 1983). Os resultados obtidos podem ser expressos pela equação (Han, 2010):

$$n = 1 + 0{,}217\left(\frac{E_c}{E_s} - 1\right) \qquad (6.14)$$

Han (2010) recomenda valores de E_c/E_s inferiores a 20, pois valores maiores não se mobilizam *in situ*, ainda que possam ser medidos em laboratório. Para $E_c/E_s = 20$, obtém-se n = 5, que deve ser o valor máximo de n.

Os valores de n recomendados para colunas de brita e de areia (Barksdale; Bachus, 1983; Kitazume, 2005) situam-se entre 2 e 5.

O acréscimo de tensão vertical média $\Delta\sigma$ é considerado igual ao peso específico do aterro γ_{at} vezes a altura do aterro h_{at}; o acréscimo de tensão vertical na coluna é $\Delta\sigma_{vc}$ e o acréscimo de tensão vertical no solo mole, $\Delta\sigma_{vs}$. Fazendo-se o equilíbrio de forças verticais existentes dentro da célula unitária, tem-se:

$$\Delta\sigma\, A = \Delta\sigma_{vc} \cdot A_c + \Delta\sigma_{vs} \cdot A_s \qquad (6.15)$$

Ao se dividir ambos os lados por A, tem-se:

$$\Delta\sigma = \Delta\sigma_{vc} \cdot a_c + \Delta\sigma_{vs} \cdot (1 - a_c) \qquad (6.16)$$

Substituindo a Eq. (6.12) em (6.13) e explicitando cada termo, tem-se:

$$\Delta\sigma_{vs} = \frac{\Delta\sigma}{[1+(n-1)a_c]} = \mu_s \Delta\sigma \qquad (6.17)$$

$$\Delta\sigma_{vc} = \frac{n \cdot \Delta\sigma}{[1+(n-1)a_c]} = \mu_c \Delta\sigma \qquad (6.18)$$

6.2.3 Fator de redução de recalques

Os métodos de cálculo de recalques utilizam, em geral, o conceito de fator de redução de recalques β, definido pela razão entre o recalque do solo natural Δh e o recalque do solo tratado Δh_s:

$$\beta = \frac{\Delta h}{\Delta h_s} \qquad (6.19)$$

O recalque do solo mole não melhorado (não tratado) pode ser expresso pelo coeficiente de compressibilidade (ou de variação volumétrica) do solo m_v:

$$\Delta h = h_{arg} \cdot m_v \cdot \Delta\sigma \qquad (6.20)$$

O coeficiente de compressibilidade do solo é igual ao inverso do módulo oedométrico, E_{oed} ou $m_v = 1/E_{oed}$. Valores do módulo E_{oed} de argilas moles brasileiras foram compilados por Barata e Danziger (1986) e Barata, Danziger e Paiva (2002). Embora a instalação das colunas altere as propriedades do solo existente, esse efeito não tem sido considerado nos métodos de cálculo. Admitindo-se que o recalque do conjunto solo-coluna decorra exclusivamente do recalque do solo mole, pode-se expressá-lo por:

$$\Delta h_s = h_{arg} \cdot m_v \cdot \Delta\sigma_{vs} \qquad (6.21)$$

Substituindo-se (6.18) e (6.19) em (6.17), tem-se:

$$\beta = \frac{\Delta\sigma}{\Delta\sigma_{vs}} \qquad (6.22)$$

Ao se fazer a substituição a partir das equações anteriores, tem-se:

$$\beta = 1 + (n-1)a_c \qquad (6.23)$$

Dessa forma, a questão fundamental é a determinação de n em função da geometria do problema e dos parâmetros do solo mole e da coluna.

Bergado et al. (1994) apresentaram uma revisão dos vários métodos propostos na literatura para o cálculo de β. O método de Priebe (1978, 1995) é o mais utilizado para a estimativa da magnitude dos recalques, conforme discutido a seguir.

6.2.4 Estimativa de recalques

Magnitude de recalques

Para a avaliação de recalques de um aterro sobre colunas granulares, Priebe (1995) propôs um método de cálculo em que são consideradas as seguintes hipóteses:

- a coluna se assenta em uma camada rígida;
- os recalques da coluna e do solo são iguais;
- os pesos específicos da coluna e do solo são desprezados;
- a ruptura plástica da coluna segue a ruptura plástica do solo, com acréscimos de tensões horizontais iguais a $\Delta\sigma_{hc} = K_{ac} \cdot \Delta\sigma_{vc}$; $\Delta\sigma_{hs} = \Delta\sigma_{vs}$; $K_{ac} = tg^2 (45 - \phi_c/2)$, onde ϕ_c é o ângulo de atrito do material da coluna;
- a argila ao redor das colunas funciona como um duto espesso com comportamento elástico (módulo de Young E' e coeficiente de Poisson v') e sem deformação radial da superfície externa do duto (célula unitária);
- a área da seção transversal da célula unitária permanece constante.

Com base nessas hipóteses, foram desenvolvidas equações (Priebe, 1995) para o valor de β, o qual, para o caso particular de coeficiente de Poisson v' = 0,33, pode ser expresso por:

$$\beta = 1 + a_c \left[\frac{(5 - a_c)}{[4K_{ac}(1 - a_c)]} - 1 \right] \quad (6.24)$$

O ábaco da Fig. 6.11 expressa graficamente a Eq. (6.24).

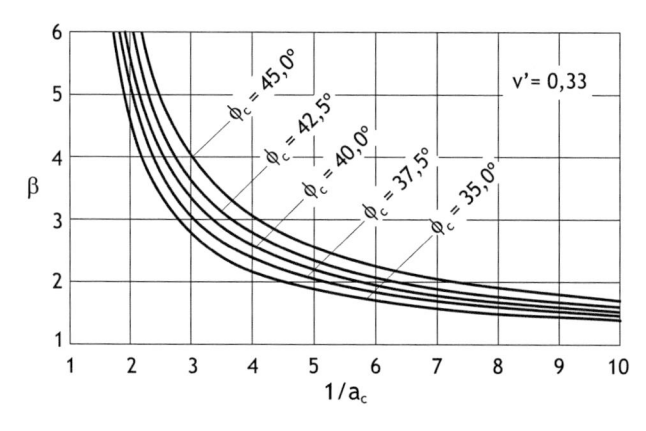

Fig. 6.11 *Fator de redução de recalques* versus *razão de substituição de áreas*

Priebe (1995) apresenta também ábacos e procedimentos de cálculo que incorporam a compressibilidade das colunas e os pesos específicos da coluna e do solo. Entretanto, programas de Elementos Finitos disponíveis atualmente permitem considerar estes e outros fatores de forma mais realista.

Velocidade de recalques

Han e Ye (2002) desenvolveram uma formulação para o cálculo da velocidade de recalques de obras sobre colunas granulares baseada na hipótese de deformações iguais (*equal strain*). Considerou-se o fator de concentração de tensões n, além do amolgamento (*smear*) e da resistência hidráulica do material da coluna. A mistura de argila dentro da coluna durante sua instalação pelo método de vibrossubstituição resulta na diminuição substancial do coeficiente de permeabilidade da coluna (Han, 2010), e essa questão pode ser devidamente considerada nos parâmetros de resistência hidráulica. Mesmo assim, para valores usuais de razão de substituição de colunas a_c adotadas, os recalques de aterros sobre colunas granulares em geral estabilizam-se mais rapidamente do que em obras com drenos verticais usuais. Tan, Tjahyono e Oo (2008) relatam um caso de obra em que os recalques se estabilizaram em 90 dias. Com relação a esse caso, Han (2010) obteve boa concordância entre valores calculados de recalque *versus* tempo considerando a resistência hidráulica das colunas.

6.2.5 Análises de estabilidade

Em geral, a análise de estabilidade de aterros sobre colunas granulares é realizada a partir dos parâmetros de resistência c_m e ϕ_m e do peso específico ponderado γ_m do conjunto solo-coluna. Estes são calculados em função dos parâmetros de resistência da argila mole (c_s e ϕ_s; $c_s = S_u$ e $\phi_s = 0$, no caso mais comum de análise em tensões totais) e da coluna granular (ϕ_c), e do parâmetro m, que é a parcela de carga suportada pela coluna. Um dos métodos mais utilizados é o de Priebe (1978, 1995), que, combinando as teorias da elasticidade e de empuxos de Rankine, chegou a valores ponderados de c_m e ϕ_m determinados por:

$$tg\,\phi_m = m\,tg\phi_c + (1-m)\,tg\phi_s \qquad (6.25)$$

$$c_m = (1-m)\,c_s \qquad (6.26)$$

O parâmetro m é calculado a partir da distribuição de tensões relativa entre coluna-solo, sendo definido a partir dos parâmetros n (Eq. 6.13) e a_c (Eq. 6.11), conforme:

$$m = a_c \frac{\Delta\sigma_{vc}}{\Delta\sigma} = a_c \mu_c \qquad (6.27)$$

Ou, substituindo (6.18) em (6.27):

$$m = \frac{a_c n}{[1+(n-1)a_c]} \qquad (6.28)$$

Priebe (1995) desenvolveu gráficos baseados em a_c e ϕ'_c para a rápida determinação de m. Di Maggio (1978) recomenda um limite inferior de m = a_c. O peso específico médio do solo melhorado poder ser expresso por:

$$\gamma_m = \gamma_c a_c + \gamma_s (1-a_c) \qquad (6.29)$$

6.2.6 Comportamento global de aterros sobre colunas granulares

Construção dos aterros

Estudos de modelagem física em centrífuga realizados por Almeida (1984) e Almeida, Davies e Parry (1985) compararam os desempenhos de dois aterros com colunas granulares (aterros 4 e 6) instaladas com tubo aberto (retirada prévia da argila mole), com um aterro sem coluna granular (aterro 3). Nos ensaios centrífugos (Schofield, 1980), um modelo centrífugo de dimensão N vezes menor que o do protótipo é acelerado a N vezes a aceleração da gravidade, de forma a simular o comportamento do protótipo (que seria a real dimensão em campo).

Nesses casos, as colunas foram instaladas apenas sob o talude do aterro (com o intuito principal de aumento de estabilidade), conforme ilustrado na Fig. 6.12A, em que são apresentados os resultados já para o protótipo. Essa alternativa, mais econômica que o reforço de toda a argila sob o aterro, tem sido utilizada algumas vezes (Rathgeb; Kutzner, 1975).

Duas razões de substituição a_c (Eq. 6.11) da argila foram usadas nesse caso: 4,9% (aterro 4, s = 3,0 m; d = 1,0 m) e 8,7% (aterro 6, s = 4,0 m;

d = 1,0 m). Esses valores são inferiores aos comumente utilizados em argilas muito moles (em geral, entre 10% e 20%), mas tiveram por objetivo avaliar uma situação mais pessimista da eficácia de colunas granulares como reforço de solos moles.

Os três aterros foram construídos em cinco etapas, com histórias de carregamentos indicadas na Fig. 6.12B (escala de protótipo). O aterro 3 atingiu menor altura final (que foi a altura de ruptura) do que os dois aterros com colunas (sem rupturas) e necessitou de um tempo construtivo maior (irreal em termos de prática de engenharia).

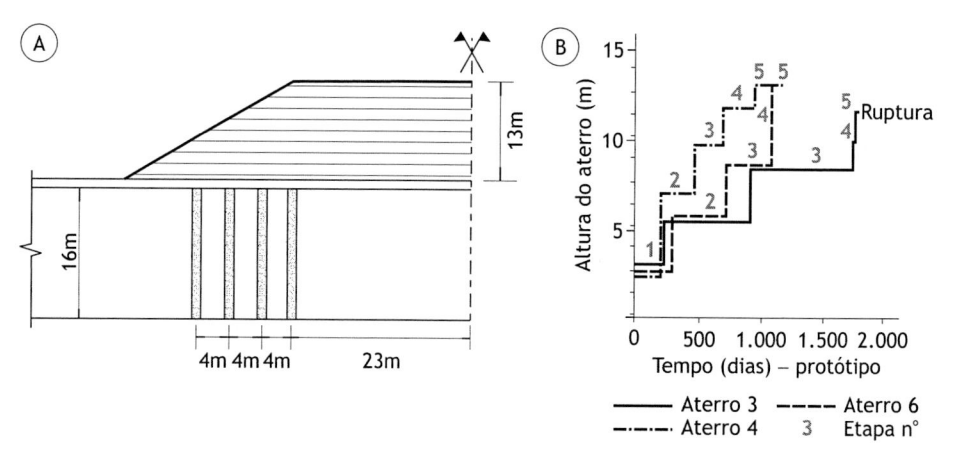

Fig. 6.12 *Modelo centrífugo-protótipo: (A) geometria do aterro 6; (B) história de carregamento dos aterros 3, 4 e 6 (Almeida, 1984)*

Deslocamentos horizontais

Apresentam-se na Fig. 6.13 os resultados de deslocamentos horizontais δ_h para os aterros 3 e 6, para as posições do inclinômetro I1 indicadas na figura. Comparando-se os deslocamentos nas fundações dos aterros 3 e 6, conclui-se que:
- o aterro 6, com colunas granulares, apresenta deslocamentos de cerca da metade dos deslocamentos do aterro 3, sem colunas granulares, e atingiu maior altura em menor prazo construtivo;
- o aterro 3 apresenta deslocamentos horizontais durante o adensamento, em cada estágio, bem superiores aos deslocamentos imediatos decorrentes do carregamento;
- o aterro 3 apresenta uma variação de deslocamentos com a profundidade mais brusca do que o aterro 6, particularmente a partir da

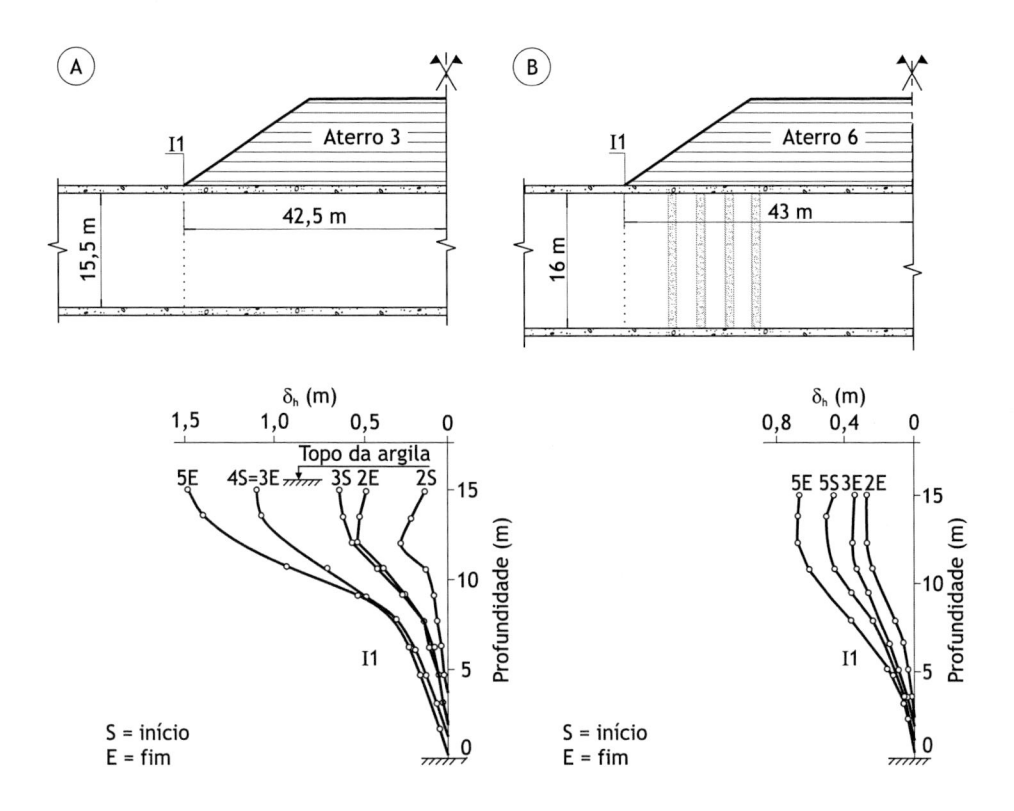

Fig. 6.13 *Geometria e perfil inclinométrico I1 (modelo centrífugo-protótipo): (A) aterro 3; (B) aterro 6 (Almeida, 1984)*

camada 3. Os deslocamentos do aterro na etapa 5E referem-se ao momento de ruptura, ou seja, são excessivos e incompatíveis com o comportamento do aterro em condições de serviço.

Deslocamentos verticais
A comparação entre os recalques ao final do estágio 3, para os aterros 3 e 6, é indicada na Fig. 6.14. As alturas dos dois aterros eram quase idênticas nos dois casos, e alguma dissipação de poropressões ocorreu em ambos os casos. Os maiores recalques observados na região sob o talude, nos dois casos, podem ser decorrentes dos seguintes fatores:
- dissipação de poropressões incompleta (ver item a seguir, sobre as poropressões medidas), sendo maiores as poropressões sob a plataforma do aterro do que sob o talude;

- quando o aterro recalca, pode ocorrer arqueamento, reduzindo a tensão vertical sob o eixo do aterro e aumentando-a sobre o talude, fenômeno este observado experimentalmente por outros autores (Parry, 1972; Borma; Lacerda e Brugger, 1991);
- algum atrito pode ter ocorrido na parte interna da caixa do modelo centrífugo contra o plano de simetria do aterro, apesar dos cuidados experimentais tomados na preparação dos modelos.

Utilizando os excessos de poropressões medidos no final do estágio 3 dos aterros 3 e 6, e $m_v = 1$ m^2/MN, deduzido dos recalques observados, é possível estimar os recalques finais que teriam ocorrido se a dissipação total de poropressões tivesse sido permitida para ambos os casos. Os recalques finais assim calculados são apresentados na Fig. 6.14 e observa-se que no ensaio 6 o recalque máximo ocorre nesse estágio sob o centro do aterro, o que sugere que o atrito na parede interna da caixa centrífuga não é de grande importância. No aterro 3, os recalques máximos ainda ocorrem sob o talude, mas o recalque sob o centro é, nesse caso, 70% do recalque sob o talude. Os recalques finais no centro dos aterros 3 e 6 são quase os mesmos, mas sob o talude os recalques do aterro 6 são apenas 1/3 a 1/2 do aterro 3. Consequentemente, as colunas de areia estão claramente reduzindo os recalques sob o talude.

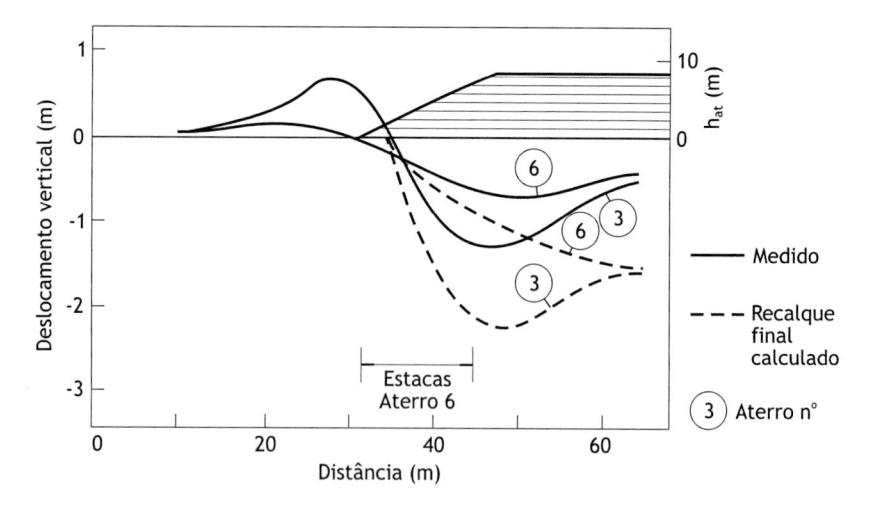

Fig. 6.14 *Deslocamentos verticais na base dos aterros 3 e 6 no estágio 3 (Almeida, 1984)*

Os deslocamentos verticais Δh na base dos aterros 3, 4 e 6 são comparados, na Fig. 6.15, para o último estágio de carregamento, o estágio 5 – que, no caso do aterro 3, é o momento imediatamente antes da ruptura –, sendo que, para os aterros 4 e 6, as poropressões já se tinham dissipado parcialmente. Em razão disso, as comparações são qualitativas apenas. Observa-se que os recalques nos aterros 4 e 6 são muito similares, ou seja, o menor espaçamento utilizado no aterro 4 não acarretou benefício do ponto de vista das magnitudes de recalques. No aterro 3, os recalques e o levantamento na frente dele são claramente superiores aos demais, confirmando resultados de deslocamentos horizontais.

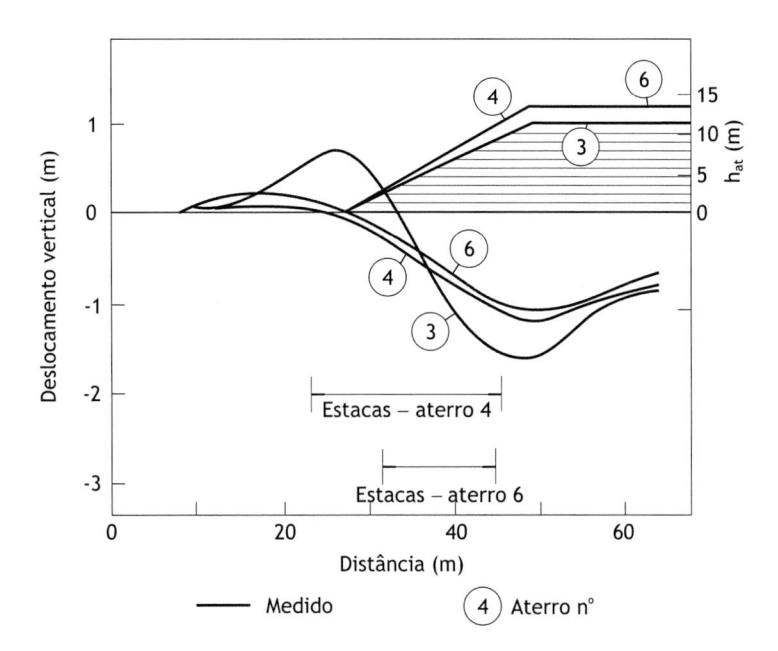

Fig. 6.15 *Deslocamentos verticais na base dos aterros 3, 4 e 6 ao final do estágio 5 (Almeida, 1984)*

Poropressões medidas
Conforme indicado pelos piezômetros localizados aproximadamente nas mesmas posições nos dois ensaios, o aterro 6, provido de colunas granulares sob o talude, apresenta uma dissipação mais rápida de excesso de poropressões do que o aterro 3 (Fig. 6.16). Observe-se, por exemplo, o piezômetro P7, situado dentro da região das estacas de areia no aterro 6, que mostrou uma dissipação mais rápida do que o P6 no aterro 3.

Entretanto, o piezômetro P1 no aterro 6 também apresentou uma taxa de dissipação mais rápida do que o P1 no aterro 3, apesar de aquele estar relativamente afastado da região de estacas no aterro 6.

Análises de estabilidade: aterros construídos em etapas com e sem colunas granulares

As análises de estabilidade dos aterros 4 e 6 foram realizadas em termos de tensões efetivas, que requerem o conhecimento das poropressões medidas durante a construção em estágios (alguns valores medidos estão apresentados na Fig. 6.16). A Fig. 6.17 mostra o modelo utilizado (Almeida, 1984) para a análise de estabilidade, segundo a proposição de Priebe (1978) para a definição dos parâmetros c'_m e ϕ'_m. O peso específico γ_m na zona tratada não foi alterado, tendo em vista o baixo valor de razão de substituição a_s adotado.

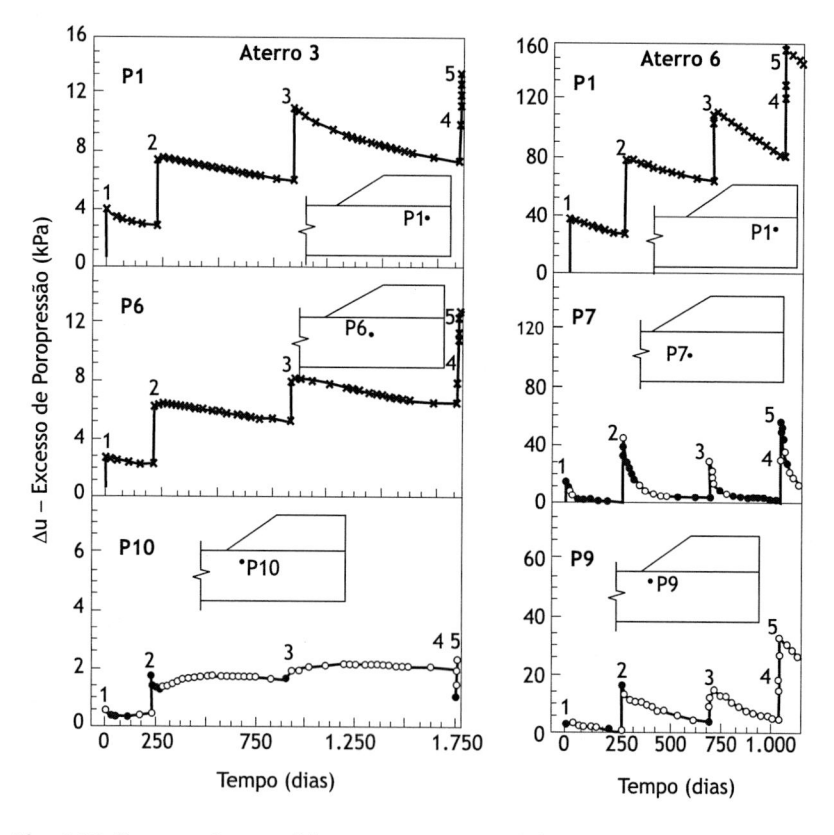

Fig. 6.16 *Poropressões medidas nos aterros 3 e 6 (Almeida, 1984)*

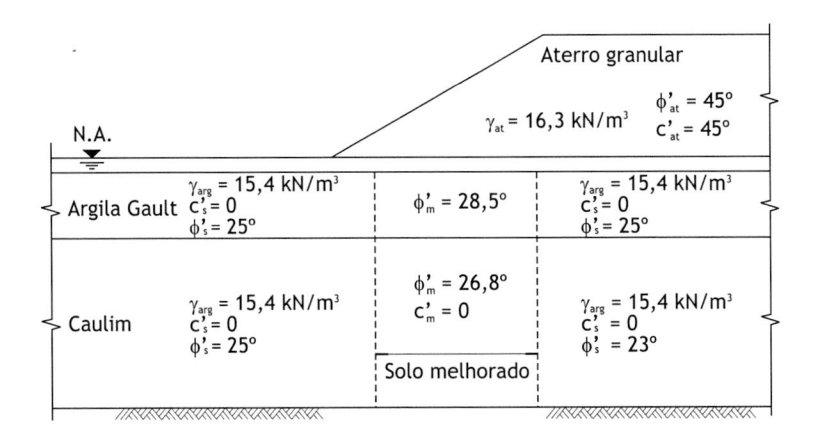

Fig. 6.17 *Modelo utilizado para análise de estabilidade do aterro com fundação tratada com colunas granulares (Almeida, 1984)*

Na Fig. 6.18 comparam-se os fatores de segurança F_s dos aterros 3 e 6. Observam-se, conforme esperado, maiores F_s – e incrementos de F_s durante cada estágio – para a fundação tratada com colunas granulares. O aterro 6 atingiu aproximadamente 13 m de altura sem a ocorrência de ruptura, ainda que o valor final de F_s tenha sido próximo da unidade. O aterro 3 rompeu com 11,6 m de altura, com F_s igual a 0,91.

A melhor estabilidade e a maior altura alcançada pelo aterro 6, com colunas granulares, comparado com o aterro 3, sem colunas, indica claramente o efeito benéfico exercido pelas colunas granulares na argila mole.

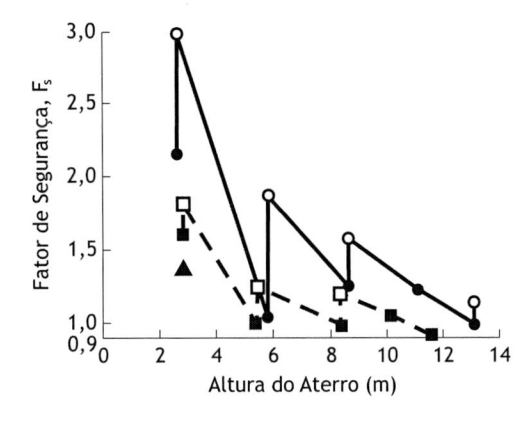

	Símbolos	
Aterro 3	■ Início do estágio □ Fim do estágio	Análise em tensões efetivas
	▲ S_u Palheta	Análise em tensões totais
Aterro 6	● Início do Estágio ○ Fim do Estágio	Análise em tensões efetivas

Fig. 6.18 *Variação de F_s durante a construção dos aterros 3 e 6 (Almeida, 1984)*

6.3 Colunas granulares encamisadas

A coluna granular encamisada com geotêxtil pode ser uma solução alternativa à coluna granular convencional, no caso de camadas de argilas muito moles nas quais as colunas não recebem o necessário confinamento lateral da argila. O princípio dessa técnica, desenvolvida na Alemanha em meados dos anos 1990, é exemplificado na Fig. 6.19.

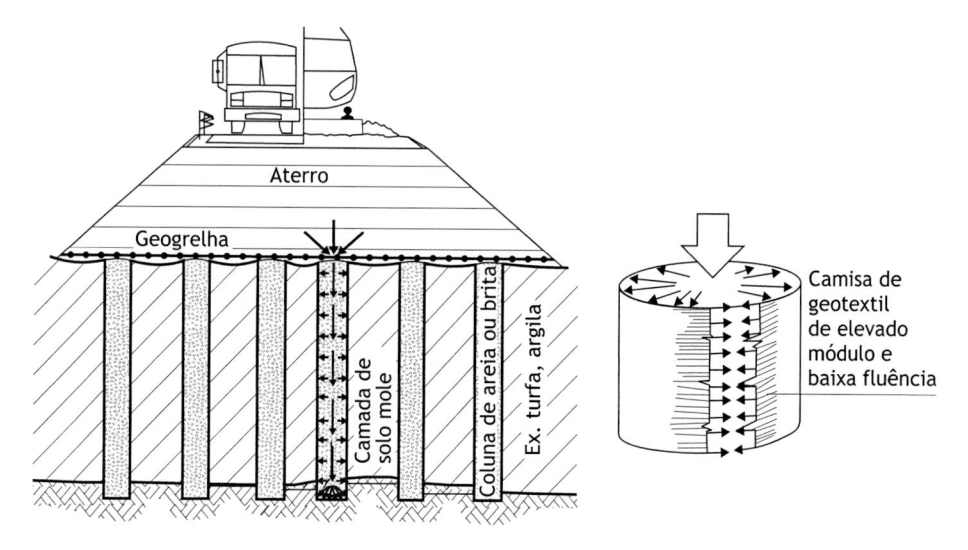

Fig. 6.19 *Esquema de um aterro executado sobre colunas encamisadas com geossintéticos, sobre solo mole (Raithel; Kempfert, 2000)*

Em geral, o encamisamento usado nas colunas consiste de um geotêxtil com alto módulo e baixo coeficiente de fluência e que mantém as características favoráveis de drenagem da coluna granular. Os materiais granulares utilizados podem ser areia ou brita; esta última, porém, proporciona maior rigidez global da coluna.

6.3.1 Método executivo

Colunas encamisadas podem ser executadas com ou sem deslocamento lateral da argila. No caso de argilas muito moles, as colunas geralmente são executadas com deslocamento da argila, conforme exemplificado na Fig. 6.20. Nesse caso, um tubo de ponta fechada com ponta articulada é inserido na argila, com o uso de vibração, se necessário (Fig. 6.20A,B). Atingido o extrato subjacente inferior (Fig. 6.20C), o encamisamento de geotêxtil é inserido internamente no tubo (Fig. 6.20D), que é então preenchido com areia ou brita (Fig. 6.20E). Finalmente, saca-se o tubo com vibração (Fig. 6.20F), finalizando-se assim a execução da coluna (Fig. 6.20G).

Colunas encamisadas executadas com deslocamento da argila têm, em geral, diâmetro da ordem de 0,80 m, sendo o diâmetro do geotêxtil idealmente igual ao diâmetro interno do tubo (Alexiew; Horgan; Brokemper, 2003).

O espaçamento entre colunas situa-se comumente entre 1,5 m e 2,5 m. Valores de módulos J do geotêxtil situam-se, em geral, na faixa entre 2.000 e 4.000 kN/m.

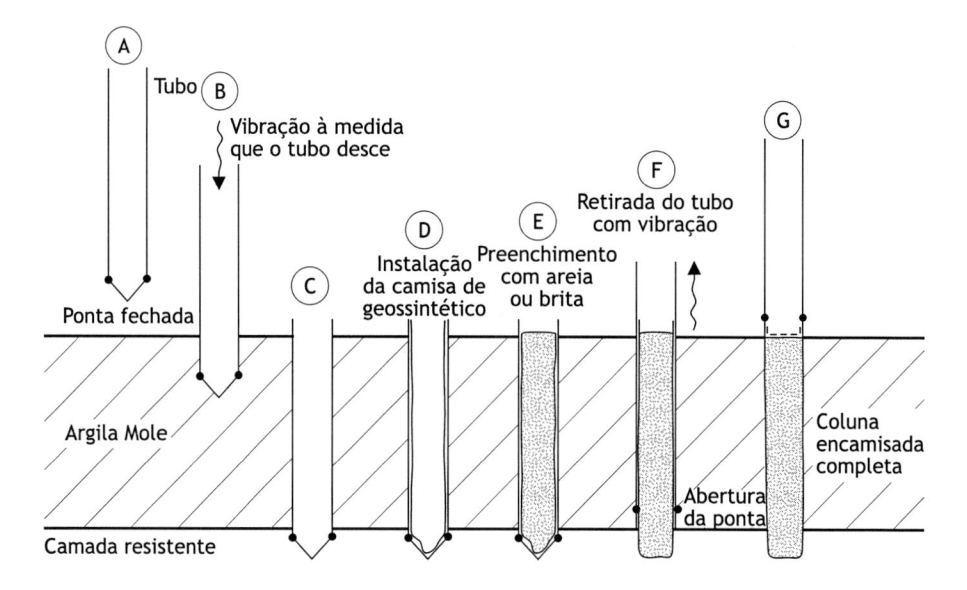

Fig. 6.20 *Execução de colunas encamisadas pelo método de deslocamento (Raithel; Kempfert, 2000)*

6.3.2 Métodos de cálculo

Os métodos de cálculo mais utilizados para o dimensionamento de colunas encamisadas são os propostos por Raithel (1999) e Raithel e Kempfert (2000). As principais hipóteses desses métodos para uma célula unitária de raio r_e são (ver Fig. 6.21):
- coluna assente em camada subjacente indeformável;
- recalques iguais da coluna e do solo no seu entorno;

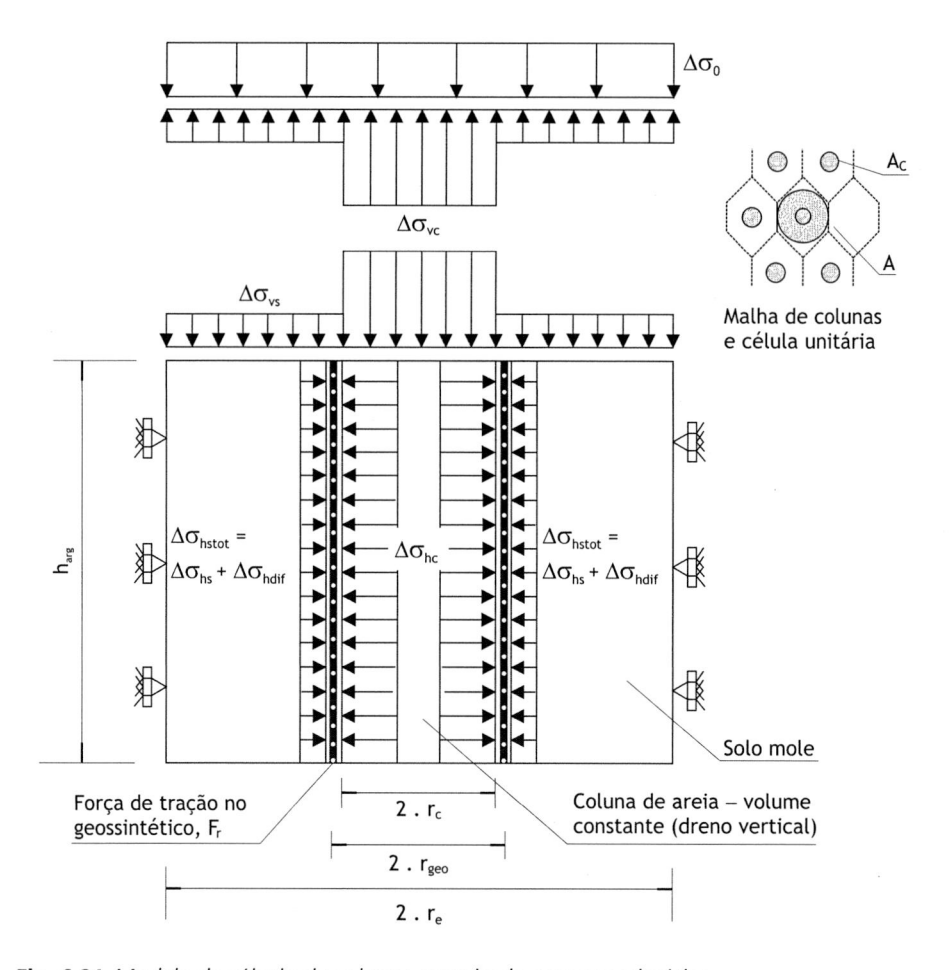

Fig. 6.21 *Modelo de cálculo da coluna encamisada com geossintético*

- condição de empuxo ativo K_{ac} na coluna;
- para o método da escavação, utiliza-se a condição $K_{os} = 1 - \text{sen } \phi'$ para o solo no entorno da coluna granular; para o método do deslocamento, utiliza-se a condição K_{os}^* (K_o majorado);
- o geotêxtil de reforço tem comportamento linear elástico;
- cálculo para a condição drenada (argila mole com parâmetros c'_s e ϕ'_s), pois esta é a condição de maiores recalques.

O geossintético responsável pelo encamisamento (de cilindro com raio r_{geo}) possui um comportamento elástico-linear e módulo de rigidez J, sendo o acréscimo de força no geossintético dado por:

$$\Delta F_R = J \cdot \frac{\Delta r_{geo}}{r_{geo}} \quad (6.30)$$

A compatibilidade de deformações horizontais relaciona o valor da variação do raio da coluna (Δr_c) com a variação do raio do geossintético (Δr_{geo}), de acordo com a Eq. (6.31), sendo r_c o raio inicial da coluna:

$$\Delta r_c = \Delta r_{geo} + (r_{geo} - r_c) \quad (6.31)$$

A variação do raio da coluna (Δr_c) é calculada segundo a abordagem proposta por Ghionna e Jamiolkowsky (1981), como função da diferença de tensões horizontais $\Delta \sigma_{hdif} = \Delta \sigma_{hc} - (\Delta \sigma_{hs} + \Delta \sigma_{hgeo})$, que resulta na parcial mobilização do empuxo passivo no solo do entorno:

$$\Delta r_c = \Delta \sigma_{hdif} / E^* \cdot (1/a_c - 1) \cdot r_c \quad (6.32)$$

Objetiva-se obter o valor de Δr_c de forma a possibilitar a obtenção da força atuante no geossintético (Eq. 6.30) e do recalque (Eq. 6.36) resultante do carregamento ($\Delta \sigma_0$) gerado pela construção do aterro sobre a coluna.

A deformação horizontal da coluna Δr_c e o recalque do solo s_s (admitido como igual ao recalque da coluna s_c) podem ser calculados por um processo iterativo com o uso das Eqs. (6.33) e (6.34). Os cálculos baseiam-se na abordagem proposta por Ghionna e Jamiolkowsky (1981). No processo iterativo, deve-se determinar o valor de $\Delta \sigma_{vs}$ e, então, o valor de Δr_c pela Eq. (6.34).

(6.33)
$$\left\{ \frac{\Delta \sigma_{vs}}{E_{oeds}} - \frac{2}{E^*} \cdot \frac{v_s}{1-v_s} \left[\begin{array}{c} K_{ac} \cdot \left(\frac{1}{a_c} \cdot \Delta \sigma_0 - \frac{1-a_c}{a_c} \cdot \Delta \sigma_{vs} + \sigma_{voc} \right) - \\ K_{os} \cdot \Delta \sigma_{vs} - K_{os}^* \cdot \sigma_{vos} + \frac{(r_{geo}-r_c) \cdot J}{r_{geo}^2} - \frac{\Delta r_c \cdot J}{r_{geo}^2} \end{array} \right] \right\} \cdot h_c =$$
$$\left[1 - \frac{r_c^2}{(r_c + \Delta r_c)^2} \right] \cdot h_c$$

$$\Delta r_c = \frac{K_{ac} \cdot \left(\dfrac{1}{a_c} \cdot \Delta\sigma_0 - \dfrac{1-a_c}{a_c} \cdot \Delta\sigma_{vs} + \sigma_{voc} \right) - K_{os} \cdot \Delta\sigma_{vs} - K_{os}^* \cdot \sigma_{vos} + \dfrac{(r_{geo} - r_c) \cdot J}{r_{geo}^2}}{\dfrac{E^*}{(1/a_c - 1) \cdot r_c} + \dfrac{J}{r_{geo}^2}}$$ (6.34)

onde:

$a_c = A_c/A$ (razão de áreas);
$\Delta\sigma_0$ – acréscimo de tensão vertical (aterro sobre as colunas);
σ_{voc} – tensão vertical inicial (sem a sobrecarga) do solo da coluna;
σ_{vos} – tensão vertical inicial (sem a sobrecarga) do solo no entorno;
K_{ac} – coeficiente de empuxo ativo gerado pelo material da coluna.

O valor de E^* é dado por:

$$E^* = \left(\frac{1}{1-\nu_s} + \frac{1}{1+\nu_s} \cdot \frac{1}{a_c} \right) \cdot \frac{(1+\nu_s).(1-2\nu_s)}{(1-\nu_s)} \cdot E_{oeds}$$ (6.35)

onde ν_s é o coeficiente de Poisson do solo e E_{oeds}, o módulo oedométrico do solo.

O valor do recalque é dado por:

$$\Delta h_s = \Delta h_c = \left(1 - \frac{r_c^2}{(r_c + \Delta r_c)^2} \right) \cdot h_c$$ (6.36)

onde h_c é a altura da coluna e r_c, o raio inicial da coluna.

Durante as iterações, recomenda-se atualizar os valores de r_c e h_c com base nos valores obtidos de Δr_c e Δh_s (ou Δh_c). Para cálculos preliminares, recomenda-se o uso do módulo oedométrico do solo como um valor constante. Para um cálculo mais preciso, considera-se a dependência do módulo oedométrico do solo E_{oeds} (ver Eq. 6.37) com o nível de tensões, sendo sua variação representada pela equação:

$$E_{oeds} = E_{oedsref} \cdot \left(\frac{P^*}{P_{ref}}\right)^m \quad (6.37)$$

onde:

$E_{oedsref}$ – módulo oedométrico de referência (módulo obtido para uma tensão P_{ref});
P_{ref} – tensão de referência;
E_{oeds} – módulo oedométrico para uma dada tensão;
P^* – tensão atuante;
m – expoente.

Para aplicações práticas, pode-se utilizar o valor de P^* (Kempfert; Gebreselassie, 2006), dado pela seguinte equação:

$$P^* = \frac{(\sigma_2^* + \sigma_1^*)}{2} \quad (6.38)$$

sendo:

$$\sigma_{1,2}^* = \frac{1}{2} \cdot \{(\Delta\sigma_{vs} + \sigma_{vos}) + [K_o \cdot \Delta\sigma_{vs} + K_{os}^* \cdot \sigma_{vos} + \Delta\sigma_{hdif}]\} + c_s \cdot \cot\phi_s \quad (6.39)$$

onde c_s é a coesão do solo e ϕ_s é o ângulo de atrito do solo. Nesse caso, σ^*_1 e σ^*_2 são as tensões antes e após o carregamento, respectivamente.

Um estudo paramétrico realizado por Alexiew, Brokemper e Lothspeich (2005) para um exemplo típico de aterro sobre solo mole, indicado na Fig. 6.22, ilustra bem a aplicação das equações acima. Nesse estudo, houve variação dos seguintes parâmetros: módulo J do geotêxtil, entre 1.000 e 4.000 kN/m; altura do aterro, entre 6 m e 14 m; espaçamento das colunas, em termos de razão de substituição a_c, entre 10% e 20%. Os resultados do referido estudo para o valor de módulo oedométrico do solo igual a 500 kPa são indicados na Fig. 6.23.

Espessura da camada mole = 10 m
Peso específico submerso da argila, γ'_s = 7 kN/m³
Parâmetros efetivos de resistência, ϕ'_s = 25° e c'_s = 10 kN/m²
$E_{oedsref}$ = 0,5 MPa
Coeficiente de Poisson, ν' = 0,4

Aterro
h_{at} = 6 m, 10 m, 14 m
γ_{at} = 19 kN/m³

Argila mole

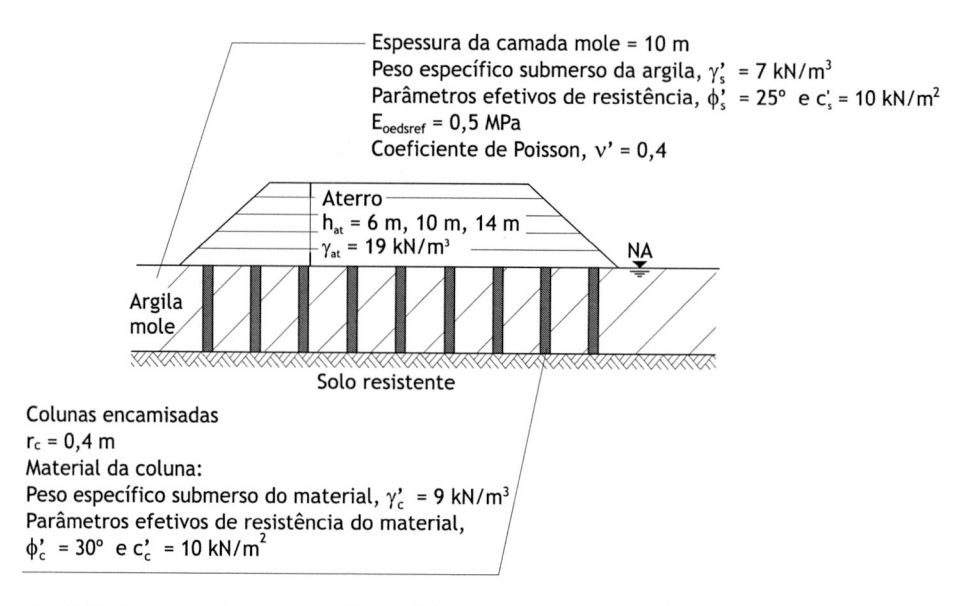

Solo resistente

Colunas encamisadas
r_c = 0,4 m
Material da coluna:
Peso específico submerso do material, γ'_c = 9 kN/m³
Parâmetros efetivos de resistência do material,
ϕ'_c = 30° e c'_c = 10 kN/m²

Fig. 6.22 *Esquema do aterro analisado (Alexiew; Brokemper; Lothspeich, 2005)*

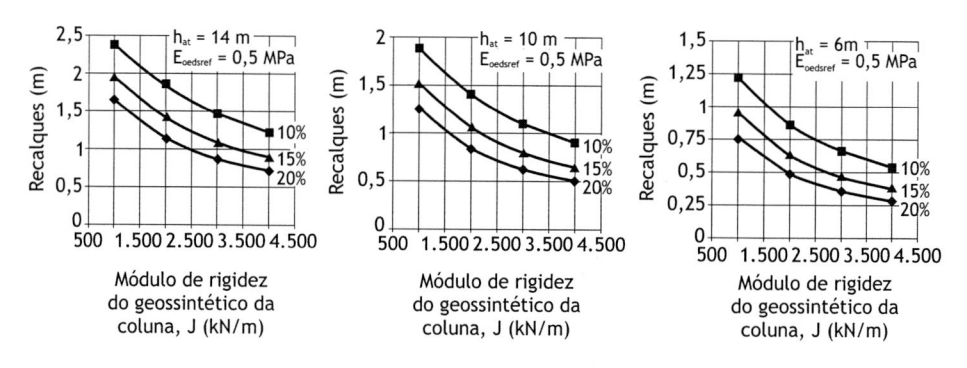

Fig. 6.23 *Recalques x módulo de encamisamento para $E_{oedsref}$ = 0,5 MPa (Alexiew; Brokemper; Lothspeich, 2005)*

6.3.3 Aplicações de aterros sobre colunas granulares encamisadas

A experiência bem-sucedida com o uso da técnica de colunas encamisadas tem sido relatada por diversos autores (Kempfert, 2003; Raithel et al., 2005; Mello et al., 2008). A Fig. 6.24 (Kempfert, 2003; Raithel et al., 2005) resume os resultados de fator de redução de recalques β *versus* razão de substituição a_c (Eq. 6.11) para diversos projetos, incluindo resul-

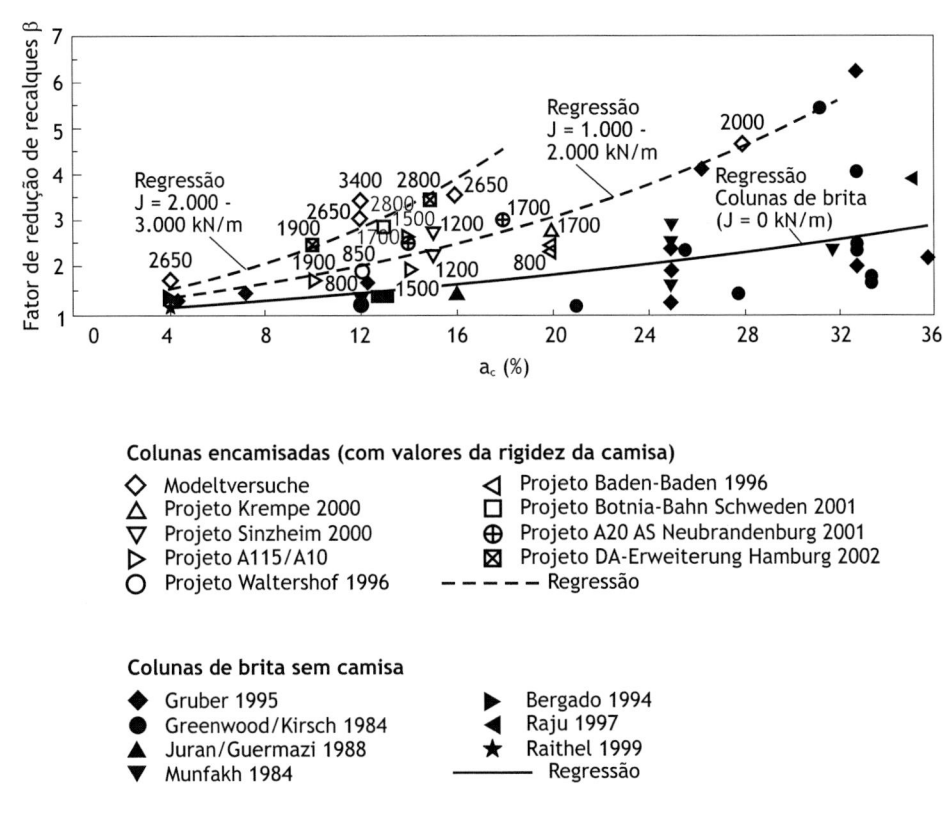

Fig. 6.24 *Fatores de redução de recalques em função da razão de substituição a_c*

tados de colunas granulares convencionais. Observa-se que as colunas encamisadas proporcionam, em geral, valores de coeficientes de substituição β superiores aos das colunas granulares não encamisadas.

Colunas de areia encamisadas foram usadas pioneiramente na América do Sul em uma rodovia executada (Mello et al., 2008) próximo à cidade de São José dos Campos, a 100 km da cidade de São Paulo. O subsolo nesse local é composto por duas camadas de argila mole separadas por uma camada de areia siltosa. As colunas foram instaladas utilizando-se um equipamento para execução de estacas Franki, com ponta fechada. Após a instalação do encamisamento, a areia era depositada dentro do geossintético e o tubo era retirado com o auxílio de um martelo vibratório. A Fig. 6.25 mostra a coluna em fase final de execução, e a Tab. 6.3 apresenta um resumo das características das colunas utilizadas e alguns resultados do monitoramento.

Fig. 6.25 Detalhes de execução de coluna encamisada

TAB. 6.3 RESUMO DAS CARACTERÍSTICAS DAS COLUNAS E RESULTADOS OBTIDOS

Características	Valores
Diâmetro das colunas	0,70 m
Geotêxtil utilizado no encamisamento	tensão última de 130 kN/m e rigidez de 2.000 kN/m
Comprimento das colunas	≈ 10 m
Espaçamento	1,85 e 2,2 m
Recalques medidos	100 mm
Tempo de estabilização após o início das leituras	6 meses

Na construção do pátio de minério da CSA (Alexiew; Moormann, 2009) foram também utilizadas colunas de areia encamisadas. Na área específica de uso dessa técnica, o subsolo local era constituído de camadas de argila muito moles e compressíveis. As características das colunas usadas no local são resumidas na Tab. 6.4.

TAB. 6.4 CARACTERÍSTICAS DA ÁREA CARREGADA E DAS COLUNAS (ALEXIEW; MOORMANN, 2009)

Características	Valores
Diâmetro das colunas	0,78 m
Comprimento das colunas	10 m - 12 m
Espaçamento	2 m x 2 m
Geotêxtil utilizado no encamisamento	Ringtrac 100/250 e 100/275

6.4 Comentários finais

Este capítulo descreveu três métodos construtivos e procedimentos de projeto de aterros sobre elementos de estacas. Outros métodos construtivos desse tipo de aterro também têm sido utilizados, além dos três aqui descritos. Menores deslocamentos e rapidez de execução são as principais vantagens desses métodos construtivos em comparação aos métodos tradicionais. Os três métodos descritos têm sido utilizados em solos muito moles e têm apresentado melhor desempenho para aterro de altura moderada a alta.

O uso de aterro com melhores propriedades geotécnicas de resistência e com compactação adequada melhora o desempenho global dessas técnicas construtivas, o que também acontece quando se usam geossintéticos na base de aterros sobre colunas granulares. O sucesso da aplicação dessas técnicas requer projeto executivo cuidadoso, com o detalhamento de cada um dos componentes (coluna, capitel, aterro, geossintético) e da interface entre eles, além da cuidadosa execução em campo.

Tendo em vista a diversidade de materiais envolvidos nas técnicas aqui descritas (aterro, solo mole, geossintético e estaca ou coluna), com diferentes características de resistência e de deformabilidade, recomenda-se o uso de métodos numéricos, como o de Elementos Finitos, para análises complementares. A "solução estrutural" de plataforma de laje de concreto (em lugar da plataforma de geossintético) é uma alternativa (ver Cap. 1), já adotada pelos autores em algumas situações práticas, mas que foge ao escopo deste livro.

A técnica de aterro sobre laje de concreto armado e estacas tem sido utilizada principalmente em situações de camadas extremamente moles e espessas, nas quais os prazos construtivos são exíguos e quando os recalques pós-construtivos devem ser praticamente nulos. Essa técnica consiste na execução de uma laje sobre uma malha de estacas com capitéis, conforme indicado na Fig. 6.26.

Comparada com a geogrelha, a laje não apresenta as deformações do aterro em médio e em longo prazo e, além disso, há o engastamento das estacas, o que contribui para uma melhor distribuição das cargas horizontais na periferia do aterro. As desvantagens dessa técnica são o custo da laje e o fato de esta impermeabilizar o terreno, diminuindo a área de infiltração.

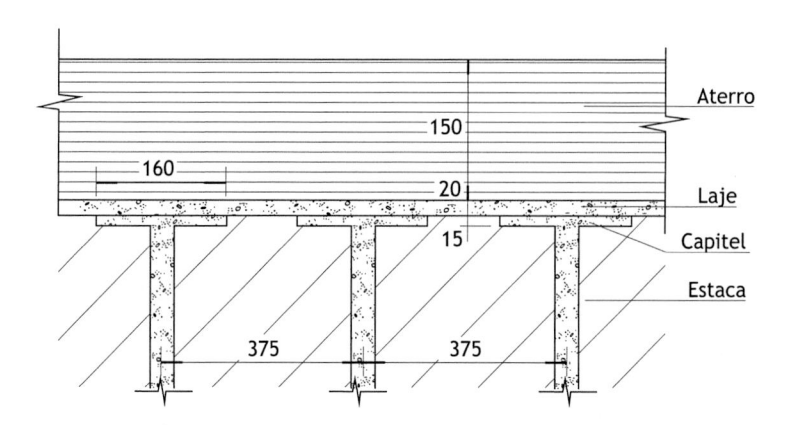

Fig. 6.26 Exemplo de um aterro sobre laje de concreto

7 Monitoramento de aterros sobre solos moles

Os principais objetivos do monitoramento de um aterro sobre solos moles são verificar as premissas de projeto; auxiliar o planejamento da obra, principalmente no que concerne à sua segurança nas fases de carregamentos e descarregamentos; e garantir a integridade de obras vizinhas. Para que esses objetivos sejam atingidos, a instrumentação proposta para o monitoramento, a campanha de leituras e sua análise devem atender a alguns critérios importantes:

- deve-se conhecer a grandeza da medida que o instrumento fornecerá e a faixa de variação esperada;
- as análises devem ser realizadas logo após as leituras, a fim de que haja tempo adequado para decisões com relação à obra;
- a especificação técnica da instrumentação deve informar como os instrumentos serão instalados, sua locação e profundidade, a periodicidade das leituras e de que forma as medidas serão realizadas. Deve também informar o prazo para a apresentação das análises, os valores de alerta e as decisões associadas a esses valores;
- os instrumentos devem ser locados por coordenadas e altimetria. A instrumentação deve ser, na medida do possível, instalada próxima a locais onde foram executados sondagens e ensaios.

Dunnicliff (1998) apresenta com detalhe os mais diversos tipos de instrumentação geotécnica e recomendações para sua utilização. Os instrumentos comumente utilizados para monitorar o comportamento de aterros sobre solos moles são apresentados na Fig. 7.1.

7.1 Monitoramento dos deslocamentos verticais

7.1.1 Placas de recalques

As placas de recalques são os instrumentos mais simples que compõem um Projeto de Instrumentação e têm por objetivo medir os desloca-

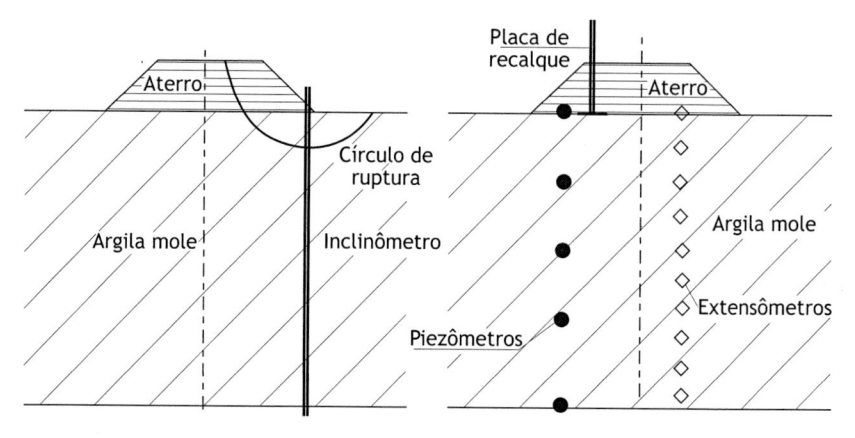

Fig. 7.1 Seção esquemática de um projeto de monitoramento de aterros sobre solos moles

mentos verticais. Compõem-se de placas metálicas (pode-se utilizar também outros materiais, desde que apresentem rigidez adequada) quadradas solidarizadas a hastes que possuem roscas nas pontas, de forma a permitir seu prolongamento com o alteamento do aterro, conforme detalhado na Fig. 7.2. O tubo em PVC no entorno da haste tem como função minimizar o atrito haste-aterro. Para o monitoramento das placas é fundamental que haja um *benchmark* (referência indeslocável) nas proximidades do aterro.

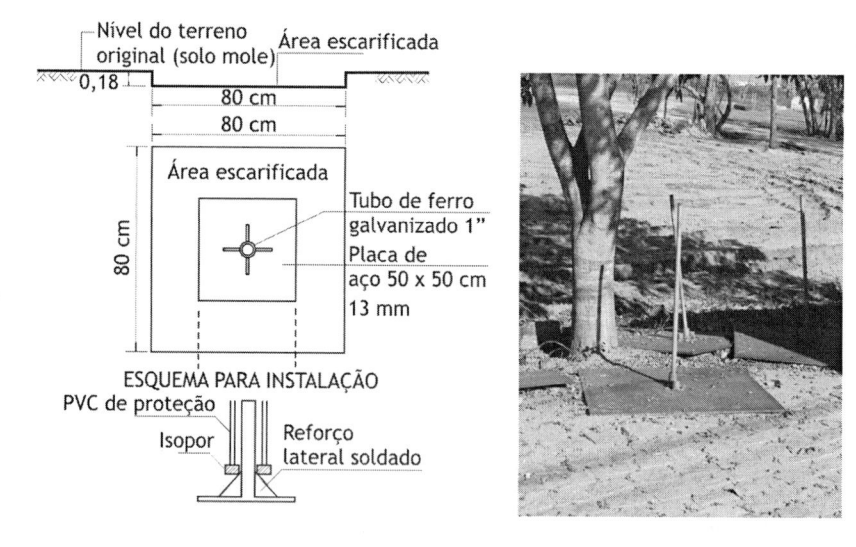

Fig. 7.2 Detalhe de uma placa de recalque

Para evitar danos nas placas, executa-se um cercado de proteção rudimentar no seu entorno, que é retirado durante o alteamento do aterro, de forma a permitir que se faça a compactação cuidadosa em torno da placa (Fig. 7.3). Deve-se garantir a integridade dos instrumentos, o que nem sempre é possível, razão pela qual existe a tendência de se instalar mais instrumentos do que o necessário.

As placas de recalque são um instrumento de simples execução e fácil instalação, e devem ser instaladas antes do lançamento do material de aterro, para que não se perca nenhum registro de recalques dessa fase. A localização das placas deve ser tal que possibilite a comparação dos resultados de suas leituras com as premissas de projeto. Assim, recomenda-se que sejam instaladas nas proximidades de sondagens e longe de regiões de bordo do aterro, cuja análise é mais complexa.

Fig. 7.3 *Detalhe de placa de recalque no campo (observar a compactação cuidadosa no entorno da placa)*

A periodicidade das leituras depende dos cronogramas executivos do aterro, da velocidade de lançamento de material. Em geral, durante a execução do aterro, as leituras são realizadas duas vezes por semana, diminuindo para cerca de uma vez por semana após o término da construção do aterro. A equipe de topografia contratada para as leituras deverá também informar as espessuras de aterro no local de instalação das placas, para cada leitura efetuada.

Pode-se utilizar as placas também para auxiliar a medida de volumes de terraplenagem, que não podem ser medidos por nivelamento topográfico, em função dos recalques que ocorrem durante a execução do aterro. Adicionalmente, devem ser instaladas hastes ancoradas na base do aterro para fornecer medidas adicionais de espessuras de aterro.

7.1.2 Extensômetros

Enquanto as placas de recalque medem a totalidade dos recalques que ocorrem sob o aterro, os tassômetros ou extensômetros fornecem medidas de recalques em profundidade associados a subcamadas com características geotécnicas distintas. Os extensômetros são instalados dentro da camada de argila mole, conforme mostrado esquematicamente na Fig. 7.1. Esses instrumentos, mais utilizados em projetos de grande porte, permitem o cálculo da deformação específica vertical das camadas, que é calculada a partir da diferença entre os deslocamentos medidos pelos instrumentos quando instalados nas fronteiras das camadas.

O extensômetro magnético (Fig. 7.4) é o mais utilizado nas medidas de recalques em profundidade e consiste na instalação de um tubo ao longo da camada mole, até sua ancoragem em uma referência indeslocável. Os anéis magnéticos (tipo aranha) são instalados no entorno do tubo e ancorados no solo do entorno, de forma a permitir seu deslocamento junto com o solo. Introduz-se uma sonda acoplada a uma trena graduada no tubo com um dispositivo na ponta que emite um sinal sonoro na passagem da posição do anel magnético. As leituras são realizadas em relação ao referencial indeslocável no fundo da vertical.

Extensômetros de corda vibrante ainda são pouco utilizados no Brasil, mas apresentam bom desempenho, principalmente no que diz respeito à facilidade no registro das leituras.

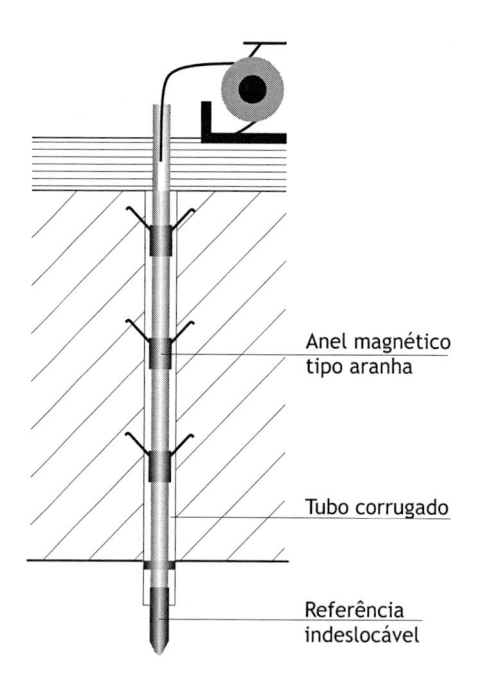

Fig. 7.4 *Detalhe de um extensômetro magnético*

7.1.3 Perfilômetros

O perfilômetro (Palmeira; Ortigão, 1981; Borba, 2007) permite a obtenção de um perfil de recalques contínuo ao longo de uma horizontal, sendo esta a principal vantagem em comparação com a placa de recalques, que fornece recalques pontuais. Na Fig. 7.5 compara-se esquematicamente os resultados dos dois instrumentos.

7 # MONITORAMENTO DE ATERROS SOBRE SOLOS MOLES

Instala-se um tubo na base do aterro, muito semelhante ao tubo inclinométrico (descrito a seguir), provido de uma corda no seu interior, para puxar o sensor do instrumento.

Uma possível dificuldade na utilização desse tipo de instrumentação é que, se os recalques forem grandes, pode ser difícil passar a sonda ao longo do tubo. Nesse caso, o perfilômetro ficará inoperante. Essa sonda pode ser análoga ao torpedo do inclinômetro.

Uma vantagem do perfilômetro é que o aterro fica desprovido de hastes de medidas, as quais usualmente interferem na movimentação dos equipamentos pesados de terraplenagem, pois é muito comum as placas de recalques serem danificadas durante tais serviços.

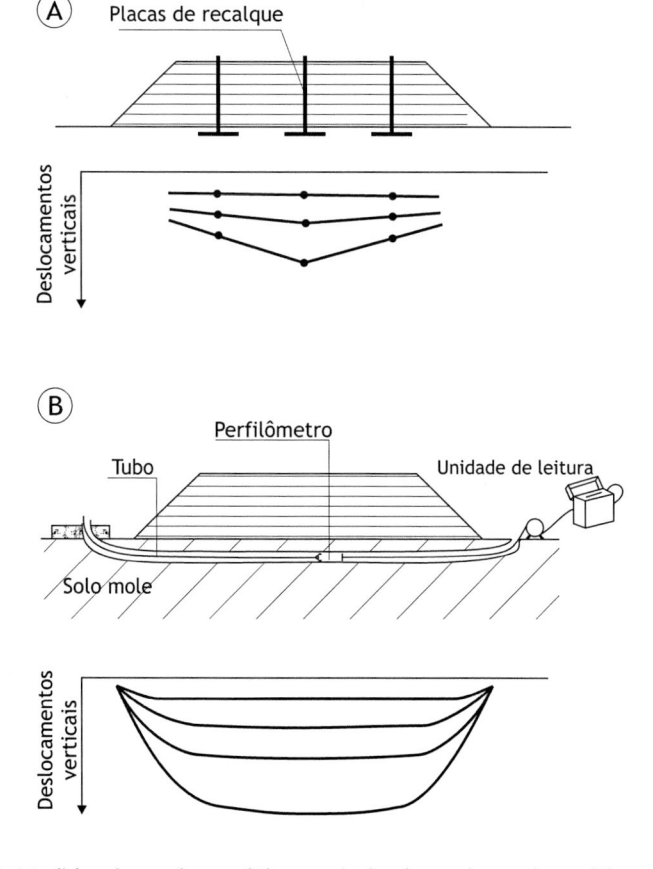

Fig. 7.5 *Medidas de recalques: (A) a partir de placas de recalque; (B) a partir do perfilômetro (Ortigão; Almeida, 1988 - DNER-PRO 381/98)*

7.2 Medidas dos deslocamentos horizontais

O inclinômetro é um instrumento utilizado para medir os deslocamentos horizontais ao longo de uma vertical, por meio da medida do desvio do tubo com relação à vertical. O tubo inclinométrico (tubo guia), instalado no solo até uma camada indeslocável (Fig. 7.6A), contém ranhuras ao longo de seu comprimento (Fig. 7.6B) e pode ser metálico ou em PVC. Uma sonda (torpedo – Fig. 7.6C) com rodas retráteis é introduzida nesse tubo, e as rodas garantem o alinhamento ao longo da sua passagem no

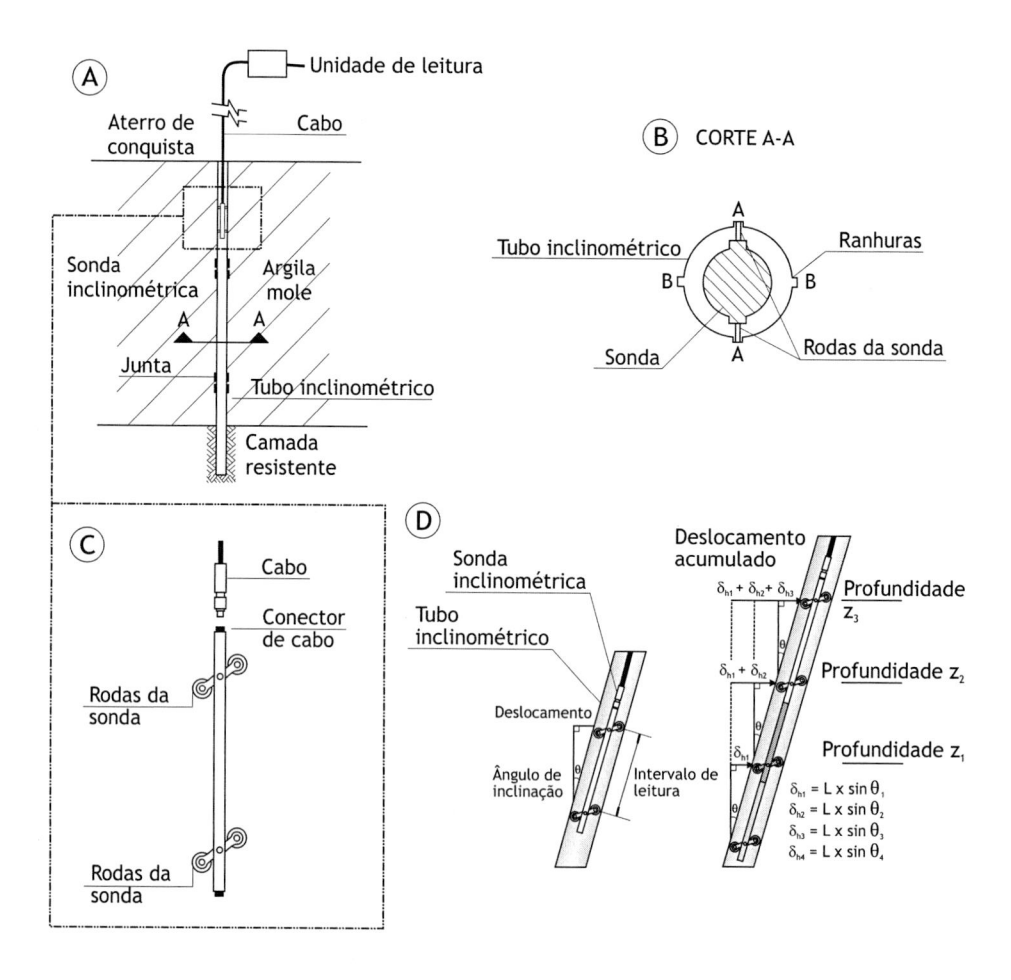

Fig. 7.6 *Detalhe esquemático de um inclinômetro: (A) e (B) tubo inclinométrico e sonda inclinométrica; (C) sonda inclinométrica; (D) detalhe das leituras*

interior do tubo. As ranhuras do tubo também servem para indicar a direção das leituras com relação à obra (Fig. 7.6B). No caso de aterros sobre solos moles, deve-se instalar o tubo de forma que as ranhuras sejam perpendiculares ao pé do aterro, garantindo que os maiores deslocamentos sejam lidos na mesma direção (AA) do alinhamento de um par de ranhuras. Independentemente disso, as leituras devem ser realizadas na direção perpendicular (BB) e, caso necessário, calcula-se a resultante vetorial do deslocamento entre as direções AA e BB.

Como os deslocamentos horizontais em obras sobre solos moles podem ser bastante elevados, recomenda-se que, antes de cada leitura, se verifique a integridade do tubo com a descida de uma falsa sonda, para evitar a perda da sonda verdadeira.

Na Fig. 7.6D apresentam-se os cálculos dos desvios acumulados medidos por uma sonda inclinométrica passando dentro do tubo, que permitem o cálculo dos deslocamentos acumulados. As leituras são realizadas com intervalos constantes (L = 0,5 m, 1 m etc.), em movimento ascendente.

7.3 MEDIDAS DE POROPRESSÕES

As medidas de poropressões são realizadas por piezômetros dos mais diversos tipos. O piezômetro mais utilizado em aterros sobre solos moles é o de Casagrande (de ponta aberta – Fig. 7.7A). Na ponta do piezômetro (profundidade de instalação), há um filtro composto de um tubo em PVC perfurado envolto em geotêxtil para minimizar a colmatação.

Os piezômetros elétricos e os de corda vibrante (Fig. 7.7B), embora mais onerosos, apresentam menor tempo de resposta do que o de Casagrande, visto que, neste último, é necessário que o tubo piezométrico se preencha de água para se obter a leitura. Também não interferem com o processo de compactação do aterro no seu entorno, ao contrário do tubo piezométrico, que deve ter proteção semelhante à apresentada na Fig. 7.3. Além disso, permitem as medidas de poropressões negativas que ocorrem no pré-carregamento por vácuo. Por outro lado, é possível realizar ensaio de permeabilidade *in situ* no piezômetro Casagrande, o que não ocorre com o elétrico.

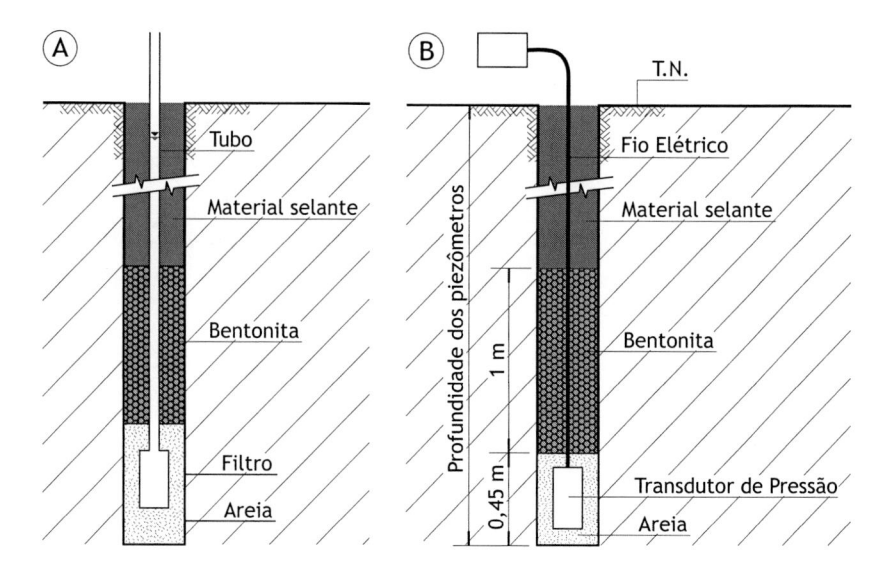

Fig. 7.7 *Esquema de piezômetros: (A) Casagrande; (B) elétrico ou de corda vibrante*

7.4 MEDIDAS DO GANHO DE RESISTÊNCIA NÃO DRENADA DA ARGILA

Em geral, a medida do ganho da resistência não drenada de uma argila é realizada ao final da fase de adensamento prevista para uma etapa de carregamento, conforme discutido em detalhe na seção 5.8.

Cabe ressaltar que na estimativa do ganho de resistência de projeto deve ser considerado o efeito da submersão na tensão efetiva ao final da etapa, analisando-se uma nova geometria, em que se consideram as espessuras alteradas da camada de argila mole, ou seja, o perfil de S_u fica deformado em função dos recalques que ocorrem. Nesse caso, a instalação de extensômetros auxilia a interpretação desses resultados, pois é possível distinguir qual foi a deformação de cada camada e associar ao ganho de resistência.

7.5 MONITORAMENTO DE ESFORÇOS EM REFORÇOS COM GEOSSINTÉTICOS

Os instrumentos empregados nas medidas de esforços em reforços são dimensionados especificamente para o reforço em questão. No Brasil, há poucos relatos de reforços instrumentados para medição de esforços.

Almeida et al. (2007) descrevem a instrumentação de um aterro estruturado sobre estacas, capitéis e geogrelhas. A medida dos esforços de tração na geogrelha foi efetuada fixando-se três sensores por meio de um conector composto por uma barra de aço acoplada a uma esfera, sendo que o seu interior movimenta-se livremente em todas as direções. Esse elemento foi utilizado para que não ocorresse momento no conjunto. Os sensores são protegidos com um tubo rígido de PVC após a sua instalação.

Magnani, Almeida e Ehrlich (2009) descrevem a instrumentação de um aterro reforçado sobre solos moles, onde células de carga foram instaladas no reforço com o objetivo de medir os esforços de tração, e dimensionadas para suportar os esforços construtivos das atividades de terraplenagem e superar os efeitos de relaxação de geossintéticos. Essas células foram conectadas em uma faixa de 1,5 m de largura de geossintético, de forma que as fibras do geossintético estivessem alinhadas e depois protegidas com resina epóxi.

As instrumentações descritas por Almeida et al. (2007) e Magnani, Almeida e Ehrlich (2009) foram preparadas artesanalmente em laboratório, visando ao uso específico do estudo. Atualmente a instrumentação com fibras óticas está sendo cada vez mais utilizada para esse tipo de monitoramento.

7.6 Interpretação dos resultados de monitoramento

A partir das análises da evolução dos recalques com o tempo, s(t), e da variação da poropressão, $\Delta u(t)$, é possível obter parâmetros de campo, tais como coeficientes de adensamento e recalques a tempo infinito, e também os valores de alerta para os quais aterros devem ser removidos ou alteados, no caso de uso de sobrecargas e de aterros executados em etapas. O Quadro 7.1 apresenta alguns métodos de cálculo propostos por diversos autores e os parâmetros obtidos.

7.6.1 Método de Asaoka (1978)

Asaoka (1978) propôs um método de simples aplicação para a interpretação dos resultados de medidas de recalques com o tempo, para a obtenção de coeficientes de adensamento vertical e previsão dos recalques finais. Os procedimentos para a utilização do método de Asaoka (1978) são:

Quadro 7.1 Métodos de cálculo para avaliação do desempenho de aterros sobre solos moles

Métodos de cálculo	Dados necessários ao cálculo	Parâmetros obtidos
Ellstein (1971)	s (t)	s_∞, c_v
Long e Carey (1978)	s (t)	s_∞, c_h
Tan (1971)	s (t)	s_∞
Asaoka (1978)*	s (t)	s_∞, c_v, c_h
Scott (1961)	s (t)	c_v, c_h
Escario e Uriel (1961)	s (t) e s_∞	c_h
Orleach (1983)*	Δu	c_v, c_h

(*) apresentados a seguir

1. traçar a curva $s \cdot t$ e definir o valor de Δt constante;
2. buscar os valores de s espaçados igualmente de Δt (Fig. 7.8A) e plotá-los no gráfico $s_i \times s_{i-1}$ (Fig. 7.8B);
3. ajustar uma reta por meio dos pontos, obter a inclinação β_1 e calcular c_v, c_h por meio das Eqs. (7.1) (p/ drenagem vertical) e (7.2) (p/drenagem radial);
4. traçar a reta de 45º, $s_i = s_{i-1}$, e obter o recalque final s_∞.

Os valores de c_v e c_h são calculados por:

$$c_v = -\frac{5}{12} \cdot h_d^2 \cdot \frac{\ln\beta_1}{\Delta t} \qquad (7.1)$$

$$c_h = -\frac{F(n)}{8} \cdot d_e^2 \cdot \frac{\ln\beta_1}{\Delta t} \qquad (7.2)$$

No Cap. 4 é descrito com detalhe como são obtidos os valores de $F(n)$ (Eq. 4.8) e d_e (Eqs. 4.11 e 4.13).

Para a drenagem radial e vertical combinada, deve-se atribuir um valor de c_v e determinar c_h, utilizando-se as seguintes equações:

$$-\frac{\ln\beta_1}{\Delta t} = \frac{8c_h}{d_e^2 \cdot F(n)} + \frac{\pi^2 c_v}{4h_d^2} \qquad (7.3)$$

$$c_h = \frac{-d_e^2 F(n)}{8} \cdot \left(\frac{\ln\beta_1}{\Delta t} + \frac{\pi^2 c_v}{4h_d^2} \right) \qquad (7.4)$$

Recomenda-se adotar intervalos de tempo (Δt) entre 30 e 90 dias, e são necessários, no mínimo, três intervalos para a estimativa de recalques e a estimativa do c_v ou c_h de campo, ou seja, somente após esse período pode-se obter resultados que conduzam a alguma decisão por parte da equipe da obra.

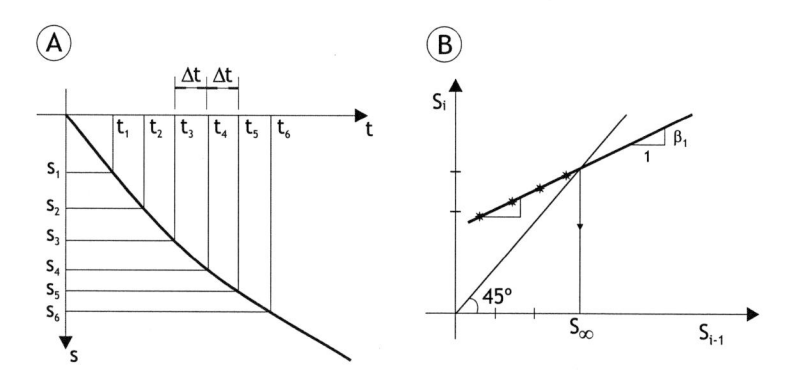

Fig. 7.8 Construção gráfica do método de Asaoka (1978): (A) curva tempo × recalque; (B) reta ajustada

7.6.2 Análise das poropressões

Os dados de poropressão podem ser interpretados conforme proposto por Orleach (1983), descrito em detalhe por Ferreira (1991). Os valores de c_v e c_h são calculados por:

$$c_v = -\frac{4h_d^2 \alpha_1}{\pi^2} \qquad (7.5)$$

$$c_h = -\frac{F(n) d_e^2 \alpha_1}{8} \qquad (7.6)$$

onde α_1 pode ser obtido por meio do traçado do gráfico log(Δu) *versus* t, conforme a Fig. 7.9.

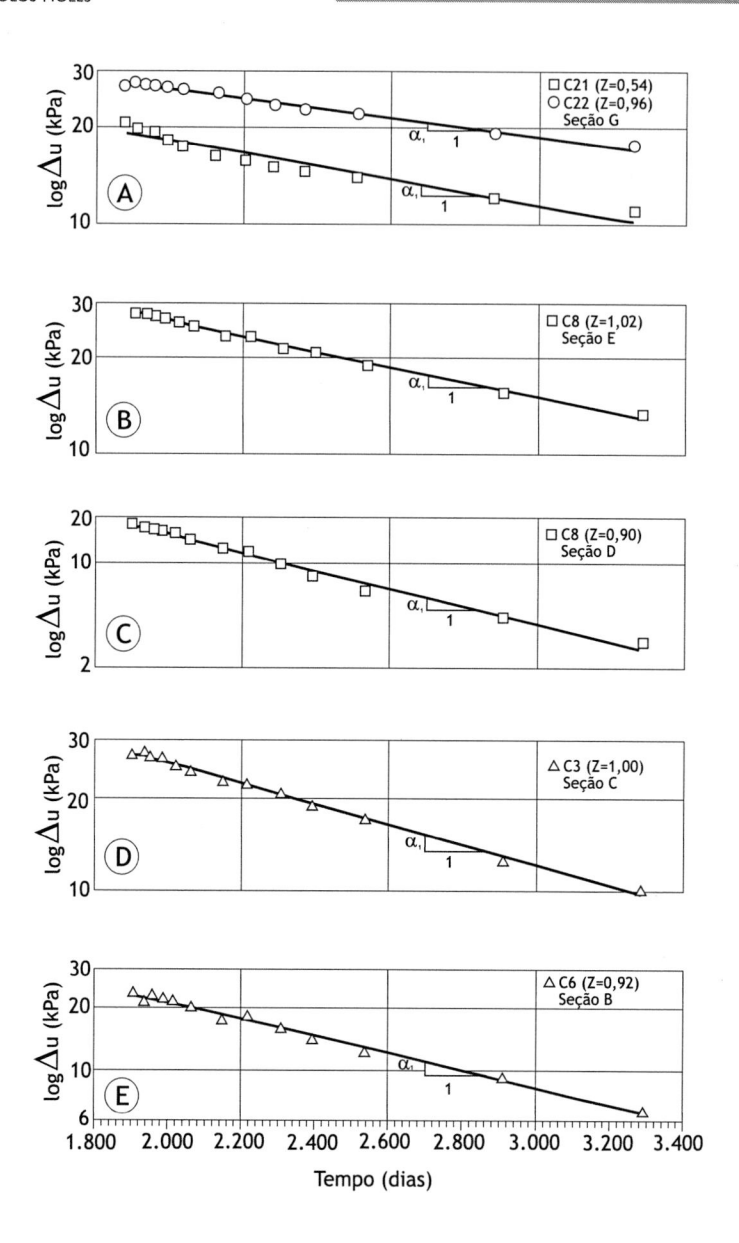

Fig. 7.9 *Curvas de log poropressão × tempo (Ferreira, 1991)*

Como a Eq. (7.6) foi desenvolvida para drenagem puramente radial, o piezômetro a ser analisado deve ser cuidadosamente escolhido e, no caso de camada duplamente drenante, deve-se dar preferência a piezômetros localizados no meio da camada.

7.6.3 Discussão sobre a obtenção de c_v e c_h a partir de monitoramento

A Tab. 7.1 apresenta resultados de coeficientes de adensamento obtidos a partir de ensaios de campo e laboratório comparados com as medidas de monitoramento de campo em dois depósitos de solos moles do Rio de Janeiro. Observa-se a diferença nos resultados, que variam, por vezes, em até uma ordem de grandeza.

Quando o recalque por compressão secundária é de magnitude considerável e ocorre em paralelo ao recalque por adensamento primário, o método de Asaoka (1978) pode proporcionar resultados inconsistentes (Almeida; Ferreira, 1992; Schmidt, 1992; Pinto, 2001). O valor de β_1 (Fig. 7.8D) é afetado pela compressão secundária, ou seja, os valores de c_v obtidos são operacionais, pois incluem recalques por adensamento secundário, daí serem maiores que os valores medidos em laboratório. O mesmo ocorre com c_h, mas em menor grau, pois quando há drenos verticais, o adensamento radial é mais rápido, uma vez que as distâncias de drenagem são menores, como discutido no Cap. 3, e a compressão secundária ocorre majoritariamente após a primária, visto que esta é acelerada pelo uso dos drenos.

Schmidt (1992) mostrou que baixos valores de relação de tensões aplicadas com relação à tensão inicial ($\Delta\sigma'_{vf}/\sigma'_{vo}$) podem conduzir a erros nos valores de c_v obtidos com o método de Asaoka (1978), uma vez que, nesse caso, a compressão secundária é importante (conforme discutido no item "Carregamento não instantâneo", na seção 3.1.2), pois quanto menor é o valor de $\Delta\sigma/\sigma$, maior é a parcela de compressão secundária na curva de recalque.

Almeida et al. (1993) obtiveram valores semelhantes de c_v a partir de ensaios de campo e de laboratório, quando comparados com os de campo obtidos com o método de Asaoka (1978), devido ao elevado $\Delta\sigma'_v$ (altura de aterro da ordem de 24 m), pois quase não se observou compressão secundária.

Pinto (2001) discutiu a validade do método de Asaoka (1978) e observou que tanto os valores de c_v quanto os valores de recalques finais previstos pelo método são muito suscetíveis ao período de monitoramento. A partir de uma série de resultados com diferentes períodos de observação, para 100 dias de observação, o valor de c_v foi $9{,}5 \times 10^{-7}$ m²/s, enquanto após 4.050 dias, o c_v foi de $5{,}6 \times 10^{-7}$ m²/s.

Tab. 7.1 Valores de c_v e c_h a partir de ensaios de laboratório, campo e monitoramento

Argila de Sarapuí (Almeida; Ferreira, 1992)			
Métodos de cálculo ou medida direta	Profundidade (m)	c_v (10^{-8} m²/s)	c_h (10^{-8} m²/s)
Ensaio oedométrico, Método de Taylor, Coutinho (1976)	5-6	1,2	2,4
Piezocone, Houlsby e T_{EH} (1988) (Danziger, 1990)	2,2-8,2	1,6-4,4	3,1-8,7
Instrumentação de campo, placas de recalque Asaoka (1978) (Schmidt, 1992)	Camada inteira	17,8	3,1-4,4
Instrumentação de campo, extensômetros magnéticos, Asaoka (1978) (Almeida et al., 1989)	Camada inteira	22,6	4,2-8,1
Instrumentação de campo, piezômetros Casagrande, Orleach (1983) (Ferreira, 1991)	3,3-8,3	2,2-4,5	1,2-2,8
Argila da Barra da Tijuca (Almeida et al., 2001)			
Métodos de cálculo ou medida direta	Faixa de variação de c_h (10^{-8} m²/s)		c_h (médio) (10^{-8} m²/s)
Instrumentação de campo, placas de recalque, Asaoka (1978)	3,7-10,5		6,8
Piezocone (Houlsby; Teh, 1988)	2,4-13,7		8,2
Ensaios oedométricos com drenagem radial	3,6-6,8		5,0

Para a argila de Sarapuí (Tab. 7.1), há uma consistência global dos resultados de c_h, mas não dos resultados de c_v. Observa-se que os coeficientes obtidos a partir de resultados de placas são maiores do que os obtidos por piezometria, o que parece ser um reflexo da compressão secundária nos recalques. Outra razão para essa ocorrência é a não linearidade entre tensões efetivas e índices de vazios, não considerada na teoria de adensamento convencional, que é utilizada no procedimento de Asaoka (1978) (Orleach, 1983).

Para a argila da Barra da Tijuca (Tab. 7.1), observou-se que a consistência geral dos valores obtidos provavelmente se deve à utilização de geodrenos na aceleração dos recalques.

Em resumo, as diferenças nos valores dos coeficientes de adensamento obtidos por diversos métodos decorrem de diversos fatores, entre eles:
- em laboratório, a análise é unidimensional, e em campo, as condições de contorno são diferentes;
- em campo, há ocorrência de lentes de areias, e as amostras de pequenas dimensões não reproduzem essa ocorrência em ensaios de laboratório;
- a compressão secundária em campo influencia a análise dos resultados.

7.6.4 Estabilidade do aterro a partir da análise dos deslocamentos horizontais

A avaliação da estabilidade de um aterro sobre solos moles pode ser realizada qualitativamente com base em resultados de inclinometria. A partir das leituras inclinométricas é possível calcular as distorções ao longo do tubo inclinométrico. A distorção d é o arco tangente da reta que liga dois pontos consecutivos da curva de deslocamentos horizontais contra a profundidade, e calculada por:

$$d = arctg.\left(\frac{\delta_{h1} - \delta_{h2}}{z_1 - z_2}\right) \qquad (7.7)$$

onde δ_{h1} e δ_{h2} são os deslocamentos horizontais (Fig. 7.6D) nas profundidades z_1 e z_2, respectivamente. A Fig. 7.10A apresenta os deslocamentos horizontais máximos com o tempo em uma determinada profundidade de um inclinômetro. Cabe ressaltar que, com a ocorrência do processo de adensamento, a profundidade desses valores pode alterar-se com o tempo. Na Fig. 7.10B apresentam-se os perfis de distorções medidas com o tempo. Observa-se que na profundidade de 5 m a distorção é máxima, indicando a plastificação da argila nessa profundidade.

As velocidades de distorção podem então ser calculadas para uma determinada profundidade, conforme:

$$v_d = \frac{\Delta d}{\Delta t} (\% / dia) \tag{7.8}$$

Almeida, Oliveira e Spotti (2000) recomendaram que:

- para $v_d > 1,5\%$ por dia, é aconselhável cautela, como a interrupção do carregamento;
- para v_d entre 0,5% e 1,5% por dia, atenções especiais são requeridas, uma vez que o processo de plastificação pode estar ocorrendo, mas ainda não se ter propagado totalmente. Assim, o aumento do número de leituras na semana e/ou a instalação de mais uma vertical na mesma linha de talude são medidas aconselháveis;

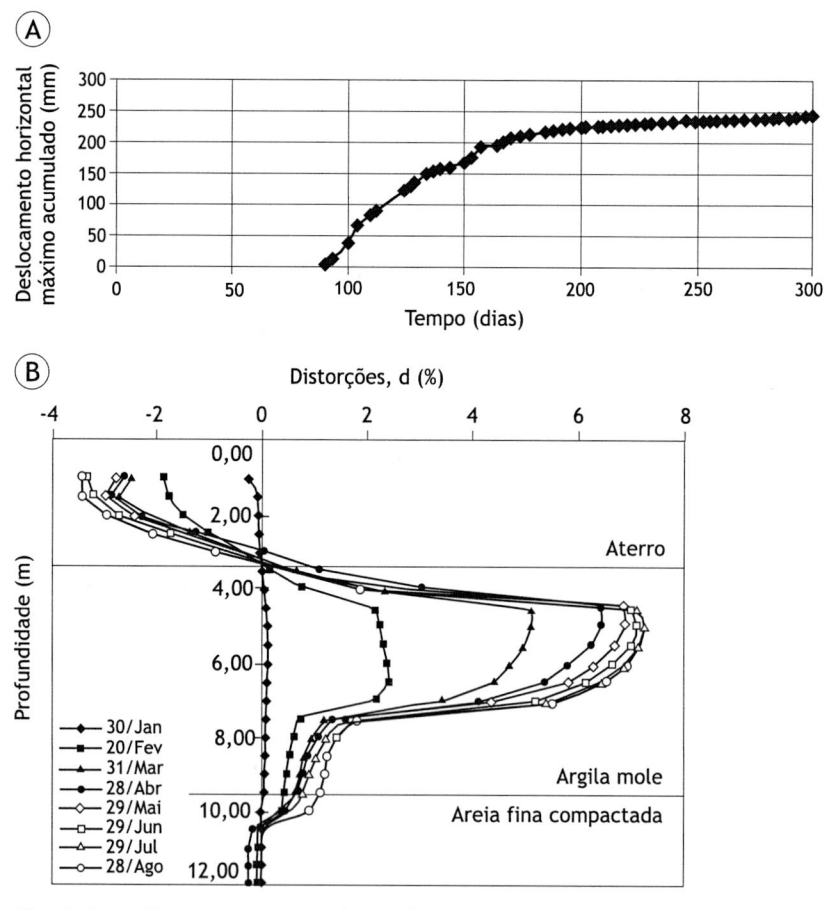

Fig. 7.10 *Inclinometria na ETE Alegria: (A) deslocamentos horizontais máximos; (B) perfis de distorção com o tempo (Almeida; Oliveira; Spotti, 2000)*

- para $v_d < 0{,}5\%$ por dia, não há, a princípio, grandes preocupações, merecendo apenas a continuidade no acompanhamento, até que se verifique uma estabilização.

Nessas análises, deve-se considerar que a camada de solo que está sendo monitorada sofre recalques, razão pela qual há um deslocamento dos pontos de máxima distorção dentro da camada mole.

Cabe ressaltar que o inclinômetro instalado em uma região da obra não é garantia de que toda a obra apresenta velocidades de distorção semelhantes, em razão da grande variabilidade estratigráfica e mesmo das velocidades de carregamento, que podem ser diferentes ao longo da obra.

Sandroni, Lacerda e Brandt (2004) propuseram um método para a avaliação da segurança de aterros sobre solos moles em que são estimados volumes a partir de deslocamentos horizontais (V_h) e verticais (V_v), que devem ser obtidos desde o início da construção do aterro (Fig. 7.11). O procedimento leva em consideração que os volumes V_v e V_h são semelhantes, considerando-se estado plano de tensões e condições de ruptura não drenadas. Quando há tendência à ruptura, a relação V_v/V_h cai acentuadamente, tendendo à unidade; quando há interrupção de carregamento (em carregamento por etapas, por exemplo), V_v/V_h tende a aumentar com o adensamento.

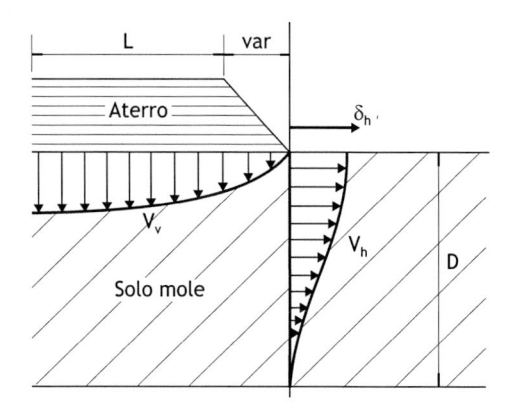

Fig. 7.11 Detalhes dos volumes estimados a partir do monitoramento (Sandroni; Lacerda; Brandt, 2004)

Magnani et al. (2008) aplicaram esses dois procedimentos em aterros levados à ruptura e observaram bons resultados em ambos.

7.6.5 Curvas de compressão *in situ*

A partir das medidas de poropressões e deformações obtidas com extensômetros, é possível obter a curva de compressão de uma subcamada, conforme indicado esquematicamente na Fig. 7.12.

Marques (2001) monitorou um aterro submetido a pré-carregamento por vácuo e, a partir das medidas de poropressão e de deformações de duas camadas (Fig. 7.13), obteve as curvas de compressão. Na Fig. 7.14 apresenta-se a comparação das curvas *in situ* com as curvas de compressão dos ensaios oedométricos convencionais executados a 20°C, obtidas na mesma profundidade das camadas.

As tensões verticais efetivas no estado limite *in situ* (tensão de sobreadensamento) foram inferiores

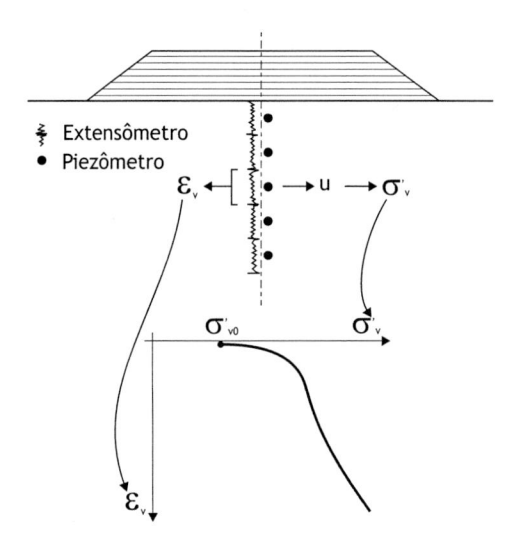

Fig. 7.12 *Detalhe da curva de compressão de uma subcamada de argila*

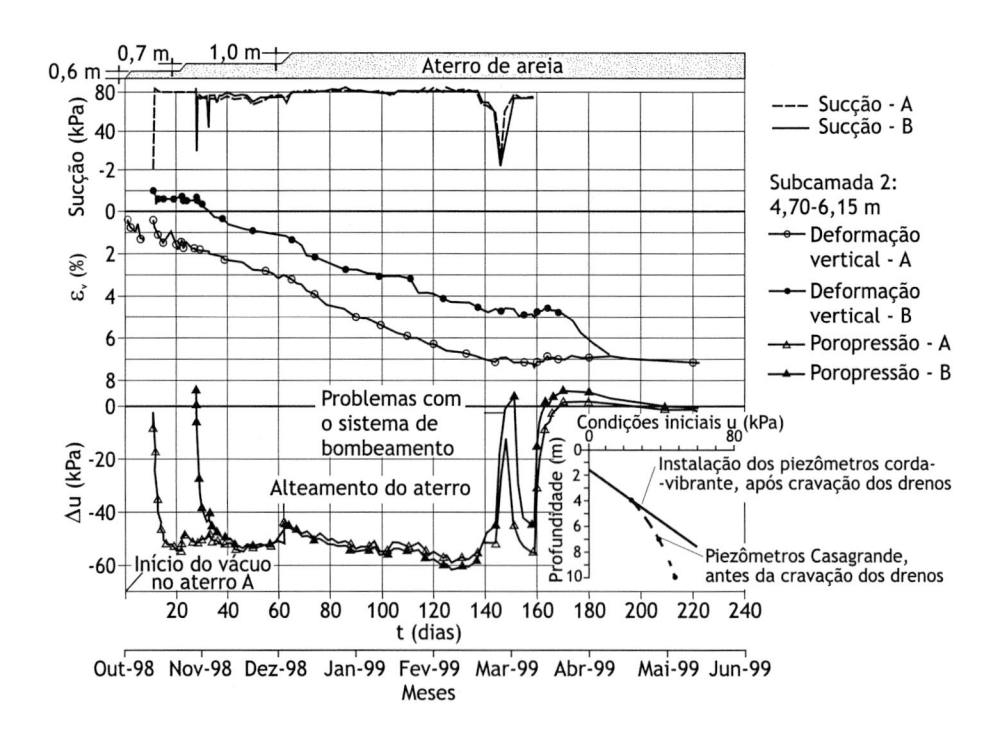

Fig. 7.13 *Medidas de poropressão e deformação vertical em pré-carregamento por vácuo (Marques, 2001)*

às obtidas nos ensaios oedométricos. O valor de C_c obtido nos ensaios oedométricos foi também inferior aos obtidos *in situ*. Esse comportamento também foi observado por Kabbaj, Tavenas e Leroueil (1988) e por Tavenas e Leroueil (1987), para as argilas da região do Leste canadense. Os valores da tensão vertical efetiva no estado limite dessas argilas, obtidos por meio das curvas de compressão no fim do primário (EOP – *end of primary*) ou de 24 horas no laboratório, foram maiores que os das tensões de sobreadensamento obtidas *in situ*.

As diferenças das curvas de compressão de laboratório e de campo são causadas por diversos fatores – no caso da Fig. 7.14, o efeito da diferença de temperatura (campo, 7°C; laboratório, 20°C) foi superado pelo efeito da baixa velocidade de deformação de campo, quando comparada com a de laboratório. No Brasil, as temperaturas médias em solo são da ordem de 20°C; logo, as diferenças aqui estão mais associadas às diferentes velocidades de deformação (campo da ordem de $10^{-9}s^{-1}$ a $10^{-12}s^{-1}$ e laboratório da ordem de $10^{-5}s^{-1}$ a $10^{-7}s^{-1}$).

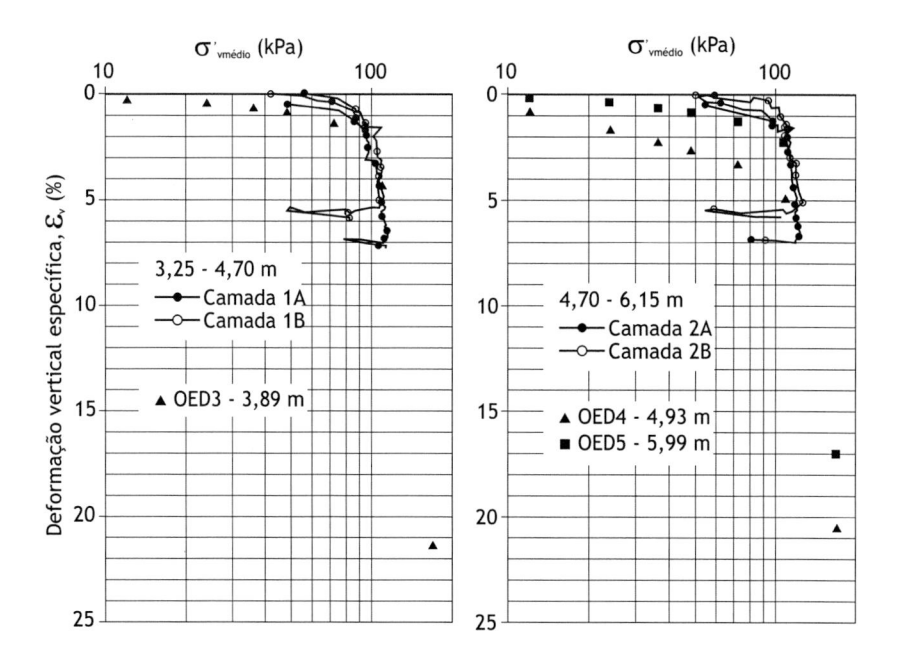

Fig. 7.14 *Curvas de compressão de campo em pré-carregamento por vácuo e laboratório de ensaios oedométricos (Marques, 2001)*

7.7 Novas tendências em instrumentação

Novas tecnologias em equipamentos de instrumentação surgiram nas últimas décadas, e uma promissora é a utilização de fibra ótica em geotecnia. Essa tecnologia possibilita multiplexar os sinais de vários sensores, inclusive de grandezas diferentes, ao longo da mesma fibra sensora, e é mais utilizada nos casos em que apresenta melhor desempenho sobre as técnicas mais convencionais. Entre as vantagens dessa tecnologia estão: baixo peso, flexibilidade, longa distância de transmissão, baixa reatividade do material, isolamento elétrico e não sensibilidade a efeitos eletromagnéticos, além de permitir que a leitura seja automatizada e de fácil instalação e manutenção. Muitos sensores geotécnicos são baseados nesse princípio – piezômetros, medidores de deformação, deslocamento, temperatura e pressão. Além disso, inclinômetros estão sendo utilizados também com fibra óptica, com uma disposição bem diferente da apresentada na seção 7.2. Geossintéticos também estão sendo monitorados com essa tecnologia, permitindo a medida de deformações e esforços nesses materiais.

7.8 Comentários finais

Os objetivos do monitoramento devem estar claramente estabelecidos no programa de monitoramento. O objetivo principal é buscar maior segurança, já que os fatores de segurança de projeto são baixos em obras de aterros sobre solos moles. Para isso, é fundamental a definição de faixas de alerta.

Durante a fase de projeto, por vezes não é possível identificar a heterogeneidade das camadas, e há dificuldade na determinação do coeficiente de adensamento vertical de projeto. O monitoramento permite a verificação dos critérios de projeto e a proposição de eventuais ajustes.

Há vários métodos para a avaliação do desempenho de aterros sobre solos moles no que diz respeito ao adensamento da fundação, mas geralmente é utilizado o método de Asaoka (1978), com base em deslocamentos verticais. Nos casos de adensamento secundário significativo em drenagem vertical pura, o método de Asaoka não proporciona resultados satisfatórios para a determinação de valores de c_v.

Para a determinação de valores de c_h nos casos de drenagem preferencialmente radial, o adensamento secundário ocorrendo paralelamente ao primário é, em geral, pequeno, sendo satisfatórios os valores resultantes de c_h.

O monitoramento com inclinômetros, além de permitir a avaliação da estabilidade da construção, é utilizado para avaliar deslocamentos horizontais que possam afetar estruturas próximas.

Conclusões

Este livro apresentou os elementos necessários para todas as fases do projeto de aterros sobre solos muito moles, desde a concepção inicial até o monitoramento da obra. Inicialmente, o Cap. 1 apresentou uma resenha dos métodos construtivos usados na construção de obras sobre solos moles, como pano de fundo dos tópicos abordados ao longo do livro.

A investigação geotécnica (Cap. 2) realizada em ilhas de investigação possibilita a visão e a análise conjuntas de todos os resultados de ensaios de campo e laboratório, e a avaliação da coerência dos resultados de diferentes ensaios. É necessário que os ensaios geotécnicos sejam especificados detalhadamente, sobretudo no que diz respeito aos cuidados de amostragem. Com relação à definição do perfil de resistência não drenada de projeto, os ensaios de palheta (com a correção de Bjerrum) e de piezocone se complementam. Ensaios triaxiais são úteis, porém menos utilizados na prática corrente. O uso de equações com base na história de tensões é importante para a definição final do perfil de resistência. Os valores de coeficientes de adensamento obtidos dos ensaios de adensamento e de piezocone também se complementam. Os ensaios de adensamento oedométrico são insubstituíveis na obtenção de parâmetros de compressibilidade para o cálculo da magnitude de recalques em solos muito moles. Nestes, os ensaios de adensamento devem ser executados com tensões iniciais baixas (da ordem de 3 kPa), e nas proximidades da tensão de sobreadensamento, o carregamento deve ser menos espaçado, de forma a permitir sua determinação.

O Cap. 3 apresentou métodos de cálculos da magnitude de deslocamentos de sua variação com o tempo em aterros sobre solos moles, incluindo a estimativa do recalque por compressão secundária e de sua variação com o tempo. Em argilas muito moles, os recalques por compressão secundária podem ser tão importantes quanto os recalques por compressão primária. Ao se desejar estabilizar previamente essas duas classes de recalque, a deformação específica vertical pode ser da ordem de 30% da espessura da camada de argila, ou até maior no caso de solos muito moles.

As técnicas de aceleração de recalques, incluindo o uso de sobrecarga temporária para o controle dos recalques por compressão secundária, foram abordadas no Cap. 4, no qual também se discutiu o adensamento por vácuo com o uso de geomembranas.

O Cap. 5 apresentou os métodos de análises de estabilidade de aterros reforçados ou não, incluindo aterros construídos em etapas. As análises de estabilidade de ruptura global devem avaliar e comparar superfícies críticas circulares e não circulares. Entre as últimas, o método de cunhas é recomendado por ser de fácil uso e permitir o cálculo por meio de planilhas, além da fácil inclusão do reforço nos cálculos. Em geral, o fator de segurança mínimo recomendado é de 1,50, sendo toleráveis fatores de segurança maiores ou iguais a 1,30 na construção em etapas, sob determinadas condições. No caso de aterros reforçados, deve-se avaliar a deformação permissível no reforço, e a especificação do reforço a ser utilizado deve levar em conta o módulo do reforço e os fatores de redução em decorrência de danos mecânicos e ambientais.

Em função da elevada compressibilidade e baixa resistência de algumas argilas muito moles brasileiras, observam-se elevados prazos construtivos, devido à necessidade de construção em etapas, mesmo com o uso de geodrenos e sobrecarga. Consequentemente, essa solução pode ser onerosa, em razão dos elevados volumes de terraplenagem, inclusive pela necessidade de compensar, durante a construção, os elevados valores dos recalques por compressão secundária. Nesses casos, a solução de aterros sobre elementos de estacas pode ser mais viável economicamente e também em termos de prazos.

O Cap. 6 abordou as alternativas relacionadas a aterros sobre elementos de estacas e colunas e como estes devem ser calculados. Em geral, esses aterros têm geossintéticos na interface entre o aterro e os elementos de estacas, destacando-se a nova técnica de aterros estruturados sobre colunas granulares encamisadas com geossintéticos. Aterros sobre elementos de estacas requerem projeto executivo cuidadoso, com o detalhamento de cada um dos componentes (coluna, capitel, aterro, geossintético) e da interface entre eles, além da cuidadosa execução em campo.

Finalmente, o Cap. 7 apresentou procedimentos de monitoramento por meio de instrumentação instalada no aterro e no solo mole. O monitoramento permite verificar hipóteses de projeto e alterar rumos construtivos, caso necessário. As principais medidas realizadas são as de recalques e de poropressões para avaliar a evolução dos processos de adensamento, e de deslocamentos horizontais para avaliar a estabilidade da obra.

No caso de atividades de terraplenagem concomitantes com a obra civil, deve-se dar especial atenção ao projeto, com a avaliação das áreas de interface e o acompanhamento cotidiano da obra por um engenheiro experiente. Esse mesmo procedimento deve ser seguido no caso de obras com interface entre diferentes metodologias construtivas.

Limitações dos métodos e modelagem numérica e física

A descrição dos diversos procedimentos de cálculo ao longo do livro evidenciou as limitações inerentes aos métodos de cálculos correntes. Entre elas, citam-se as hipóteses de deformações puramente verticais (não observadas nas bordas dos aterros) e a hipótese de alguns parâmetros geotécnicos constantes com o nível de tensões, espaço e tempo, como os coeficientes de adensamento (vertical ou horizontal) usados no cálculo da variação de recalques com o tempo, entre várias outras limitações.

A maioria das limitações existentes nos métodos de cálculos e nas teorias correntes não se observa na modelagem numérica de aterros sobre solos moles. Essa modelagem permite considerar a não linearidade física (dos parâmetros) e geométrica (grandes deformações), a heterogeneidade do solo e as condições de contorno mais próximas aos problemas geotécnicos reais. Entre os diversos métodos numéricos existentes, têm sido muito utilizados o método de diferenças finitas (MDF) e o método de elementos finitos (MEF), sobretudo este último (Potts; Zdravkovic, 2001).

A drenagem bidimensional existente durante e após o carregamento é modelada por meio da teoria de adensamento acoplada de Biot (*e.g.* Almeida et al., 1986), e a drenagem radial (Indraratna et al., 2005) também tem sido incorporada de forma simples e consistente nessas análises, as quais fornecem a variação de deslocamentos e poropressões com o tempo.

Métodos numéricos são particularmente úteis na análise de aterros estruturados, nos quais materiais de diferentes características estão presentes: aterro, solo mole, geossintético e estaca ou coluna.

Em geral, os principais modelos adotados para o solo mole são os modelos elastoplásticos de estados críticos do tipo Cam-clay. Os materiais de aterro e de colunas granulares normalmente são modelados por meio de modelos elastoplásticos do tipo Mohr-Coulomb. Modelos elásticos lineares são suficientes para a modelagem de estacas e geossintéticos em geral. Nesses casos, a modelagem numérica fornece, por exemplo, os esforços de tração no reforço e os momentos fletores nas estacas, desde que esses elementos tenham sido adequadamente especificados.

Métodos numéricos podem resultar em uma previsão mais acurada do comportamento da obra, mas requerem parâmetros realistas dos materiais, determinados em investigação geotécnica cuidadosa. Diversos programas geotécnicos computacionais comerciais de fácil uso estão atualmente disponíveis para essas análises (Abaqus, Crisp, Flac, Plaxis etc.), o que tem tornado os métodos numéricos de uso cada vez mais amigável e, consequentemente, mais populares. Entretanto, a facilidade de acesso a essas ferramentas pode resultar em má previsão do comportamento do solo, quando de sua utilização por profissionais pouco treinados e pouco familiarizados com tais ferramentas e com o comportamento dos solos. Em qualquer caso, recomenda-se que os programas numéricos a serem utilizados na prática da engenharia sejam preliminarmente validados (*benchmarking*). Essa validação deve ser realizada comparando-se análises numéricas com cálculos analíticos feitos por meio das diversas teorias disponíveis com soluções fechadas (Teorias de Elasticidade, Plasticidade, Terzaghi, Barron, entre outras).

Uma vantagem adicional da maioria dos programas de elementos finitos disponíveis é que, além de realizarem análises de deslocamentos, esses programas também podem avaliar o fator de segurança em qualquer etapa da análise, por meio da redução sucessiva dos parâmetros de resistência (c e tgϕ) até que ocorra a ruptura (técnica de redução dos parâmetros de resistência).

Outra ferramenta que pode ser utilizada complementarmente é a modelagem física de aterros sobre solos moles utilizando-se a centrífuga geotécnica. Esse tipo de modelagem não é necessariamente utilizado para o projeto dessas obras. Entretanto, a modelagem física é muito útil para identificar mecanismos de comportamento para diferentes geometrias e condições de carregamento e de metodologias construtivas (Weber et al., 2010). A modelagem física tem servido também para calibrar modelos numéricos (*e.g.* Almeida, Davies e Parry, 1985; Almeida, Britto e Parry, 1986), tendo em vista que as condições de contorno e de drenagem são mais bem controladas do que em obras.

Anexo – Propriedades geotécnicas de alguns solos moles brasileiros

Tab. A.1 Características geotécnicas de alguns depósitos de argilas moles marinhas brasileiras (Lacerda; Almeida, 1995)

Propriedades do solo	Planícies de Santos (SP)	Sarapuí (RJ)	Porto de Rio Grande (RS)	Recife (PE)	Porto de Sergipe (SE)
	Sudeste	Sudeste	Sul	Nordeste	Nordeste
Espessura de argila (m)	<50	11	40	19	7
w_n (%)	90 - 140	100 - 170	45 - 85	40 - 100	40 - 60
w_L (%)	40 - 150	60 - 150	40 - 90	50 - 120	50 - 90
I_P (%)	15 - 90	30 - 110	20 - 60	15 - 66	20 - 70
Argila (%)(*)	20 - 80	20 - 80	34 - 96	40 - 70	65
Peso específico natural (kN/m³)	13,5 - 15,5	13	15 - 17,8	15,1 - 16,4	16
Atividade	1 - 2,2	1,4 - 2,3	0,6 - 1,0	0,4 - 1,0	0,5 - 1,0
Sensibilidade	4 - 5	4,3	2,5	-	4 - 6
Teor de matéria orgânica (%)	2 - 7	4 - 6,5	-	3 - 10	-
$C_c/(1+e_0)$	0,33 - 0,51	0,36 - 0,41	0,31 - 0,38	0,45	0,31 - 0,43
C_s/C_c	0,09 - 0,12	0,10 - 0,15	-	0,10 - 0,15	0,10
c_v (campo)/c_v (laboratório)	15 - 100	20 - 30	-	-	-
S_u (kPa) - Palheta	8 - 40	8 - 20	50 - 90	2 - 40	12 - 25
G_{50}/S_u	80	87	-	-	45 - 100
S_u/σ'_{vm}	0,28 - 0,30	0,35	0,30	0,28 - 0,32	0,22 - 0,24
Φ' (°)	19 - 24	25 - 30	23 - 29	25 - 28	26 - 30

TAB. A.2 CARACTERÍSTICAS GEOTÉCNICAS DE ALGUNS DEPÓSITOS DE ARGILAS MOLES E MUITO MOLES DA BARRA DA TIJUCA E RECREIO (RJ)

Locais	Área 1	Área 2	Área 3	Área 4	Área 5	Área 6
Referências	-	Almeida et al. (2008b)	-	Crespo Neto (2004)	Macedo (2004); Sandroni e Deotti (2008)	Baroni (2010)
Espessuras de argilas muito moles a moles (m)	4 - 20	2 - 11	2 - 15	2 - 11,5	5 -16	2 - 21,8
w_n (%) [1]	100 - 488	76 - 913	67 - 207	72 - 410	116 - 600	191 - 670
w_L (%)	148 - 312	86 - 636	40 - 65	23 - 472	100 - 370	147 - 521
I_P (%)	80 - 192	59 - 405	20 - 38	11 - 408	120 - 250	95 - 308
% argila	26 - 54	15 - 60	15 - 51	-	32	23 - 93
Peso específico natural (kN/m³)	10,2 - 13,4	10,2 - 14,0	11,9 - 14,6	11 - 12,4	11,6 - 12,5	10,01 - 12,7
$CR = C_c/(1+e_0)$	0,4 - 0,8	0,22 - 0,49	-	0,27 - 0,46	0,36 - 0,5	0,31 - 0,54
c_v (m²/s) × 10^{-8} [2]	0,6 - 8,8	0,3 - 3,3	2,1 - 49	0,1 - 0,6	0,4 - 1,2	0,018 - 19,8
e_0	3,3 - 8,2	3,0 - 21,9	2,2 - 4,7	3,8 - 15,0	4,8 - 7,6	4,0 - 12,4
S_u (kPa)	3 - 38	4 - 18	7 - 41[4]	3 - 19	5 - 23	2 - 23
N_{kt} [3]	4 - 16	4 - 16	-	-	4 - 9	7 - 17

Anexo – Propriedades geotécnicas de alguns solos moles brasileiros

Tab. A.2 Características geotécnicas de alguns depósitos de argilas moles e muito moles da Barra da Tijuca e Recreio (RJ) (continuação)

Locais	Área 7	Bedeschi (2004)	Área 8	SESC / SENAC
Referências	-	Bedeschi (2004)	Baroni (2010)	Almeida et al. (2001); Crespo Neto (2004)
Espessuras de argilas muito moles a moles (m)	1,6 - 9,5	7,5	2 - 8	3 - 12
w_n (%) [1]	72 - 1.200	102 - 580	56 - 784	72 - 500
w_L (%)	88 - 218	97 - 368	67 - 610	70 - 450
I_P (%)	47 - 133	42 - 200	47 - 497	47 - 250
% argila	2 - 36	-	14 - 50	28 - 80
Peso específico natural (kN/m³)	10,9 - 14,9	11,2 - 12,3	10,2 - 16,9	12,5
$CR = C_c/(1+e_o)$	0,11 - 0,38	0,32 - 0,48	0,20 - 0,63	0,29 - 0,52
c_v (m²/s) × 10^{-8} [2]	0,6 - 6,3	0,1 - 19,2	0,04 - 7,5	0,17 - 80
e_o	1,0 - 11,6	4,3 - 9,0	1,4 - 10,7	2 - 11,1
S_u (kPa)	2 - 19	1 - 22	4 - 22	7 - 19
N_{kt} [3]	5 - 14,5	-	7 - 17	7,5 - 14,5

(1) Argila mole e turfa.
(2) Valores de c_v obtidos por meio do ensaio de piezocone (CPTu) e adensamento para argila normalmente adensada. Efetuaram-se correções sobre os valores de c_h do piezocone para fluxo vertical e trecho normalmente adensado.
(3) Fator de cone $N_{kt} = (q_t - \sigma_{vo})/S_u$, obtido por correlação palheta-piezocone para o depósito, onde q_t é a resistência de ponta do cone do ensaio de piezocone e S_u é a resistência ao cisalhamento não drenada não corrigida do ensaio de palheta (vane test).
(4) Valores referentes a ensaios de piezocone, para $N_{kt} = 13$.

Tab. A.3 Características geotécnicas de alguns depósitos de argilas moles e muito moles do Estado do Rio de Janeiro (Futai et al., 2008)

Parâmetro / Argila	Caju	Santa Cruz (Zona 1)	Santa Cruz (Zona 2)	Costa norte da baía da Guanabara	Itaipu	Juturnaíba	Uruguaiana	Botafogo
Referências	Lira (1988); Cunha e Lacerda (1991)	Aragão (1975)	Aragão (1975)	Aragão (1975)	Carvalho (1980); Sandroni et al. (1984)	Coutinho e Lacerda (1987)	Vilela (1976)	Lins e Lacerda (1980)
Espesura da camada de argila mole (m)	12	15	10	8,5	10	7	9	6
w_n (%)	88	112	130	113	240 ± 110	154 ± 95,6	54,8 ± 15,9	35
w_L (%)	107,5	59,6	125,4	122	175,4 ± 82,6	132,5 ± 43,8	71,3 ± 30,0	38
I_P (%)	67,5	32	89	81	74,5 ± 30,1	63,59 ± 22,1	40,5 ± 22,03	11
% de argila	-	-	54	35	-	60,7 ± 12,74	39,4 ± 10,11	28
Peso específico natural (kN/m³)	14,81	13,24	13,44	13,24	12 ± 1,85	12,5 ± 1,87	16,1 ± 1,39	17,04
Sensibilidade	3	3,39	2 - 6	-	4 - 6	5 - 10	3	-
Teor de matéria orgânica (%)	-	-	-	-	32,63 ± 20,46	19 ± 10,63	2,56 ± 1,04	-
CR = $C_c/(1+e_o)$	0,27	0,32	-	0,26 ± 0,15	0,41 ± 0,12	0,31 ± 0,12	0,31 ± 0,15	0,16
C_r/C_c	0,21	0,10	-	0,16 ± 0,04	-	0,07 ± 0,06	-	0,19
c_v (m²/s) x 10^{-8}		0,2 - 18,2	-	0,4	5	1 - 10	-	30
e_o	2,38	3,09	3,37	2,91	6,72 ± 3,1	3,74 ± 1,89	1,42 ± 0,36	1,1

TAB. A.4 CARACTERÍSTICAS GEOTÉCNICAS DE ALGUMAS ARGILAS MOLES E MÉDIAS NA REGIÃO NORTE

Parâmetro / Argila	Áreas de baixada de Belém do Pará (Alencar et al., 2001)			Porto Cai N'Água – Porto Velho (Marques; Oliveira e Souza, 2008)
	Argila orgânica muito mole na faixa superficial	Argila variegada subjacente à 1ª camada	Argila mole a média cinza-escuro abaixo da 1ª camada resistente	
N_{SPT}	0 - 1	3 - 6	4 - 6	0 - 4
w_n (%)	40 - 88	-	-	31
w_L (%)	23 - 58	68	60	-
I_P (%)	67,5	43	27	19
% de argila	-	81	61	< 30
Peso específico natural (kN/m³)	15 - 16	17,5 - 18,7	17,5 - 18,5	18,9
C_c	0,8 - 1,2	0,39 - 0,67	0,14 - 0,285	-
c_v (m²/s) x 10⁻⁸	5,5 - 8,5	-	3,8 - 5	20 - 60
$CR = C_c/(1+e_o)$	-	-	-	0,1
e_o	1,7 - 2,4	0,91 - 1,19	0,89 - 0,94	0,831

Referências Bibliográficas

AAS, G. A study of the effect of vane shape and rate of strain on the measured values of *in situ* shear strength of clays. In: INTERNATIONAL CONFERENCE ON SOIL MECHANICS AND FOUNDATION ENGINEERING, 6., 1965, Montreal. *Proceedings...* Montreal, v. 1. p. 141-145.

ABNT – ASSOCIAÇÃO BRASILEIRA DE NORMAS TÉCNICAS. *NBR 6459*: Solo – Determinação do limite de liquidez – Método de ensaio. Rio de Janeiro: ABNT, 1984a.

ABNT – ASSOCIAÇÃO BRASILEIRA DE NORMAS TÉCNICAS. *NBR 6508*: Grãos de solos que passam na peneira de 4,8 mm - Determinação da massa específica. Rio de Janeiro: ABNT, 1984b.

ABNT – ASSOCIAÇÃO BRASILEIRA DE NORMAS TÉCNICAS. *NBR 7180*: Solo – Determinação do limite de plasticidade – Método de ensaio. Rio de Janeiro: ABNT, 1984c.

ABNT – ASSOCIAÇÃO BRASILEIRA DE NORMAS TÉCNICAS. *NBR 10905* (MB3122): Solo – ensaios de palheta *in situ*. Rio de Janeiro: ABNT, 1989.

ABNT – ASSOCIAÇÃO BRASILEIRA DE NORMAS TÉCNICAS. NBR 12007 (*MB 3336*): Solo – Ensaio de adensamento unidimensional. Rio de Janeiro: ABNT, 1990.

ABNT – ASSOCIAÇÃO BRASILEIRA DE NORMAS TÉCNICAS. *MB 3406*: Solo – Ensaio de penetração de cone *in situ*. Rio de Janeiro: ABNT, 1991a.

ABNT – ASSOCIAÇÃO BRASILEIRA DE NORMAS TÉCNICAS. *NBR 11682*: Estabilidade de taludes. Rio de Janeiro: ABNT, 1991b.

ABNT – ASSOCIAÇÃO BRASILEIRA DE NORMAS TÉCNICAS. *NBR 12824*: Geotêxteis – Determinação da resistência à tração não-confinada – Ensaio de tração de faixa larga. Rio de Janeiro: ABNT, 1993.

ABNT – ASSOCIAÇÃO BRASILEIRA DE NORMAS TÉCNICAS. *NBR 6502*: Rochas e solos – Terminologia. Rio de Janeiro: ABNT, 1995.

ABNT – ASSOCIAÇÃO BRASILEIRA DE NORMAS TÉCNICAS. *NBR 13600*: Solo – Determinação do teor de matéria orgânica por queima a 440ºC. Rio de Janeiro: ABNT, 1996.

ABNT – ASSOCIAÇÃO BRASILEIRA DE NORMAS TÉCNICAS. *NBR 9820*: Coleta de amostras indeformadas de solos de baixa consistência em furos de sondagem – Procedimento. Rio de Janeiro: ABNT, 1997.

ABNT – ASSOCIAÇÃO BRASILEIRA DE NORMAS TÉCNICAS. *NBR 6484*: Solo – Sondagens de simples reconhecimento com SPT - Método de ensaio. Rio de Janeiro: ABNT, 2001a.

ABNT – ASSOCIAÇÃO BRASILEIRA DE NORMAS TÉCNICAS. *NBR 6502*: Solo – Sondagens de simples reconhecimento com SPT. Rio de Janeiro: ABNT, 2001b.

AGUIAR, V. N. *Características de adensamento da argila do canal do Porto de Santos na Região da Ilha Barnabé*. 2008. Dissertação (Mestrado) – COPPE/UFRJ, Rio de Janeiro, 2008.

ALENCAR JR., J. A. *Análise das pressões neutras associadas aos ensaios de cone-penetrometria realizados na argila mole de Sarapuí*. 1984. Dissertação (Mestrado) – PUC-RJ, Rio de Janeiro, 1984.

ALENCAR JR., J. A.; FRAIHA NETO, S. H.; SARÉ, A. R.; MENDONÇA, T. M. *Características geotécnicas de algumas argilas moles e médias na cidade de Belém do Pará*. Encontro "Propriedades de Argilas Moles Brasileiras", promovido pela COPPE/UFRJ, 2001.

ALEXIEW, D.; MOORMANN, C. Foundation of a coal/coke stockyard on soft soil with geotextile encased columns and horizontal reinforcement. *Proceedings of the 17th ICSMGE*, CD-ROM, 2009.

ALEXIEW, D.; BROKEMPER, D.; LOTHSPEICH, S. Geotextile encased columns (GEC): load capacity, geotextile selection and pre-design graphs. GSP 131 Contemporary Issues in Foundation Engineering. *Geofrontier*, 2005.

ALEXIEW, D.; HORGAN, G. J.; BROKEMPER, D. Geotextile encased columns (GEC): load capacity & geotextile selection. In: BGA International Conf. on Foundations, 2003, Dundee. *Proceedings...* Dundee, 2003. p. 81-90.

ALMEIDA, M. C. F.; ALMEIDA, M. S. S.; MARQUES, M. E. S. Numerical analysis of a geogrid reinforced wall on piled embankment. In: PAN AMERICAN GEOSYNTHETICS CONFERENCE & EXHIBITION, 1., 2008, Cancún. *Proceedings...* Cancun, Mexico, Mar. 2008.

ALMEIDA, M. S. S. The Undrained Behaviour of the Rio de Janeiro Clay in the Ligth of Critical State theories. Solos e Rochas, v. 5, p. 3-24, 1982.

ALMEIDA. M. S. S. *Stage constructed embankments on soft clays*. 1984. Tese (Doutorado) – Universidade de Cambridge, Inglaterra, 1984.

ALMEIDA, M. S. S. Geodrenos como elementos de aceleração de recalques. In: Seminário sobre Aplicações de GeossintéTicos em Geotecnia, 1992, Brasília. *Anais...* Brasília, 1992. p. 121-139.

ALMEIDA, M. S. S. *Aterros sobre solos moles* – da concepção à avaliação do desempenho. Rio de Janeiro: UFRJ, 1996.

ALMEIDA, M. S. S. Site characterization of a lacustrine very soft Rio de Janeiro organic Clay. In: ISC, 1998, Atlanta. Proceedings... Atlanta, 1998. v. 2. p. 961-966.

ALMEIDA, M. S. S.; FERREIRA, C. A. M. Field, *in situ* and laboratory consolidation parameters of a very soft clay. Predictive soil mechanics. In: WROTH MEMORIAL SYMPOSIUM, 1992, Oxford. *Proceedings...* Oxford, 1992. p. 73-93.

ALMEIDA, M. S. S.; MARQUES, M. E. S. The behaviour of Sarapuí soft organic clay. Invited Paper for the International Workshop on Characterisation and Engineering Properties of Natural Soils. Characterisation and Engineering properties of Natural Soils, editors T. S. Tan, K. K. Phoon, D. W. Hight and S. Leroueil. Singapore, v. 1. p. 477-504, 2003.

ALMEIDA, M. S. S.; BRITTO, A. M.; PARRY, R. H. G. Numerical Modelling of a Centrifuged Embankment on Soft Clay. *Canadian Geotechnical Journal*, v. 23, p.103-114, 1986.

ALMEIDA, M. S. S.; DANZIGER, F. A. B.; MACEDO, E. O. A resistência não drenada *in situ* obtida através de ensaios de penetração de cilindro (T-bar). In: CONGRESSO BRASILEIRO DE MECÂNICA DOS SOLOS E ENGENHARIA GEOTÉCNICA, 13., 2006, Curitiba. *Proceedings...* Curitiba, 2006. v. 2. p. 619-624.

ALMEIDA, M. S. S.; DAVIES, M. C. R.; PARRY, R. H. G. Centrifuge tests of embankments on strengthened and unstrengthened clay foundations. *Géotechnique*, v. 35, n. 4, p. 425-441, 1985.

ALMEIDA, M. S. S.; MARQUES, M. E. S.; BARONI, M. Geotechnical parameters of very soft clays obtained with CPTu compared with other site investigation tools. In: INTERNATIONAL SYMPOSIUM ON CONE PENETRATION TESTING, CPT'10, 2., 2010, Huntington Beach, California. *Proceedings...* Huntington Beach, California, USA, 2010.

ALMEIDA, M. S. S.; MARQUES, M. E. S.; LIMA, B. T. Overview of Brazilian construction practice over soft soils. In: SYMPOSIUM NEW TECHNIQUES FOR DESIGN AND CONSTRUCTION IN SOFT CLAYS, 2010 : p.205-225.

ALMEIDA, M. S. S.; OLIVEIRA, J. R. M. S.; SPOTTI, A. P. Previsão e desempenho de aterro sobre solos moles: estabilidade, recalques e análises numéricas. In: ENCONTRO TÉCNICO PREVISÃO DE DESEMPENHO x COMPORTAMENTO REAL, 2000, São Paulo. *Anais...* São Paulo: ABMS/NRSP, 2000. p. 69-94.

ALMEIDA, M. S. S.; RODRIGUES, A. S.; BITTENCOURT, F. Aceleração de recalques em argila orgânica muito mole. In: SOUTH AMERICAN SYMPOSIUM ON GEOSYNTHETICS, 1., and BRAZILIAN SYMPOSIUM ON GEOSYNTHETICS, 3., 1999, Rio de Janeiro. *Proceedings...* Rio de Janeiro, 1999. p. 413-420.

ALMEIDA, M. S. S.; VELLOSO, D. A.; GOMES, R.C. Aterros reforçados sobre solos moles: análise de deformações. In: II SIMPÓSIO BRASILEIRO SOBRE APLICAÇÕES DE GEOSSINTÉTICOS. São Paulo: ABMS, 1995. p. 127-136.

ALMEIDA, M. S. S.; COLLET, H. B.; ORTIGÃO, J. A.; TERRA, B. R. C. S. R. Settlement Analysis of Embankment on Rio de Janeiro Clay with Vertical Drains. *Special Volume of Brasilian Contributions do XII Int. Conf. on Soil Mech. And Foudation Engineering*, Rio de Janeiro, p. 105-110, 1989.

ALMEIDA, M. S. S.; DANZIGER, F. A. B.; ALMEIDA, M. C. F.; CARVALHO, S. R. L.; MARTINS, I. S. M. Performance of an embankment built on a soft disturbed clay. In: INTERNATIONAL CONFERENCE ON CASE HISTORIES IN GEOTECHNICAL ENGINEERING, 3., 1993, St. Louis, Missouri. *Proceedings...* St. Louis, 1993. v. 1. p. 351-356.

ALMEIDA, M. S. S.; TEJADA, F. M. S. F.; SANTOS, H. C.; MULLER, H. Construcción del meulle de múltiplo uso del Puerto de Sepetiba. In: PANAMERICAN CONFERENCE ON SOIL MECHANICS AND GEOTECHNICAL ENGINEERING, 11., 1999, Foz do Iguaçu. *Proceedings...* Foz do Iguaçu, 1999. v. 3. p. 1091-1096.

ALMEIDA, M. S. S.; SANTA MARIA, P. E. L.; MARTINS, I. S. M.; SPOTTI, A. P.; COELHO, L. B. M. Consolidation of a very soft clay with vertical drains. *Géotechnique*, v. 50, n. 6, p. 633-643, 2001.

ALMEIDA, M. S. S.; EHRLICH, M.; SPOTTI, A. P.; MARQUES, M. E. S. Embankment supported on piles with biaxial geogrids. *Journal of Geotechnical Engineering* – Institution of Civil Engineers (ICE), UK, v. 160, issue 4, p. 185-192, 2007.

ALMEIDA, M. S. S.; MARQUES, M. E. S.; ALMEIDA, M. C. F.; MENDONÇA, M. B. Performance of two "low" piled embankments with geogrids at Rio de Janeiro. In: PAN AMERICAN GEOSYNTHETICS CONFERENCE & EXHIBITION, 1., 2008, Cancún. *Proceedings...* Cancún, 2008a.

ALMEIDA, M. S. S.; MARQUES, M. E. S.; LIMA, B. T. E.; ALVEZ, F. Failure of a reinforced embankment over an extremely soft peat clay layer. In: EUROPEAN CONFERENCE ON GEOSYNTHETICS-EUROGEO, 4., 2008, Edinburgh. *Proceedings...* Edinburgh, 2008b. v. 1. p. 1-8.

ALMEIDA, M. S. S.; MARQUES, M. E. S.; MIRANDA, T. C.; NASCIMENTO, C. M. C. Lowland reclamation in urban areas. In: WORKSHOP ON GEOTECHNICAL INFRASTRUCTURE FOR MEGA CITIES AND NEW CAPITALS, 2008, Búzios, RJ. *Proceedings...* Búzios, TCIU-ISSMGE, 25-26 agosto, 2008c.

ARAGÃO, C. J. C. *Propriedades geotécnicas de alguns depósitos de argila mole na área do Grande Rio*. Dissertação (Mestrado) – PUC-RJ, Rio de Janeiro, 1975.

ASAOKA, A. Observational procedure of settlement prediction. *Soils and Foundations*, v. 18, n. 4, p. 67-101, 1978.

ATKINSON, M. S.; ELDRED, P. Consolidation of soil using vertical drains. *Géotechnique*, v. 31, n. 1, 33-43, 1981.

AZZOUZ, A. S.; BALIGH, M. M.; LADD, C. C. Corrected field vane strength for embankment design. *Journal of Geotechnical Engineering*, ASCE, v. 109, n. 5, p. 730-734, 1983.

BAPTISTA, H. M.; SAYÃO, A. S. J. F. Características geotécnicas do depósito de argila mole da Enseada do Cabrito, Salvador, Bahia. In: COMBRAMSEG, 11., 1998, Brasília. *Anais...* Brasília, 1998. v. 2. p. 911-916.

BARATA, F. E. Failure of a waste fill buried within a soft clay. In: International Conference on Soil Mechanics and Foundation Engineering, 9., 1977, Tokyo. *Proceedings...* Tokyo, 1977. v. 2. p. 17-20.

BARATA, F. E.; DANZIGER, B. R. Compressibilidade de argilas sedimentares marinhas moles brasileiras. In: CONGRESSO BRASILEIRO DE MECÂNICAS DOS SOLOS E ENGENHARIA DE FUNDAÇÕES, 8., 1986, Porto Alegre. *Anais...* Porto Alegre: ABMS, 1986. v. 2. p. 99-112.

BARKSDALE, R. D.; BACHUS, R. C. *Design and construction of stone columns.* Report No. FHWA/RD-83/026, National, Technical Information Service, Springfield, Virginia (USA), 1983.

BARONI, M. *Investigação geotécnica em solos moles da Barra da Tijuca com ênfase em ensaios* in situ. 2010. Dissertação (Mestrado) – COPPE/UFRJ, Rio de Janeiro, 2010.

BARRON, R. A. Consolidation of fine-grained soils by drain wells. *Journal of the Soil Mechanics and Foundation Division*, ASCE, v. 73, n. 6, p. 811-835, 1948.

BAUMANN, V.; BAUER, G. E. A. The performance of foundations on various soils stabilized by the Vibro-Compaction Method. *Canadian Geotechnical Journal*, v. 11, n. 4, p. 509-530, 1974.

BEDESCHI, M. V. R. *Recalques em aterro instrumentado construído sobre depósito muito mole com drenos verticais na Barra da Tijuca, Rio de Janeiro.* 2004. Dissertação (Mestrado) – COPPE/UFRJ, Rio de Janeiro, 2004.

BERGADO, D. T.; ASAKAMI, H.; ALFARO, M. C.; BALASUBRAMANIAM, A. S. Smear effects of vertical drains on soft Bangkok clay. *Journal of Geotech. Eng.*, ASCE, v. 117, n. 10, p. 1509-1529, 1991.

BERGADO, D. T.; CHAI, J. C.; ALFARO, M. C.; BALASUBRAMANIAM A. S. *Improvement techniques on soft ground in subsidng and lowland environment.* Netherlands: Balkema, 1994.

BERGADO, D. T.; ANDERSON, L. R.; MIURA, N.; BALASUBRAMANIAM, A. S. *Soft ground improvement in lowland and other environments*, ASCE, New York, 1996.

BEZERRA, R. L. *Utilização dos piezocones COPPE de segunda geração na avaliação de características geotécnicas de um depósito argiloso na Baixada Santista.* 3° Seminário para Exame de Qualificação Acadêmica para Candidatura ao Doutorado, COPPE/UFRJ, 1993.

BEZERRA, R. L. *Desenvolvimento do piezocone de terceira geração na COPPE/UFRJ.* 1996. Tese (Doutorado) – COPPE/UFRJ, Rio de Janeiro, 1996.

BJERRUM, L. Embankments on soft ground. In: SPECIALTY CONFERENCE ON EARTH AND EARTH-SUPPORTED STRUCTURES, 1972, West Lafayette, USA. *Proceedings...* West Lafayette: ASCE, 1972. v. 2. p. 1-54.

BJERRUM, L. Problems of soil mechanics and construction on soft clays. In: INTERNATIONAL CONFERENCE ON SOIL MECHANICS AND FOUNDATION ENGINEERING, 8., 1973, Moscow. *Proceedings...* Moscow, 1973. v.3. p. 111-159.

BONAPARTE, R.; CHRISTOPHER, B. R.; Design and construction of reinforced embankments over weak foudations. *Symposium of Reinforced Layered Systems,* TRB, 1987.

BORBA, A. M. *Análise de desempenho de aterro experimental na Vila Pan-Americana.* 2007. Dissertação (Mestrado) – COPPE-UFRJ, Rio de Janeiro, 2007.

BORMA, L. S., LACERDA,W. A., BRUGGER, P. J. *Simulação da construção de aterros sobre solos moles. Simpósio sobre Informática em Geotecnia.* São Paulo, 1991, p.69-76.

BRIANÇON, L.; DELMAS, P. H.; VILLARD, P. Study of the load transfer mechanisms in reinforced pile-supported embankments, Piled Embankments. In: INTERNATIONAL CONFERENCE ON GEOSYNTHETICS, 9., 2010, Guarujá. *Proceedings...* Guarujá, 2010. v. 4. p. 1917- 1924.

BRUGGER, P. J.; ALMEIDA, M. S. S.; SANDRONI, S. S.; BRANT, J. R.; LACERDA, W. A.; DANZIGER, F. A. B. Parâmetros geotécnicos da Argila de Sergipe Segundo a Teoria dos Estudos Críticos. In: COMBRAMSEF, 10., 1994, Foz do Iguaçu. *Anais...* Foz do Iguaçu, 1994. v. 2. p. 539-546.

BSI – BRITISH STANDARDS INSTITUTION. *BS 8006* - Code of practice for strengthened/reinforced soils and other fills. London, UK, 1995.

BSI – BRITISH STANDARDS INSTITUTION. *BS 5930* - Code of practice for site investigations. London, UK, 1999.

CARLSSON, B. *Reinforced soil* – Principles for calculation. Linköping: Terranova, 1987.

CARRILO, N. Simple two and three dimensional cases in the theory of consolidation of soils. *Journal of Math. and Phys.,* v. 21, p. 1-5, 1942.

CARVALHO, J. *Study of the secondary compression of a soft clay deposit of Itaipu* (in Portuguese). 1980. Dissertação (Mestrado) – PUC-Rio, Rio de Janeiro, 1980.

CEDERGREN, H. R. *Seepage, drainage, and flow nets*. New York: John Wiley & Sons, 1967.

CHAI, J.; BERGADO, D. T.; HINO, T. FEM simulation of vacuum consolidation with CPVD for underconsolidated deposit. In: SYMPOSIUM ON NEW TECHNIQUES FOR DESIGN AND CONSTRUCTION IN SOFT CLAYS, Guarujá, 2010. *Proceedings*... Guarujá, 2010. p. 39-51

CHANDLER, R. J. The *in situ* measurement of the undrained shear strength of clays using the field vane. In: RICHARDS, A. F. (Ed.). *Vane shear strength testing in soils*: field and laboratory studies. Philadelphia: ASTM Publication, 1988. p. 13-44.

CHEN, R. H; CHEN, C. N. Permeability characteristics of prefabricated vertical drains. In: INTERNATIONAL CONFERENCE ON GEOTEXTILES, 3., 1986, Viena, Áustria. *Proceedings*... Viena, 1986. p. 785-790.

CHRISTOPHER, B.; HOLTZ, R. D.; BERG, R. R. Geosynthetic reinforced embankments on soft foundations, Soft Ground Technology. J. L. Hanson e R. J. Termaat (Eds.). *ASCE – Special Publication*, n. 112, p. 206-245, 2000.

COLLET, H. B. *Ensaios de Palheta de Campo em Argilas Moles da Baixada Fluminense*. 1978. Dissertação (Mestrado) – COPPE-UFRJ, Rio de Janeiro, 1978.

COLLIN, J. G. Column supported embankment design considerations. In: ANNUAL GEOTECHNICAL ENGINEERING CONFERENCE, 52., 2004, Minessota. *Proceedings*... Minessota: J. F. Labuz and J. G. Bentler (Eds.), 2004. p. 51-78.

COUTINHO, R. Q. *Características de adensamento com drenagem radial de uma argila mole da Baixada Fluminense*. Dissertação (Mestrado) – COPPE/UFRJ, Rio de Janeiro, 1976.

COUTINHO, R. Q. *Aterro experimental instrumentado levado à ruptura sobre solos orgânicos de Juturnaíba*. 1986. 632 f. Tese (Doutorado) – COPPE/UFRJ, Rio de Janeiro, 1986.

COUTINHO, R. Q. Characterization and engineering properties of Recife soft clays – Brazil. In: Taylor & Francis (Org.). *Characterisation and engineering properties of natural soils*. Londres: Taylor & Francis/Balkema, 2007. v. 3. p. 2049-2099.

COUTINHO, R. Q. Investigação Geotécnica de Campo e Avanços para a Prática. In: CONGRESSO BRASILEIRO DE MECÂNICA DOS SOLOS, 14., 2008. *Anais*... 2008. v 1. p. 201-230.

COUTINHO, R. Q.; LACERDA, W. A. Characterization – consolidation of Juturnaíba organic clay. *Proceedings of the International Symposium on Geotechnical Engineering of Soft Soil*, Mexico, 1987. v. 1. p. 17-24.

COUTINHO, R. Q.; OLIVEIRA, A. T. J. Getechnical properties of Recife soft clays. *Solos e Rochas*, São Paulo, v. 23, n. 3, p. 177-204, 2000.

COUTINHO, R. Q.; OLIVEIRA, J. T. R.; DANZIGER, F. A. B. Caracterização geotécnica de uma argila mole do Recife. *Solos e Rochas*, v. 16, n. 4, p. 255-266, 1993.

COUTINHO, R. Q.; OLIVEIRA, J. T. R.; OLIVEIRA, A. T. J. Estudo quantitativo da qualidade de amostras de argilas moles brasileiras – Recife e Rio de Janeiro. In: COBRAMSEG, 11., 1998, Brasília. *Proceedings...* Brasília: ABMS, 1998. v. 2. p. 927-936.

COUTINHO, R. Q.; OLIVEIRA, J. T. R.; FRANÇA, A. E.; DANZIGER, F. A. B. Ensaios piezocone na argila mole do Ibura-Recife-PE. In: COMBRANSEG, 11., 1998, Brasília. *Anais...* Brasília, 1998. v. 2. p. 957-966.

CRESPO NETO, F. N. *Efeito da velocidade de rotação na tensão cisalhante obtida em ensaio de palheta*. 2004. Dissertação (Mestrado) – COPPE/UFRJ, Rio de Janeiro, 2004.

CUNHA, R. P.; LACERDA, W. A. Analysis of a sanitary-embankment rupture over the Rio de Janeiro soft clay deposit. *Canadian Geotechnical Journal*, v. 28, n. 1, p. 92-102, 1991.

CUNHA, M. A.; WOLLE, C. M. Use of aggregates for road fills in the mangrove regions of Brazil. *Bulletin of International Association of Engineering Geology*, Paris, v. 30, p. 47-50, 1984.

DANZIGER, F. A. B. *Desenvolvimento de equipamento para realização de ensaio de piezocone*: aplicação a argilas moles. 1990. Tese (Doutorado) – COPPE/UFRJ, Rio de Janeiro, 1990.

DANZIGER, F. A. B.; SCHNAID, F. Ensaios de piezocone: procedimentos, recomendações e interpretação. *Seminário Brasileiro de Investigação de Campo*, p. 1-51, 2000.

DANZIGER, F. A. B.; ALMEIDA, M. S. S.; SILLS, G. C. The significance of the strain path analysis in the interpretation of piezocone dissipation data. *Géotechnique*, UK, v. 47, n. 5, p. 901-914, 1997.

DAVIS, E. H.; BOOKER, J. R. The effect of increasing strength with depth on the bearing capacity of clays. *Géotechnique*, v. 23, p. 551-563, 1973.

DNER-PRO 381/98 - Projeto de aterros sobre solos moles para obras viárias, 1998.

DI MAGGIO, J. A. Stone columns for highway construction. U.S. Departament of Transport, *Federal Highway Administration*, Technical Report No. FHWA-DP-46-1, 1978.

DIAS, C. R. R. Os parâmetros geotécnicos e a influência dos eventos geológicos – Argilas moles de Rio Grande/RS. Encontro: *Propriedades de argilas moles brasileiras*, promovido pela COPPE/UFRJ, 2001. p. 29-49

DIAS, C. R. R.; MORAES, J. M. A experiência sobre argilas moles na região do Estuário da Laguna dos Patos e Porto do Rio Grande. Porto Alegre (RS). GEO-

SUL'98. Porto Alegre: ABMS, 1998, p. 179-96.

DUNCAN, J. M.; WRIGHT, S. G. *Soil strength and Slope Stability*. New York: John Wiley & Sons, 2005.

DUNNICLIFF, J. *Geotechnical instrumentation for monitoring field performance*. New York: John Wiley & Sons, 1998.

EHRLICH, M. Método de dimensionamento de lastros de brita sobre estacas com capitéis. *Solos e Rochas*, ABMS/ABGE, v. 16, n. 4, p. 229-234, dez. 1993.

EHRLICH, M.; BECKER, L. D. B. *Muros e taludes de solo reforçado* – Projeto e execução. São Paulo: Oficina de Textos, 2009.

ELLSTEIN, A. Settlement prediction through the sinking rate. *Revista Latino Americana de Geotecnia*, v. 1, n. 3, p. 231-237, 1971.

EMBRAPA – EMPRESA BRASILEIRA DE PESQUISA AGROPECUÁRIA. Centro Nacional de Pesquisa de Solos (Rio de Janeiro, RJ). *Manual de métodos de análise de solo*. 2. ed. Rio de Janeiro: Embrapa, 1997.

ESCARIO, V.; URIEL, S. Determining the coefficient of consolidation and horizontal permeability by radial drainage. In: INTERNATIONAL CONFERENCE ON SOIL MECHANICS AND FOUNDATION ENGINEERING, 5., 1961, Paris. *Proceedings...* Paris, 1961. v. 1 p. 83-87.

FAHEL, A. R. S.; PALMEIRA, E. M. Failure mechanism of a geogrid reinforced abutment on soft soil. In: INTERNATIONAL CONFERENCE ON GEOSYNTHETICS, 7., 2002. Nice. *Proceedings...* Nice: Balkema, 2002. v. 4. p. 1565-1568.

FEIJÓ, R. L. *Relação entre a compressão secundária, razão de sobreadensamento e coeficiente de empuxo no repouso*. 1991. Dissertação (Mestrado) – COPPE/UFRJ, Rio de Janeiro, 1991.

FERREIRA, C. A. M. *Análise de dados piezométricos de um aterro sobre argila mole com drenos verticais*. 1991. Dissertação (Mestrado) – COPPE/UFRJ, Rio de Janeiro, 1991.

FILZ, G. M.; SMITH, M. E. Design of bridging layers in geosynthetic-reinforced, column-supported embankments. Contract Report VTRC 06-CR12, *Virginia Transportation Research Council*, Charlottesville, 2006.

FUTAI, M. M.; ALMEIDA, M. S. S.; LACERDA, W.; MARQUES, M. E. S. Laboratory behaviour of Rio de Janeiro soft clays. Part 1: Index and compression properties, *Soils and Rocks*, v. 31, p. 69-75, 2008.

GARCIA, S. G. F. *Relação entre o adensamento secundário e a relaxação de tensões de uma argila mole submetida à compressão edométrica*. 1996. Dissertação (Mestrado) – COPPE/UFRJ, Rio de Janeiro, 1996.

GARGA, V. K.; MEDEIROS, L. V. Field performance of the port of Sepetiba test fills. *Canadian Geotechnical Journal*, v. 32, n. 1, p. 106-121, 1995.

GEBRESELASSIE, B.; LÜKING, J.; KEMPFERT, H. G. Influence factors on the performance of geosynthetic reinforced and pile supported embankments, Piled Embankments. In: INTERNATIONAL CONFERENCE ON GEOSYNTHETICS, 9., 2010, Guarujá. *Proceedings...* Guarujá, 2010. v. 4. p. 1935-1940.

GHIONNA, V.; JAMIOLKOWSKI, M. Colonne di ghiaia. In: CICLO DI CONFERENZE DEDICATE AI PROBLEMI DI MECCANICA DEI TERRENI E INGEGNERIA DELLE FONDAZIONI METODI DI MIGLIORAMENTO DEI TERRENI, 10., 1981. Politecnico di Torino Ingegneria, *Atti dell'Istituto di Scienza delle Costruzioni*, n. 507, 1981.

GIROUD, J. P. Functions and applications of geosynthetics in dams. *Water Power and Dam Construction*, v. 42, n. 6, p. 16-23, 1990.

GRAY, H. Stress distribution in elastic solids. In: INTERNATIONAL CONFERENCE OF SOIL MECHANICS, 1936, Cambridge. *Proceedings...* Cambridge, Massachusetts, 1936. v. 2. p. 157-168.

GREENWOOD, D. A. Mechanical improvement of soils below ground surface. In: GROUND ENGINEERING CONFERENCE, 1970, London. *Proceedings...* London: Institute of Civil Engineering, 1970. p. 9-20.

HAN, J. Consolidation settlement of stone column-reinforced foundations in soft soils. In: *New techniques on soft soils*. Almeida, M. (Ed.). São Paulo: Oficina de Textos, 2010. p. 167-177.

HAN, J.; YE, S. L. A theoretical solution for consolidation rates of stone column-reinforced foundations accounting for smear and well resistance effects. *Int. J. Geomech.*, v. 2, n. 2, p. 135-151, 2002.

HANSBO, S. Consolidation of clay by bandshaped prefabricated vertical drains. *Ground Engineering*, v. 12, n. 5, p. 16-25, 1979.

HANSBO, S. Consolidation of fine-grained soils by pre-fabricated drains. In: INT. ONF. ON SOIL MECH. AND FOUNDATION ENGINEERING, 10., 1981, Estocolmo. *Proceedings...* Estocolmo, 1981. v. 3, p. 677-682.

HANSBO, S. Facts and fiction in the field of vertical drainage. In: INT. SYMP. ON PREDICTION AND IN GEOT. ENG., 1987, Alberta, Canada. *Proceedings...* Alberta, 1987. p. 61-72.

HANSBO, S. Band drains. In: MOSELEY, M. P.; KIRSCH, K. (Eds.). *Ground improvement*, Chapter 1. Taylor & Francis, 2004. p. 4-56.

HEAD, K. H. *Manual of soil laboratory testing*. New York: John Wiley & Sons, 1982. v. 2.

HEWLETT, W. J.; RANDOLPH, M. F. Analysis of piled embankment. *Ground Engineering*, v. 21, n. 3, p. 12-18, 1988.

HIGHT, D. W. Sampling effetcs in soft clay: an update on Ladd and Lambe (1963). Proc. Symposium on Soil Behaviour and Soft Ground Construction. P. 86-121, *ASCE Geot. Special Publication* n. 119, 2001.

HINCHBERGER, S. D.; ROWE, R. K. Geosynthetic reinforced embankment on soft clay foundations: predicting reinforcement strains at failure. *Geotextiles and Geomembranes*, v. 21, p. 151-175, 2003.

HIRD, C. C.; MOSELEY, V. J. Model study of seepage in smear zones around vertical drains in layered soil. *Geotechnique*, v. 50, n. 1, p. 89-97, 2000.

HOLTZ, R. D.; SHANG, J. Q.; BERGADO, D. T. Soil improvement. In: Kerry Rowe, R. (Ed.). *Geotechnical and geoenvironment engineering handlbook*. Norwel: Kluwer Academic Publishers, 2001.

HOLTZ, R. D.; JAMIOLKOWISKI, M.; LANCELLOTA, R.; PEDRONI, S. *Prefabricated Vertical Drains*. Londres, CIRIA, RPS 364, 1991.

HOULSBY, G. T.; TEH, C. I. Analysis of the piezocone in clay. In: ISOPT, 1., 1988, Orlando. *Proceedings...* Orlando, 1988. v. 2. p. 777-783.

INDRARATNA, B.; REDANA, I. W. Laboratory determination of smear zone due to vertical drain installation. *Journal Geotech. Eng.*, ASCE, v. 125, n. 1, p. 96-99, 1998.

INDRARATNA, B.; SATHANANTHAN, I.; BAMUNAWITA, C.; BALASUBRAMANIAM, A. S. *Theoretical and numerical perspectives and field observations for the design and performance evaluation of embankments constructed on soft marine clay*. Elsevier Geo-Engineering Book Series, v. 3, Ground Improvement – Case Histories. INDRARATNA, B.; CHU, J.; HUDSON, J. A. (Eds.). Oxford: Elsevier, 2005. p. 51-89.

JAMIOLKOWSKI, M.; LADD, C. C.; GERMAINE, J. T.; LANCELLOTTA, R. New developments in field and laboratory testing of soils". In: INTERNATIONAL CONFERENCE ON SOIL MECHANICS AND FOUNDATION ENGENEERING, 11., 1985, San Francisco. *Proceedings...* San Francisco, 1985. v. 1. p. 57-153.

JANBU, N. Slope stability computations. In: *Embankment-dam engineering*: casagrande volume. R. C. Hirschfeld; S. J. Poulos (Ed.). New York: John Wiley & Sons, 1973. p. 47-86

JANNUZZI, G. M. F. *Caracterização do depósito de solo mole de Sarapuí II através de ensaios de campo*. 2009. Dissertação (Mestrado) – COPPE/UFRJ, Rio de Janeiro, 2009.

JENNINGS, K.; NAUGHTON, P. J. Lateral deformation under the side slopes of piled embankments, Piled Embankments. In: INTERNATIONAL CONFERENCE ON GEOSYNTHETICS, 9., 2010, Guarujá. *Proceedings...* Guarujá, 2010. v. 4. p. 1925-1933.

JEWELL, R. A. A limit equilibrium design method for reinforced embankments on soft foundations. In: INTERNATIONAL CONFERENCE ON GEOTEXTILES, 1982, Las Vegas. *Proceedings...* Las Vegas, 1982. v. 3, p. 671-676.

KABBAJ, M.; TAVENAS, F.; LEROUEIL, S. In situ and laboratory stress-strain relationships. *Géotechnique*, v. 38, n. 1, p. 83-100, 1988.

KAVAZANJIAN JR., E.; MITCHELL, J. K. Time dependence of lateral earth pressure. *Journal of Geotechnical Engineering*, New York, v. 110, n. 4, p. 530-533, Apr. 1984.

KEMPFERT, H.-G. Ground improvement methods with special emphasis on column-type techniques. *International Workshop on Geotechnics of Soft Soils- Theory and Pratice*. Vermeer, Schweiger, Karstunen & Cudny (eds.). Noordwijkerhout, Netherlands, 2003. p. 101-112.

KEMPFERT, H.-G.; GEBRESELASSIE, B. *Excavations and foundations in soft soils*. Berlin: Springer, 2006.

KEMPFERT, H.-G.; GOBEL, C.; ALEXIEW, D.; HEITZ, C. German recommendations for reinforced embankments on pile-similar elements. EuroGeo3. In: EUROPEAN GEOSYNTHETICS CONFERENCE, GEOTECHNICAL ENGINEERING WITH GEOSYNTHETICS, 3., 2004. *Proceedings...* 2004. p. 279-284.

KITAZUME, M. *The sand compaction pile method*. Taylor & Francis, 2005.

KJELLMAN, W. Consolidation of clay soil by means of atmospheric pressure. *Proc. Conf. on Soil Stabilization*, MIT, Cambridge, 1952, p. 258-263.

KOERNER, R. M.; HSUAN, Y. G. Geosynthetics: characteristics and testing. *Geotechnical and Geoenvironmental Engineering Handbook*. R. K. Rowe (Ed.). 2001, p. 173-196.

LACERDA, W. A.; ALMEIDA, M. S. S. Engineering properties of regional soils: residual soils and soft clays. In: PANAMERICAN CONFERENCE ON SOIL MECHANICS AND FOUNDATION ENGINEERING, 10., 1995, Guadalajara. *Proceedings...* Guadalajara: State-of-the-art Lecture, 1995. v. 4, p. 161-176.

LADD, C. C. Stability evaluation during staged construction. *Journal of Geotechnical Engineering*, ASCE, v. 117, n. 4, p 537-615, 1991.

LADD, C. C; DE GROOT, D. J. Recommended practice for soft ground site characterization: Casagrande Lecture. In: PANAMERICAN CONFERENCE OF SOIL MECHANICS, 12., 2003, Boston. *Proceedings...* Boston, 2003.

LADD, C. C.; LAMBE, T. W. The strength of undisturbed clay determined from undrained tests. *Proceedings of the Symposium on Laboratory Shear Testing of Soils*, ASTM, STP 361, p. 342-371, 1963.

LAW, K. T. Use o field vane tests under earth structures. In: INTERNATIONAL

CONFERENCE ON SOIL MECHANICS & FOUNDATION ENGINEERING, 11., 1985, San Francisco. *Proceedings...* San Francisco, 1985. v. 2. p. 893-898.

LEONARDS, G. A.; GIRAULT, P. A study of the onedimensional consolidation test. In: INTERNATIONAL CONFERENCE ON SOIL MECHANICS AND FOUNDATION ENGINEERING, 5., 1961, Paris. *Proceedings...* Paris, 1961. v. 1. p. 213-218.

LEROUEIL, S. Compressibility of clays: fundamental and practical aspects. In: ASCE SPECIALTY CONFERENCE, SETTLEMENT, 1994, College Station. *Proceedings...* College Station, 1994. v. 1. p. 57-76.

LEROUEIL, S. *Notes de cours*: comportement des massifs de sols. Université Laval, Québec, Canada, 1997.

LEROUEIL S.; HIGHT, D. W. Characterisation of soils for engeneering. Characterisation and engineering properties of natural soils. T. S. TAN; K. K. PHOON; D. W. HIGHT; S. LEROUEIL (eds.). Singapore, 2003. v. 1. p. 255-36.

LEROUEIL, S.; MARQUES, M. E. S. Importance of strain rate and temperature effects in geotechnical engineering (state-of-the-art). Measuring and modeling time-dependent soil behavior. *Geotechnical Special Publication 61*, ASCE Convention, Washington, D.C., 1996. p. 1-60.

LEROUEIL, S.; ROWE, R. K. Embankments over soft soil and peat. In: Rowe, R. K. (Ed.). *Geotechnical and Geoenvironmental Engineering Handbook*. USA: Kluwer Academic Publishers, 2001. p. 463-499.

LEROUEIL, S.; TAVENAS, F. Discussion on "Effective stress paths and yielding in soft clays below embankments", by D. J. Folkes and J. H. A. Crooks. *Canadian Geotechnical Journal*, v. 23, n. 3, p. 410-413, 1986.

LEROUEIL, S.; MAGNAN, J. P.; TAVENAS, F. *Remblais sur argiles molles*. Paris: Technique et Documentation Lavoisier, 1985.

LEROUEIL, S.; TAVENAS, F.; LE BIHAN, J. Propriétés caractéristiques des argiles de L'est du Canada. *Canadian Geotechnical Journal*, v. 20, p. 681-705, 1983.

LEROUEIL, S.; TAVENAS, F.; MIEUSSENS, C.; PEIGNAUD, M. Construction pore pressures in clay foundations under embankments. Part II: generalized behaviour. *Canadian Geotechnical Journal*, v. 15, n. 1, p. 66-82, 1978.

LEROUEIL, S.; KABBAJ, M.; TAVENAS, F.; BOUCHARD, R. Stress-strain – Strain rate relation for the compressibility of sensitive natural clays. *Géotechnique*, v. 35, n. 2, p. 159-180, 1985.

LESHCHINSKY, D.; LESHCHINSKY, O.; LING, I.; GILBERT, P.; Geosynthetic tubes for confining pressurized slurry: some desing aspects. *Journal of Geotechnical Engineering*, p. 682-690, Aug. 1996.

LIMA, B. T. ; ALMEIDA, M. S. S. Aterro leve com uso de EPS sobre solo muito mole no Rio de Janeiro. In: III Conferencia Sudamericana de Ingenieros Geotécnicos Jóvenes, 2009, Córdoba – Argentina. Desafíos y avances de la Geotecnia Joven en Sudamérica, 2009. v. 1. p. 153-156.

LINS, A. H. P.; LACERDA, W. A. Compression and extension triaxial tests on Rio de Janeiro grey clay, Botafogo (in Portuguese). *Solos e Rochas*, v. 2, p. 5-29, 1980.

LIRA, E. N. S. *Sistema automático de aquisição de dados para ensaio triaxial.* 1988. Dissertação (Mestrado) – COPPE-UFRJ, Rio de Janeiro, 1988.

LIU, H. L.; CHU, J. A new type of prefabricated vertical drain, with improved properties. *Geotextiles and Geomembranes*, v. 27, n. 2, p. 152-155, 2009.

LONG, M.; PHOON, K. K. General report: innovative technologies and equipment. Geotechnical and geophysical site characterization. A. VIANA DA FONSECA E P. W. MAYNE (eds.) In: INTERNATIONAL CONFERENCE ON SITE CHARACTERIZATION, 2., 2004, Porto, Portugal. *Proceedings...* Porto, 2004. v. 1. p. 625-635.

LONG, R. P.; CAREY, P. J. Analysis of settlement data from sand drained areas. Transportation *Research Record*, Washington, n. 678, p. 37-40, 1978.

LOW, B. K.; WONG, K. S.; LIM, C. Slip circle analysis of reinforced embankment on soft ground. *Journal of Geotextiles and Geomembranes*, v. 9, n. 2, p. 165-181, 1990.

LUNNE, T.; BERRE, T.; STRANDVIK, S. *Sample disturbance effects in soft low plastic Norwegian clay.* Recent developments in soil and pavement mechanics. COPPE/UFRJ, Rio de Janeiro, v. único, p. 81-102, 1997.

LUNNE, T.; ROBERTSON, P. K.; POWELL, J. J. M. *Cone penetration testing in geotechnical practice.* London: Spon Press, 1997.

MACEDO, E. O. *Investigação da resistência não drenada* in situ *através de ensaios de penetração de cilindro.* 2004. Dissertação (Mestrado) – COPPE/UFRJ, Rio de Janeiro, 2004.

MAGNAN, J. P. *Théorie et pratique des drains verticaux*, Technique et Documentation. Paris: Lavoisier, 1983.

MAGNANI, H. O. *Comportamento de aterros reforçados sobre solos moles levados à ruptura.* 2006. Dissertação (Mestrado) – COPPE-UFRJ, Rio de Janeiro, 2006.

MAGNANI H. O.; ALMEIDA, M. S. S. Aplicações em adensamento de solos compressíveis. In: Vertemati, J. C. (Ed.). *Manual brasileiro de geossintéticos.* São Paulo: Edgard Blücher, São Paulo, 2004. p. 275-294.

MAGNANI, H. O., ALMEIDA, M. S. S.; EHRLICH, M. Construction stability evaluation of reinforced embankments over soft soils. In: PAN AMERICAN GEOSYNTHETICS CONFERENCE & EXHIBITION, 1., 2008, Cancun. *Proceedings...* Cancun, 2008. CD-ROM. p.1372-1381.

MAGNANI H. O.; ALMEIDA, M. S. S.; EHRLICH, M. Behaviour of two reinforced test embankments on soft clay taken to failure. *Geosynthetics International*, v. 3, p. 127-138, 2009.

MAGNANI, H. O.; EHRLICH, M.; ALMEIDA, M. S. S. Embankments over soft clay deposits: contribution of basal reinforcement and surface sand layer to stability. *Journal of Geotechnical and Geoenvironmental Engineering*, ASCE, v. 136 n. 1, p. 260-264, Jan. 2010.

MANDEL, J.; SALENÇON, J. Force Portance d'ún Sol sur une Assisse Rigide: Étude Théorique. *Géotechnique*, v. 22, p. 79-93, 1972.

MARQUES, M. E. S. *Influência da viscosidade no comportamento de laboratório e de campo de solos argilosos*. 2001. Tese (Doutorado) – COPPE/UFRJ, Rio de Janeiro, 2001.

MARQUES, M. E. S.; LACERDA, W. A. Caracterização geotécnica de um depósito argiloso flúvio-marinho em Navegantes, SC. In: SEMINÁRIO DE PRÁTICA DE ENGENHARIA GEOTÉCNICA DA REGIÃO SUL, 4., 2004, Curitiba. *Proceedings...* Curitiba, 2004. p. 31-38.

MARQUES, M. E. S.; LEROUEIL, S. *Preconsolidating clay deposit by vacuum and heating in cold environment*. Elsevier Geo-Engineering Book Series, v.3, Ground Improvement – Case Histories. Indraratna, B.; Chu, J.; Hudson, J. A. (Eds.). 2005. p. 1045-1063.

MARQUES, M. E. S.; OLIVEIRA, J. R. M. S; SOUZA, A. I. Caracterização de um depósito sedimentar mole na região de Porto Velho. In: CONGRESSO BRASILEIRO DE MECÂNICA DOS SOLOS E ENGENHARIA GEOTÉCNICA, 14., 2008, Búzios, RJ. *Proceedings...* Búzios, 2008.

MARQUES, M. E. S.; LIMA, B. T.; OLIVEIRA, J. R. M.; ANTONIUTTI NETO, L.; ALMEIDA, M. S. S. Caracterização geotécnica de um depósito de solo compressível de Itaguaí, Rio de Janeiro. In: CONGRESSO LUSO-BRASILEIRO DE GEOTECNIA, 4., 2008, Coimbra, Portugal. *Anais...* Coimbra, 2008.

MARTINS, I. S. M. *Fundamentos de um modelo de comportamento de solos argilosos saturados*. 1992. Tese (Doutorado) – COPPE/UFRJ, Rio de Janeiro, 1992.

MARTINS, I. S. M. *Algumas considerações sobre adensamento secundário*. Palestra proferida no Clube de Engenharia, 2005.

MARTINS, I. S. M.; ABREU, F. R. S. Uma solução aproximada para o adensamento unidimensional com grandes deformações e submersão de aterros. *Revista Solos e Rochas*, São Paulo, v. 25, p. 3-14, 2002.

MARTINS, I. S. M.; LACERDA, W. A. A theory for consolidation with secondary compression. In: INT. CONF. ON SOIL MECH. AND FOUND. ENG., 11., 1985. *Proceedings...* 1985. p. 567-570.

MARTINS, I. S. M.; SANTA MARIA, P. E. L.; LACERDA, W. A. A brief review about the most significant results of COPPE research on rheological behaviour of saturated clays subjected to one-dimensional strain. In: ALMEIDA, M. S. S. (Ed.). *Recent developments in soil mechanics*. Rotterdam: Balkema, 1997. p. 255-264.

MASON, J. *Obras portuárias*. 2. ed. Rio de Janeiro: Campus, 1982.

MASSAD, F. Baixada Santista: implicações da história geológica no projeto de fundações. Solos e Rochas: revista latino-americana de geotecnia, Rio de Janeiro, v. 22, n. 1, p. 3-49, abr. 1999.

MASSAD, F. *Obras de terra*: curso básico de geotecnia. São Paulo: Oficina de Textos, 2003.

MASSAD, F. *Solos marinhos da Baixada Santista* – Características e propriedades técnicas. São Paulo: Oficina de Textos, 2009.

MAYNE, P. W.; MITCHELL, J. K. Profiling of overconsolidation ratio in clays by field vane. *Canadian Geotechnical Journal*, v. 25, p. 150-157, 1988.

MCCABE, B. A.; MCNEILL, J. A.; BLACK, J. A. Ground improvement using the vibro-stone column technique. *Joint meeting of Engineers Ireland West Region and the Geotechnical Society of Ireland*, 2007.

MCGUIRE, M. P.; FILZ, G. M. Quantitative comparison of theories for geosynthetic reinforcement of column-supported embankments. In: THE FIRST PAN AMERICAN GEOSYNTHETICS CONFERENCE & EXHIBITION, 2-5 March 2008, Cancún, México.

MCGUIRE, M. P.; FILZ G .M.; ALMEIDA M. S. S. Load-displacement compatibility analysis of a low-height column-supported embankment. *IFCEE'09- International Foundation Congress & Equipment Expo*. Mar, 2009. 1 CD-ROM.

MELLO, L. G.; SCHNAID, F.; GASPARI, G. Características das argilas costeiras de Natal e sua implicação nas obras de ampliação do porto. *Solos e Rochas*, São Paulo, v. 5, n. 1, p. 59-71, 2002.

MELLO, L. G.; MANDOLFO, M.; MONTEZ, F.; TSUKAHARA, C. N.; BILFINGER, W. First use of geosynthetic encased sand columns in South America. In: PAN AMERICAN GEOSYNTHETICS CONFERENCE & EXHIBITION, 1., 2008, Cancún, Mexico. Proceedings... Cancún, 2008. CD-ROM.

MESRI, G. Discussion on "new design procedure for stability of soft clays". *Journal of Geotechnical Engineering*, ASCE, v. 101, n. 4, p. 409-412, 1975.

MESRI, G. Coefficient of secondary compression. *Journal of Geotechnical Engineering*, ASCE, v. 99 n. SM1, p. 123-137, 1973. *Canadian Geotechnical Journal*, v. 34, p. 1, p. 159-161, 1997.

MITCHELL, J. K. Shearing resistance of soils as a rate process. *Journal of the Soil Mechanics and Foundation Division*, ASCE, v. 90, n. 1, p. 29-61, 1964.

MOORMANN, C.; JUD H. Foundation of a coal/coke satockyard on soft soil with geotextile encased columns and horizontal reinforcement. In: INTERNATIONAL CONFERENCE ON GEOSYNTHETICS, 9., 2010, Guarujá. *Proceedings...* Guarujá, 2010. p. 1905-1908.

NASCIMENTO, C. M. C. *Avaliação de alternativas de processos executivos de aterros de vias urbanas sobre solos moles.* 2009. 149 f. Dissertação (Mestrado) – Instituto Militar de Engenharia, Rio de Janeiro, 2009.

NASCIMENTO, I. N. S. *Desenvolvimento e utilização de um equipamento de palheta elétrico in situ.* 1998. Dissertação (Mestrado) – COPPE/UFRJ, Rio de Janeiro, 1998.

NUNES, A. J. C.; TRINDADE, S. S. N.; DRINGENBERG, G. E. Reforço de solos de argila mole com estacas de brita – método preliminar de análise. In: CONGRESSO BRASILEIRO DE MECÂNICA DOS SOLOS E ENGENHARIA DE FUNDAÇÕES, 6., 1978. *Anais...* 1978. v. 3. p. 81-96.

OLIVEIRA, A. T. J. *Utilização de um equipamento de palheta de campo em argilas moles do Recife.* 2000. Dissertação (Mestrado) – Universidade Federal de Pernambuco, Recife, 2000.

OLIVEIRA, A. T. J.; COUTINHO, R. Q. Utilização de um equipamento elétrico de palheta de campo em uma argila mole de recife. In: SEMINÁRIO BRASILEIRO DE INVESTIGAÇÃO DE CAMPO, 2000, São Paulo. *Proceedings...* São Paulo, 2000.

OLIVEIRA, J. T. R. *Ensaios piezocones em um depósito de argila mole na cidade de Recife.* 1991. Dissertação (Mestrado) – COPPE/UFRJ, Rio de Janeiro, 1991.

OLIVEIRA, J. T. R. Parâmetros geotécnicos da argila mole do Porto de Suape – PE. In: CONGRESSO BRASILEIRO DE MECÂNICA DOS SOLOS E ENGENHARIA GEOTÉCNICA, 12., 2006, Curitiba. *Proceedings...* São Paulo: ABMS, 2006. v. 1. p. 13-18.

ONOUE, A.; TING, N. H.; GERMAINE, J. T.; WHITMAN, R. V. Permeability of disturbed zone around vertical drains, *Proceedings of the ASCE Geot. Congress*, Colorado, p. 879-890, 1991.

ORLEACH, P. *Techniques to evaluate the field performance of vertical drains.* 1983. Dissertação (Mestrado) – MIT, Cambridge, Mass., USA, 1983.

ORTIGÃO, J. A. R. *Aterro experimental levado à ruptura sobre argila cinza do Rio de Janeiro.* Tese (Doutorado) – COPPE/UFRJ, Rio de Janeiro, 1980.

ORTIGÃO J. A. R.; ALMEIDA M. S. S. Geotechnical Ocean Engineering. Civil Engineering Practice. *Technomic Publishing* CO., INC. v. 3, p. 267-331, 1988.

ORTIGÃO, J. A. R.; COLLET, H. B. A eliminação de erros de atrito em ensaios de palheta. *Solos e Rochas*, v. 9, n. 2, p. 33-45, 1986.

ORTIGÃO, J. A. R.; WERNECK, M. L. G.; LACERDA, W. A. Embankment failure on clay near Rio de Janeiro. *Journal of Geotechinical Engineering*. ASCE, v. 109, n. 11, p. 1406-1479, 1983.

PACHECO SILVA, F. Shearing strength of a soft clay deposit near Rio de Janeiro. *Géotechnique*, v. 3, p. 300-306, 1953.

PACHECO SILVA, F. Uma nova construção gráfica para determinação da pressão de pré-adensamento de uma amostra de solo. In: CONGRESSO BRASILEIRO DE MECÂNICA DOS SOLOS, 4., 1970, Rio de Janeiro. *Anais...* Rio de Janeiro: ABMS, 1970. v. 2, tomo I. p. 225-232.

PALMEIRA, E. M.; ALMEIDA, M. S. S. Atualização do programa BISPO para análise de estabilidade de taludes. *Relatório de Pesquisa*, IPR/DNER, 1979.

PALMEIRA, E. M.; FAHEL, A. R. S. Effects of large differential settlements on embankments on soft soils. In: EUROPEAN CONFERENCE ON GEOSYNTHETICS-EUROGEO, 2., 2000, Bolonha, Itália. *Proceedings...* Bolonha: Pàtron Editore, 2000. v. 1. p. 261-267.

PALMEIRA, E. M.; ORTIGÃO, J. A. R. Construction and performance of a full profile settlement gauge: profilometer for embankments. *Solos e Rochas*, v. 4, n. 2, 1981.

PALMEIRA, E. M.; ORTIGÃO, J. A. R. Aplicações em reforço – aterros sobre solos moles. In: Vertematti, J. C. (Ed.). *Manual Brasileiro de Geossintéticos*. São Paulo: Edgar Blücher, 2004.

PARRY, R. H. G. Stability analysis of low embankments on soft clays. In: ROSCOE MEMORIAL SYMPOSIUM, 1972. *Proceedings...* Cambridge University, 1972. p. 643-668.

PILARCZYK, K. W. *Geosynthetics and geosystems in hydraulic and coastal engineering*. Rotterdam: Balkema, 2000.

PILOT, G.; MOREAU, M. La stabilité des remblais sur sols mous. *Abaques de Calcul*, Eyrolles, Paris, 1973.

PINTO, C. S. Capacidade de carga de argila com coesão crescente com a profundidade. *Jornal de Solos*, v. 3, n. 1, p. 21-44, 1966.

PINTO, C. S. Discussão. In: CONGRESSO BRASILEIRO DE MECÂNICA DOS SOLOS E ENGENHARIA DE FUNDAÇÕES, 5., 1974, São Paulo. *Anais...* São Paulo: ABMS, 1974. v. 4. p. 342-356.

PINTO, C. S. *Primeira Conferência Pacheco Silva*: Tópicos da Contribuição de Pacheco Silva e Considerações Sobre a Resistência Não Drenada das Argilas. *Solos e Rochas*, São Paulo, v. 15, n. 2, p. 49-57, 1992.

PINTO, C. S. *Aterros da Baixada*. Solos do litoral de São Paulo. São Paulo: ABMS-NRSP, 1994, p. 235- 316.

PINTO, C. S. Aterros na Baixada. In: NEGRO JR., A.; FERREIRA, A. A.; ALONSO, U. R.; LUZ, P. A. C.; FALCONI, F. F.; FROTA, R. Q. (Eds.). *Solos do litoral do Estado de São Paulo*. 1. ed. São Paulo: ABMS, 1994. p. 235-264.

PINTO, C. S. *Curso básico de mecânica dos solos*. São Paulo: Oficina de Textos, 2000.

PINTO, C. S. Considerações sobre o método de Asaoka. *Solos e Rochas*, ABMS, v. 24, n. 1, p. 95-100, 2001.

POTTS, D. M; ZDRAVKOVIC, L. *Finite element analysis in geotechnical engineering*: Application, Thomas Telford, 2001.

POULOS, H. G.; DAVIS, E. H. *Elastic solutions for soil and rock mechanics*. New York: John Wiley & Sons, 1974.

PRIEBE, H. J. Abschatzung des Scherwderstandes eines durch Stopverdichtung verbesserten Baugundes. *Die Bautechnik*, v. 15, n. 8, p. 281-284, 1978.

PRIEBE, H. J. The design of vibro replacement. *Ground Engineering*, p. 31-37, Dec. 1995.

RAITHEL, M. Zum Trag- und Verformungsverhalten von geokunststoffummantelten Sandsäulen (Resistência e deformabilidade de colunas de areia encamisadas com geossintéticos) *Series "Geotechnics"*, University of Kassel, n. 6, 1999.

RAITHEL, M.; KEMPFERT, H.-G. Calculation models for dam foudations with geotextile-coated sand columns. In: GEOENG, 2000, Melbourne. *Proceedings...* Melbourne, 2000. p. 347.

RAITHEL, M.; KIRCHNER, A.; SCHADE, C.; LEUSINK, E. Foundation of constructions very soft soils with geotextile encased columns – state of the art. *Geotechnical Special Publication*, n. 130-142, Geo-Frontiers 2005, p. 1867-1877.

RAJU, V. R. The behaviour of very soft cohesive soils improved by vibro replacement. In: Ground Improvement Conference, 1997, London. *Proceedings...* London: Keller Publications, 1997. CD-ROM.

RAJU, V. R.; SONDERMANN, W. Ground improvement using deep vibro techniques. In: INDRARATNA, B.; CHU, J.; HUDSON, J. A. (Eds.). *Elsevier Geo-Engineering Book Series*, v. 3, Ground Improvement – Case histories. Oxford: Elsevier, 2005. p. 601-638.

RAJU, V. R.; WEGNER, R.; GODENZIE, D. Ground Improvement using Vibro Techniques – Case Histories from S. E. Asia. In: GROUND IMPROVEMENT CONFERENCE, 1998, Singapore. *Proceedings...* Singapore: Keller Publications, 1998. CD-ROM.

RAMOS, O. G.; NIYAMA, S. Obras portuárias. In: NEGRO JR., A.; FERREIRA, A. A.; ALONSO, U.R.; LUZ, P. A.C.; FALCONI, F. F.; FROTA, R. Q. (Eds.). *Solos do litoral de São Paulo*. São Paulo: ABMS-NRSP, 1994. p. 265-288.

RANDOLPH, M. F. Characterization of soft sediments for offshore applications geotechnical and geophysical site characterization. In: VIANA DA FONSECA, A.; MAYNE, P. W. (Eds.). *Proceedings of the 2nd International Conference on Site Characterization*. Porto, Portugal, 19-22 Sept. 2004. v. 1. p. 209-232.

RATHGEB, E.; KUTZNER, C. Some applications of the vibro-replacement process. *Géotechnique*, v. 31, n. 1, p. 143-157, 1975.

REMY, J. P. P; MARTINS, I. S. M.; SANTA MARIA, P. E. L.; AGUIAR, V. N.; ANDRADE, M. E. S. The Embraport pilot embankmente – primary and secondary consolidations of Santos soft clay with and without wick drains – Part 2. In: ALMEIDA, M. (Ed.). *New Techniques on Soft Soils*. São Paulo: Oficina de Textos, 2010. p. 311-330.

RIXNER, J. J.; KREAEMER, S. R.; SMITH, A. D. Prefabricated vertical drains. v. 1. Federal Highway Administration, *Relatório FHWA-RD-86/168*. Washington, DC, EUA, 1986.

ROBERTSON, P. K. Soil classification using the cone penetration test. *Canadian Geotechnical Journal*, v. 27, n. 1, p. 151-158, 1990.

ROBERTSON, P. K.; SULLY, J. P.; WOELLER D. J.; LUNNE, T.; POWELL, J. J. M.; GILLESPIE, D. G. Estimating coefficient of consolidation from piezocone tests. *Canadian Geotechnical Journal*, v. 29, n. 4, p. 539-550, 1992.

ROCHA FILHO, P.; ALENCAR, J. A. Piezocone tests in the Rio de Janeiro soft clay deposit. In: ICSMFE, 11., 1985, San Francisco. *Proceedings…* San Francisco, 1985. v. 2. p. 859-862.

ROGBECK, Y.; GUSTAVSSON, S.; SODERGREN, I.; LINDQUIST, D. Reinforced piled embankments in Sweden – Design aspects. ROWE, R. K. (Ed.) In: INTERNATIONAL CONFERENCE ON GEOSYNTHETICS, 6., 1998, Atlanta, Georgia. *Proceedings...* Atlanta, 1998. v. 2. p. 755-762.

ROWE, R. K.; SODERMAN, K. L. An approximate method for estimating the stability of geotextile embankmentes. *Canadian Geotechnical Journal*, v. 22, n. 3, p 392-398, 1985.

RUSSELL, D.; PIERPOINT, N. An assessment of design methods for piled embankments. *Ground Engineering*, v. 30, n. 11, p. 39-44, 1997.

SAMARA, V.; BARROS, J. M. C.; MARCO, L. A. A.; BELINCANTA, A.; WOLLE, C. M. Algumas propriedades das argilas marinhas da Baixada de Santos. In: COBRAMSEF, 7., 1982, Recife. *Proceedings...* Recife, 1982. v. 4. p. 301-318.

SANDRONI, S. S. On the use of vane tests in embankment design (in Portuguese). *Solos e Rochas*, v. 16, n. 3, p. 207–213, 1993.

SANDRONI, S. S. Obtendo boas estimativas de recalque em solos muito moles: o caso da Barra da Tijuca, Rio de Janeiro. In: COBRAMSEG, 13., 2006, Curitiba. *Proceedings...* Curitiba, 2006a. CD-ROM.

SANDRONI, S. S. Sobre a prática brasileira de projetos geotécnicos de aterros rodoviários em terrenos com solos muito moles. In: CONGRESSO BRASILEIRO DE MECÂNICA DOS SOLOS E ENGENHARIA GEOTÉCNICA, 13., 2006, Curitiba. *Proceedings...* Curitiba, 2006b. CD-ROM.

SANDRONI, S. S.; BEDESCHI, M. V. R. Aterro instrumentado da área C – Uso de drenos verticais em depósito muito mole da Barra da Tijuca, Rio de Janeiro. In: CONGRESSO BRASILEIRO DE MECÂNICA DOS SOLOS E ENGENHARIA GEOTÉCNICA, 14., 2008, Búzios, RJ. *Proceedings...* Búzios, 2008. CD-ROM.

SANDRONI, S. S.; DEOTTI, L. O. G. Instrumented test embankments on piles and geogrid platforms at the Panamerican Village, Rio de Janeiro. In: PAN AMERICAN GEOSYNTHETICS CONFERENCE & EXHIBITION, 1., 2008, Cancún, Mexico. *Proceedings...* Cancún, 2008. 1 CDROM.

SANDRONI, S. S.; LACERDA, W. A.; BRANDT, J. R. Método dos volumes para controle de campo da estabilidade de aterros sobre argilas moles. *Solos e Rochas*, v. 27, n. 1, p. 25-35, 2004.

SANDRONI, S. S.; SILVA, J. M. J.; PINHEIRO, J. C. N. Site investigation for unretained excavations in a soft peaty deposit. *Canadian Geotechnical Journal*, v. 21, p. 36-59, 1984.

SANDRONI, S. S.; BRUGGER, P. J; ALMEIDA, M. S. S.; LACERDA, W. A. Geotechnical properties of Sergipe clay. *Proc. Int. Symp. On Recent Developments in Soil and Pavement Mechanics*, Rio de Janeiro, p. 271-277, 1997.

SAYE, R. Assessment of soil disturbance by the installation of displacement sand drains and prefabricated vertical drains. *Geotechnical Special Publication*, ASCE, n. 119. p. 325-362, 2001.

SCHMERTMANN, J. H. The undisturbed consolidation behaviour of clay. *Transactions ASCE*, v. 120, p. 1201-1227, 1955.

SCHMIDT, C. A. B. *Uma análise de recalques pelo Método de Asaoka modificado com enfoque probabilístico*. 1992. Dissertação (Mestrado) – COPPE/UFRJ, Rio de Janeiro, 1992.

SCHNAID, F. Ensaios de campo e suas aplicações à engenharia de fundações. São Paulo: Oficina de Textos, 2000.

SCHNAID, F. Investigação geotécnica em maciços naturais não-convencionais. In: CONGRESSO LUSO-BRASILEIRO DE GEOTECNIA, 4., 2008, Coimbra, Portugal. *Proceedings...* Coimbra, 2008. p. 17-40.

SCHNAID, F. In situ *testing in geomechanics*. 1. ed. Oxon: Taylor & Francis, 2009. v. 1.

SCHNAID, F.; MILITITTSKY, J.; NACCI, D. *Aeroporto Salgado Filho – Infraestrutura civil e geotécnica*. 1. ed. Porto Alegre: Sagras, 2001. v. 1.

SCHNAID, F.; SILLS, G. C.; SOARES, J. M. D.; BYIRENDAM, Z. Predictions of the coefficient of consolidation from piezocone tests. *Canadian Geotechnical Journal*, v. 34, n. 2, pp. 143-159, 1997.

SCHOBER, W.; TEINDEL, H. Filter criteria for geotextiles. Desing parameters in geotechnical engineering. *BGS*, v. 7, p. 168-178, Londres, Grã-Bretanha, 1979.

SCHOFIELD, A. N. Cambridge Geotechnical Centrifuge Operations. *Géotechnique*, v. 30, n. 2, p. 225-268, 1980.

SCOTT, R. F. New Method of Consolidation Coefficient Evaluation. *Jour. Soil. Mech. and Found.*, Div., 87, Sm1, p. 29-39, 1961.

SILLS, G. C.; ALMEIDA, M. S.S.; DANZIGER, F. A. B. Coefficient of consolidation from piezocone dissipation tests in very soft clay. In: INTERNATIONAL SYMPOSIUM ON PENETRATION TESTS, 1988, Orlando, Flórida. *Proceedings...* Orlando, 1988. v. 2. p 967-974.

SKEMPTON, A. W.; NORTHEY, R. D. The sensitivity of clays. *Géotechnique*, v. 3, n. 1, p. 72-78, 1952.

SMITH, A.; ROLLINS, K. Minimum effective PV drain spacing from embankment field tests in soft clay. In: INTERNATIONAL CONFERENCE ON SOIL MECHANICS AND GEOTECHNICAL ENGINEERING, 17., 2009, Alexandria, Egypt. *Proceedings...* Alexandria, Oct. 2009. p. 2184-2187.

SOARES, J. M. D.; SCHNAID, F.; BICA, A. V. D. Propriedades de resistência de um depósito de argilas através de ensaios de campo. In: COBRAMSEF, 10., 1994, Foz do Iguaçu. *Proceedings...* Foz do Iguaçu, v. 2, p. 573-580.

SOARES, J. M. D.; SCHNAID, F.; BICA, A. V. D. Determination of the characteristics of a soft clay deposit in southern Brazil. In: INTERNATIONAL SYMPOSIUM ON RECENT DEVELOPMENTS IN SOIL AND PAVEMENT MECHANICS, 1997, Rio de Janeiro. *Proceedings...* Rio de Janeiro, 1997. p. 297-302.

SOARES, M. M.; LUNNE, T.; ALMEIDA, M. S. S.; DANZIGER, F. A. B. Ensaios de dilatômetro em argila mole. In: CONGRESSO BRASILEIRO DE MECÂNICA DOS SOLOS E ENGENHARIA DE FUNDAÇÕES, 6., 1986. *Proceedings...* 1986. v. 2, p. 89-98

SOARES, M. M.; ALMEIDA, M. S. S.; DANZIGER, F. A. B. Piezocone research at COPPE/UFRJ. In: INTERNATIONAL SYMPOSIUM ON OFFSHORE ENGINEERING, 6., 1987, Rio de Janeiro. *Proceedings...* Rio de Janeiro, 1987. p. 226-242.

SPOTTI, A. P. *Aterro estaqueado reforçado instrumentado sobre solo mole.* 2006. Tese (Doutorado) – COPPE/UFRJ, Rio de Janeiro, 2006.

STEWART, D. P.; RANDOLPH, M. F. A new site investigation tool for the centrifuge. H. Y. Ko, (Ed.). In: INT. CONF. CENTRIFUGE, 1991. *Proceedings...* Rotterdam: A. A. Balkema, 1991. p. 531-538,

TAN, S. B. Empirical method for estimating secondary and total settlements. In: ASIAN REGIONAL CONF. ON SOIL MECH. AND FOUNDATION ENGINEERING, 1971, Bangkok. *Proceedings...* Bangkok, 1971. v.2. p. 147-151.

TAN, S. A.; TJAHYONO, S.; OO, K. K. Simplified plane-strain modeling of stone-column reinforced ground. *Journal of Geotechnical and Geoenvironmental Engineering*, v. 134, n. 2, p. 185-194, 2008.

TAVENAS, F.; LEROUEIL, S. Laboratory and *in situ* stress-strain-time behaviour of soft clays: a state-of-the-art. In: SIMPOSIO INTERNACIONAL DE INGENERÍA GEOTÉCNICA DE SUELOS BLANDOS, 1987, Mexico City. *Proceedings...* Mexico City, 1987. p. 1 - 41.

TAVENAS, F.; MIEUSSENS, C.; BOURGES, F. Lateral displacements in clay foundations under embankments. *Canadian Geotechnical Journal*, v. 16, n. 3, p. 532-550, 1979.

TAYLOR, D. W.; MERCHANT, W. A theory of clay consolidation accounting for secondary compression. *Journal of Mathematics and Physics*, v. 19, n. 3, p. 167-185, 1940.

TERZAGHI, K. *Theoretical soil mechanics.* New York: John Wiley & Sons, 1943. p. 510.

TERZAGHI, K.; FROHLICH, O. K. *Theorie der Setzung von Tonschichten* [*Teoria de recalques de camadas argilosas*]. Viena: Franz Deuticke, 1936.

THORNBURN, S. Building structures supported by stabilized ground. *Géotechnique*, v. 25, n. 1, p. 83-94, 1975.

TSCHEBOTARIOFF, G. P. *Foundation engineering.* New York: John Wiley & Sons, 1973a.

TSCHEBOTARIOFF, G. P. *Foundations, retaining and earth structures*, The art of design and construction and its scientific basis in soil mechanics. Tokyo: McGraw-Hill Kogakusha, 1973b.

VAN DER STOEL, A. E. C.; BROK, C.; DE LANGE, A. P.; VAN DUIJNEN, P. G. Construction of the first railroad widening in the Netherlands on a Load Transfer Platform (LTP), Piled Embankments. In: INTERNATIONAL CONFERENCE ON GEOSYNTHETICS, 9., 2010, Guarujá. *Proceedings...* Guarujá, 2010. v. 4. p. 1969-1972.

VAN EEKELEN, S. J. M.; BEZUIJEN, A.; ALEXIEW, D. The Kyoto road piled embankment: 31/2 years of measurements, Piled Embankments, In: INTERNATIONAL CONFERENCE ON GEOSYNTHETICS, 9., 2010, Guarujá. *Proceedings...* Guarujá, 2010. v. 4, p. 1941-1944.

VAN EEKELEN, S. J. M.; JANSEN, H. L.; VAN DUIJNEN, P. G.; DE KANT, M.; VAN DALEN, J. H.; BRUGMAN, M. H. A.; VAN DER STOEL, A. E. C.; PETERS, M. G. J. M. The Dutch design guideline for piled embankments, Piled Embankments. In: INTERNATIONAL CONFERENCE ON GEOSYNTHETICS, 9., 2010, Guarujá. *Proceedings...* Guarujá, 2010. v. 4. p. 1911-1916.

VAN DORP, T. Building on EPS geofoam in the "Low-Lands" experiences in the Netherlands. In: INTERNATIONAL SYMPOSIUM ON EPS CONSTRUCTION METHOD, 1996, Tokyo. *Proceedings...* Tokyo, 1996. p. 59-69.

VARAKSIN, S. Vacuum consolidation, vertical drains for the environment friendly consolidation of very soft polluted mud at the Airbus A-380 factory site. In: SYMPOSIUM ON NEW TECHNIQUES FOR DESIGN AND CONSTRUCTION IN SOFT CLAYS, 2010, Guarujá, SP. *Proceedings...* Guarujá, 2010. p. 87-102.

VARGAS, M. Aterros na Baixada de Santos. *Revista Politécnica*, Edição Especial, p. 48-63, 1973.

VILELA, T. F. *Determinação dos parâmetros de resistência, creep e de relaxação de tensões de uma argila mole do Rio de Janeiro.* 1976. Dissertação (Mestrado) – COPPE-UFRJ, Rio de Janeiro, 1976.

WISSA, E. Z.; CHRISTIAN, J. T.; DAVIS, E. H.; HEIBERG, S. Consolidation at constant rate of strain. *Journal of the Soil Mechanics and Foundation Division*, ASCE, v. 97, n. 10, p. 1393-1413, 1971.

WOOD, D. M. *Soil Behavior and Critical State Soil Mechanics.* Cambridge: Cambridge University Press, 1990.

WROTH, C. P. The interpretation of *in situ* soil tests. *Géotechnique*, v. 34, n. 4, p. 449-489, 1984.

XIAO, D. *Consolidation of soft clay using vertical drains.* 2000. 301 f. Tese (Doutorado) – Nanyang Technological University, Singapore, 2000.

ZAYEN, V. D. B.; ALMEIDA, M. S. S.; MARQUES, M. E. S.; FUJII, J. Comportamento do aterro da Estação de Tratamento de esgotos de Sarapuí. *Solos e Rochas*, v. 26, n. 3, p. 261-271, 2003.

Obras de Terra e Fundações

- Reforço de Estruturas de Contenção e Taludes
- Estabilização de Aterros
- Melhoramento de Solos Moles

Obras de Pavimentação e de Ferrovias

- Reforço de Concreto Asfáltico
- Reforço de Base de Pavimentos
- Reforço de Lastro Ferroviário

Obras Fluviais e Marítimas

- Proteção Costeira
- Proteção de Estruturas Submersas
- Recuperação e Revestimento de Margens

Obras Ambientais e de Aterros Sanitários

- Impermeabilização de Aterros Sanitários
- Dessecagem de Lodos e Lamas
- Proteção de Águas Subterrâneas

Fale com a HUESKER:
www.HUESKER.com.br
HUESKER@HUESKER.com.br
(12) 3903 9300

HUESKER
Ideen. Ingenieure. Innovationen.

Fortrac®
A geogrelha mais resistente do mundo

Sendo uma das pioneiras no desenvolvimento de geogrelhas flexíveis, a Huesker tornou-se líder mundial no segmento de geossintéticos para reforço de solos e pavimentos.

A linha de geogrelhas Fortrac® da Huesker é a única no mundo que pode alcançar a resistência de 2.500 kN/m e o módulo de rigidez superior aos 50.000 kN/m.

As geogrelhas Fortrac® podem ser fabricadas com diferentes tipos de configurações de malha, níveis de resistência e deformabilidade. Portanto Fortrac® é um forte candidato a solucionar os mais diversos desafios da engenharia em projetos de contenções de encostas, estabilização de aterros e melhoramento de solos.

Há mais de 150 anos a HUESKER se empenha em criar soluções com geossintéticos para diversas aplicações em:

- Obras de Terra e Fundações
- Obras de Pavimentação e de Ferrovias
- Obras Fluviais e Marítimas
- Obras Ambientais e de Aterros Sanitários

HUESKER
Ideen. Ingenieure. Innovationen.

Fale com a HUESKER:
www.HUESKER.com.br · HUESKER@HUESKER.com.br · (12) 3903 9300